スバラシク実力がつくと評判の

常微分方程式

キャンパス・ゼミ

大学の数学がこんなに分かる！単位なんて楽に取れる！

馬場敬之

マセマ出版社

はじめに

みなさん，こんにちは。マセマの**馬場敬之**（けいし）です。これまで発刊して参りました**「キャンパス・ゼミ」シリーズ**は多くの読者の皆様のご支持を頂いて，大学数学学習の新たなスタンダードとして定着してきているようです。そして今回，**「常微分方程式キャンパス・ゼミ 改訂 11」**を上梓することが出来て，心より嬉しく思っています。

常微分方程式について語るとき，ボクの学生時代に熱心にご指導頂いた，東京大学の**故 外尾善次郎先生**（ほかお）のことを思い出します。「当時，微分方程式を解かせたら，日本一の名人！」と称された先生に，**10** 年近く親身に教えて頂いたことが，その後のボクの数学人生に大きな自信となりました。先生と一緒にさまざまな微分方程式の問題を解いていた頃を，今でも昨日のことのように鮮やかに覚えています。

常微分方程式は，力学，電磁気学などなど…**理工系の科目**はもちろんのこと，**経済学や経営学**でも理論的に学習していく上で，**必要不可欠なもの**です。しかし，「常微分方程式の重要性は十分に分かっているんだけれど，難しくて手に負えそうもない。」と思っていらっしゃる読者の方々も多いと思います。確かに，**常微分方程式にはさまざまな数学的知識，計算テクニックが複雑に入り組んでいるため，これを整理して分かりやすく解説することは至難の技**でした。

しかし,この**実り豊かな常微分方程式の世界**を，微分積分の基本さえしっかりしていれば，どなたでも**数ヶ月程度で完璧にマスター**できるように，日夜検討を重ねながら，この**「常微分方程式キャンパス・ゼミ 改訂 11」**を書き上げました。

微分方程式は，大きく**常微分方程式**（**1** 変数関数の微分方程式）と**偏微分方程式**（多変数関数の微分方程式）の **2** つに大別されます。**本書では常微分方程式についてのみ，読者の目線に立って詳しく親切に解説しています**。そして，今回の改訂 **11** ではラプラス変換と偏微分方程式の入門編までは収録していますが，さらに本格的に極めたい方は**「ラプラス変換キャンパス・ゼミ」**を読まれることを勧めます。偏微分方程式については，どうしても“**フーリエ級数**”や“**フーリエ変換**”の知識が必要となるため，

これについては**「フーリエ解析キャンパス・ゼミ」**および
「偏微分方程式キャンパス・ゼミ」で学習されることを勧めます。

この**「常微分方程式キャンパス・ゼミ」**は,全体が**6**章と**Appendix**(付録)から構成されており，各章をさらにそれぞれ**10**数ページ程度のテーマに分けているので，非常に読みやすいはずです。常微分方程式は難しいものだと思っておられる方も，まず**1**回この本を**流し読み**することをお勧めします。初めは難しい式の変形などは飛ばしても構いません。**1階線形常微分方程式，ベルヌーイの微分方程式，完全微分方程式(積分因数),1階高次微分方程式(クレローの微分方程式),2階線形微分方程式，ロンスキアン，高階完全微分方程式，オイラーの方程式，微分演算子と逆演算子，連立微分方程式，級数解法，ルジャンドルの微分方程式，ベッセルの微分方程式，解の存在定理と解の一意性の証明(リプシッツ条件)**などなど，次々と専門的な内容が目に飛び込んでくると思いますが，不思議と違和感なく読みこなしていけるはずです。この**通し読みだけなら，おそらく数日もあれば十分**のはずです。これで**常微分方程式の全体像**をつかむ事ができます。

1回通し読みが終わりましたら，後は各テーマの詳しい解説文を**精読**して，例題，演習問題，実践問題を**実際にご自身で解きながら，**勉強を進めていって下さい。特に，実践問題は，演習問題と同型の問題を穴埋め形式にしたものですから，非常に学習しやすいはずです。

この精読が終わりましたら，後はご自分で納得がいくまで何度でも**繰り返し練習**することです。この反復練習により本物の実践力が身につき，**「常微分方程式も自分自身の言葉で自由に語れる」**ようになるのです。こうなれば,**「数学の単位や大学院の入試も楽勝のはずです!」**

この**「常微分方程式キャンパス・ゼミ 改訂11」**が，皆様の数学学習の良きパートナーとなることを願ってやみません。

マセマ代表　馬場 敬之(けいし)

この改訂**11**では，新たに**Appendix**(付録)の補充問題として，同次形の微分方程式の問題を加えました。

◆ 目 次 ◆

講義1 1階常微分方程式(Ⅰ)

講義2 1階常微分方程式(Ⅱ)

講義3 2階線形微分方程式

講義4 高階微分方程式

講義5 演算子

講義6 級数解法

講 義
Lecture
1

1階常微分方程式（Ⅰ）

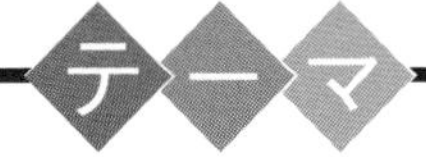

- ▶ 微分方程式の基本
- ▶ 直接積分形
- ▶ 変数分離形
- ▶ 変数分離形の応用
（同次形，$y'=f(ax+by+c)$ 型など）
- ▶ 図形・自然現象・物理への応用

§1. 常微分方程式の基本

さァ，これから“**常微分方程式**”の講義を始めよう。微分方程式は理工系の諸学科はもちろんのこと，経済や経営の理論を学習していく上で必要不可欠な科目なんだ。

今回は，微分方程式のさまざまな用語も含めて，その基本をまず解説する。そして，最も単純な“**直接積分形**”の微分方程式を実際に解いてみることにしよう。微分方程式は，実際に計算して解を求めることにより上達するものなので，積極的に解法パターンを習得していってくれ！

● 微分方程式は，2通りに大別される！

2次方程式であれ，三角方程式であれ，これまで学習してきた方程式の解はある値だったんだね。これに対して，これから解説する“**微分方程式**”(*differential equation*)の解はある関数になる。この解である関数が1変数関数 $y=g(x)$（“y は x の関数”という意味）であるか，または2変数関数 $u=u(x,\ y)$（“u は，x と y の関数”という意味）や3変数関数 $u=u(x,y,z)$（“u は x と y と z の関数”という意味）などの多変数関数であるかによって，微分方程式は“**常微分方程式**”(*ordinary differential equation*)と“**偏微分方程式**”(*partial differential equation*)の2種類に大別される。

常微分方程式と偏微分方程式

(Ⅰ) 常微分方程式

y が x の1変数関数のとき，x と y および，その常微分 y'，y''，… との関係式を“**常微分方程式**”という。（$y'=\dfrac{dy}{dx}$，$y''=\dfrac{d^2y}{dx^2}$）

(Ⅱ) 偏微分方程式

u が，x と y などの多変数関数のとき，x と y などと u，およびその偏微分 u_x，u_y，u_{xy}，u_{xx}，u_{yy}，… などとの関係式を“**偏微分方程式**”という。（$u_x=\dfrac{\partial u}{\partial x}$，$u_y=\dfrac{\partial u}{\partial y}$，$u_{xy}=\dfrac{\partial^2 u}{\partial y\partial x}$，$u_{xx}=\dfrac{\partial^2 u}{\partial x^2}$，$u_{yy}=\dfrac{\partial^2 u}{\partial y^2}$）

微分方程式ではその中の導関数の最高階数をその微分方程式の“**階数**”という。いくつか例で示そう。

(i) $y' = x + y + 1$ ←1階常微分方程式

(ii) $x^2y'' + xy' - 2y = 0$ ←2階常微分方程式

(iii) $\left(\frac{\partial u}{\partial x}\right)^2 + \left(\frac{\partial u}{\partial y}\right)^2 = 1$ ←1階偏微分方程式

(iv) $\frac{\partial^2 u}{\partial x^2} + \frac{\partial^2 u}{\partial y^2} + \frac{\partial^2 u}{\partial z^2} = 0$ ←2階偏微分方程式

(iii)は$(u_x)^2 + (u_y)^2 = 1$, (iv)は$u_{xx} + u_{yy} + u_{zz} = 0$と書き換えても同じ意味だ。

(uをxまたはyで1階しか微分していない。) (uをx, y, zそれぞれで2階微分している。)

納得いった？

そして，与えられた微分方程式をみたす関数のことを，その微分方程式の“**解**(かい)”と呼び，その解を求めることを“**微分方程式を解く**”という。また，微分方程式をみたす解のことを“**未知関数**(みちかんすう)”と呼ぶこともあるので覚えておこう。

また，yやuの従属変数とその導関数y', y'', …やu_x, u_{yy}, …などがすべて1次式である微分方程式を“**線形**(せんけい)”といい，そうでないものを“**非線形**(ひせんけい)”という。たとえば，$(y'')^2 + y' + x = 0$, $y \cdot y' + xy + x^2 = 1$は非線形

(y''の2次式) (yとy'の積がある。)

微分方程式だ。上述の(i), (ii), (iv)は線形微分方程式で，(iii)はu_xとu_yそれぞれの2次式があるので非線形微分方程式だ。(ii)$x^2y'' + xy' - 2y = 0$のように，y''やy'やyの係数が定数やxの式の場合は，線形微分方程式なんだよ。大丈夫だね。

これから，講義の対象とするのは，“常微分方程式”で，一般には

$F(x, y, y', y'', \cdots, y^{(n-1)}, y^{(n)}) = 0$ ……(＊) ←n階常微分方程式

の形で表される。この(＊)を，$y^{(n)}$について変形して，

$y^{(n)} = f(x, y, y', y'', \cdots, y^{(n-1)})$ ……(＊＊) (ただし，$f(x, y, y', \cdots, y^{(n-1)})$は1価関数)の形に表されるとき，これを“**正規形**(せいきけい)”といい，このような形に表せないものを“**非正規形**(ひせいきけい)”という。(i)は，$y' = f(x, y)$の形なので正規形だね。また，(ii)も$y'' = \frac{2y - xy'}{x^2}$ $(x \neq 0)$とすれば，これも$y^{(2)} = f(x, y, y')$の形なので正規形といえる。

用語の解説ばかりで少し疲れたかも知れないね。でも，これらはこれからの講義で自然と使えるようになるものだから，心配はいらないよ。

● 直接積分形から始めよう！

常微分方程式には解けない形のものも多いんだけれど，これからの講義はもちろん解ける形のものについて解説していく。1 階常微分方程式の中で最も単純な解ける形をしたものが，次の“**直接積分形**(ちょくせつせきぶんけい)”と呼ばれるものなんだ。

直接積分形

$\frac{dy}{dx}=f(x)$ …① の形の微分方程式を“**直接積分形**”の微分方程式

（これは，1 階の正規形常微分方程式だ。）

と呼び，その一般解は

$y=\int f(x)\,dx=F(x)+C$ となる。

(ただし，$F(x)$: $f(x)$ の原始関数，C : 任意定数)

①は，$y'=f(x)$ と考えてもいい。y を x で微分したものが $f(x)$ なので，当然 y は，$f(x)$ を x で積分したものとなり，$y=\int f(x)\,dx=\underline{F(x)}+\underline{C}$ となる。

（$F(x)$：原始関数）（C：任意定数）

ここで，$F(x)$ は積分定数を含まない $f(x)$ の原始関数のことで，これに“**任意定数**(にんいていすう)”C を加えたものが，この微分方程式の“**一般解**(いっぱんかい)”となる。

このように 1 階の常微分方程式の一般解には 1 つの任意定数が存在する。一般に，n 階の常微分方程式について，n 個の任意定数をもつ解を“**一般解**”という。そして，これに“**初期条件**(しょきじょうけん)”や“**境界条件**(きょうかいじょうけん)”などのさまざまな条件を付けて，任意定数をある値に定めて求まる解を“**特殊解**(とくしゅかい)”または“**特解**(とっかい)”という。

この“**初期条件**”や“**境界条件**”は，本当は物理的な問題の偏微分方程式で使われる用語なんだけれど，ここでは，

- 初期条件は，$x=x_1$ における，$y(x_1)=y_1$ などの条件，（1 点における条件）
- 境界条件は，$x=x_1$ と x_2 における，$y(x_1)=y_1$，$y(x_2)=y_2$ などの条件，（2 つの (端) 点における条件）

と覚えておいていいよ。

直接積分形は，1階の常微分方程式だから，一般解は当然1つの任意定数をもつ。よって，これには，1点の条件，すなわち初期条件を与えれば，任意定数 C がある値に定まって，特殊解が求められるんだね。

それでは，この一連の流れを次の例題で練習してみよう。

例題1　常微分方程式 $\frac{dy}{dx}=\frac{x}{1+x^2}$ の一般解を求めよう。

また，初期条件 $y(0)=1$ をみたす特殊解を求めよう。

$\frac{dy}{dx}=\frac{x}{1+x^2}$ より，← $y'=f(x)$ の形の直接積分形！

$$y=\int\frac{x}{1+x^2}dx=\frac{1}{2}\int\frac{2x}{1+x^2}dx$$

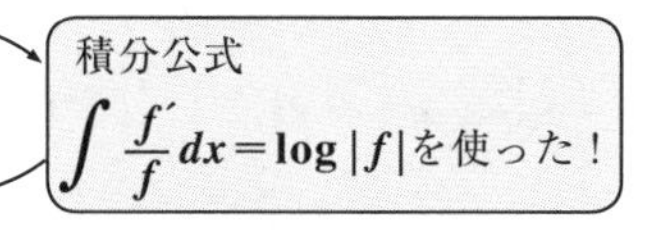

∴求める一般解は，

$$y=\frac{1}{2}\log(1+x^2)+C \quad \cdots ①$$ となる。

($1+x^2>0$ より，絶対値は不要)　(任意定数)

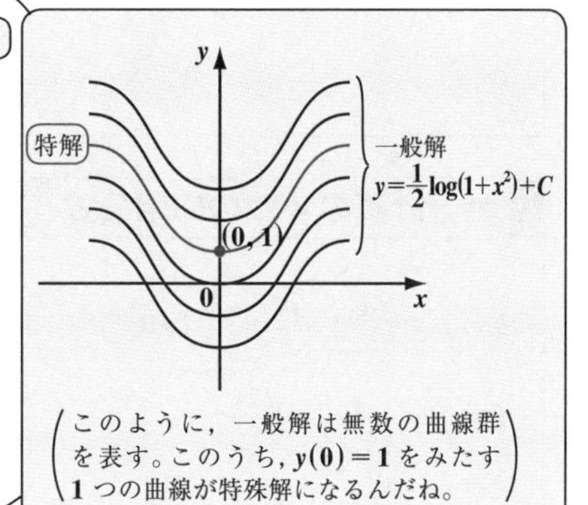

①において，初期条件 $y(0)=1$ をみたすものは，①に $x=0$ を代入して

($x=0$ のとき，$y=1$，すなわち点 $(0,\ 1)$ を通る曲線のこと)

$$y=\frac{1}{2}\log(1+0^2)+C=1$$ より，$C=1$

($\log 1=0$)

よって，求める特殊解は，

$$y=\frac{1}{2}\log(1+x^2)+1$$ となる。

このように，直接積分形の微分方程式 $y'=f(x)$ の場合，その解は $f(x)$ の単純な不定積分ということになるんだね。積分に不安を覚えている人もいると思うので，ここで復習として，主な積分公式を次にまとめておこう。

まず，積分計算の12の基本公式と，4つの応用公式は次の通りだ。

積分計算の12の基本公式

(1) $\int x^{\alpha}dx = \frac{1}{\alpha+1}x^{\alpha+1}$ $(\alpha \neq -1)$

(2) $\int e^{x}dx = e^{x}$

(3) $\int a^{x}dx = \frac{a^{x}}{\log a}$ $(a>0)$

(4) $\int \frac{1}{x}dx = \log|x|$ $(x \neq 0)$

(5) $\int \frac{f'(x)}{f(x)}dx = \log|f(x)|$ $(f(x) \neq 0)$

(6) $\int \sin x\,dx = -\cos x$

(7) $\int \cos x\,dx = \sin x$

(8) $\int \sec^{2}x\,dx = \tan x$ $\left(\sec^2 x = \frac{1}{\cos^{2}x}\right)$

(9) $\int \frac{1}{\sqrt{1-x^{2}}}dx = \sin^{-1}x$ $(x \neq \pm 1)$

(10) $\int \frac{1}{1+x^{2}}dx = \tan^{-1}x$

(11) $\int \sinh x\,dx = \cosh x$

(12) $\int \cosh x\,dx = \sinh x$

(積分定数 C は省略して示した。)

積分計算の4つの応用公式

(1) $\int \frac{1}{a^{2}+x^{2}}dx = \frac{1}{a}\tan^{-1}\frac{x}{a}$ $(a \neq 0)$

(2) $\int \frac{1}{\sqrt{a^{2}-x^{2}}}dx = \sin^{-1}\frac{x}{a}$ $(-a<x<a$，a：正の定数$)$

(3) $\int \frac{1}{\sqrt{x^{2}+\alpha}}dx = \log|x+\sqrt{x^{2}+\alpha}|$ $(\alpha \neq 0)$ $(x^{2}+\alpha>0)$

α は負でもかまわない。

(4) $\int \sqrt{x^{2}+\alpha}\,dx = \frac{1}{2}\left(x\sqrt{x^{2}+\alpha}+\alpha\log|x+\sqrt{x^{2}+\alpha}|\right)$ $(x^{2}+\alpha \geqq 0)$

(積分定数 C は省略した。)

どう？　思い出してきた？　さらに，置換積分法と，部分積分法についても，その公式を示しておくよ。

置換積分公式と典型的な置換パターン

$\int f(g(x))\cdot g'(x)\,dx$ の場合，$g(x)=t$ とおくと，$g'(x)dx=dt$ より

$\int f(g(x))\cdot g'(x)\,dx=\int f(t)\,dt$ と置換積分できる。

また，下に典型的な置換積分のパターンを示す。

(1) $\int f(\sin x)\cdot\cos x\,dx$ の場合，$\sin x=t$ とおく。

(2) $\int f(\cos x)\cdot\sin x\,dx$ の場合，$\cos x=t$ とおく。

(3) $\int\sqrt{a^2-x^2}\,dx$ の場合，$x=a\sin\theta$ （または $a\cos\theta$）とおく。

(4) $\int f(\sin x,\ \cos x)\,dx$ の場合，$\tan\frac{x}{2}=t$ とおく。

$\sin x$ と $\cos x$ の関数のこと

部分積分法

(Ⅰ) $\int f'(x)\cdot g(x)\,dx=f(x)\cdot g(x)-\int f(x)\cdot g'(x)\,dx$

簡単化

(Ⅱ) $\int f(x)\cdot g'(x)\,dx=f(x)\cdot g(x)-\int f'(x)\cdot g(x)\,dx$

簡単化

これ以外にも，さまざまな積分公式があるんだけれど，問題に応じて必要な基本事項はその都度入れていくから，心配はいらないよ。

それでは，“直接積分形”の微分方程式の練習をもっとやっておこう。いい積分計算のウォーミングアップにもなるからね。

演習問題 1　● 直接積分形 ●

常微分方程式 $\frac{dy}{dx}=\frac{x^2}{x^2+4}$ の一般解を求めよ。

また，初期条件 $y(2)=1-\frac{\pi}{2}$ をみたす特殊解を求めよ。

ヒント！ 直接積分形 $\frac{dy}{dx}=f(x)$ なので，一般解は $y=\int f(x)dx+C$ で求まる。ここで，$\int f(x)dx=\int\frac{x^2}{x^2+4}dx=\int\frac{(x^2+4)-4}{x^2+4}dx$ として計算するといいよ。

解答＆解説

（正規形の 1 階線形常微分方程式 ← 長いな～）

$\frac{dy}{dx}=\frac{x^2}{x^2+4}$ は直接積分形の常微分方程式なので，

$$y=\int\frac{x^2}{x^2+4}dx=\int\frac{(x^2+4)-4}{x^2+4}dx$$

（$y'=f(x)$ より，$y=\int f(x)dx$）

$$=\int\left(1-4\cdot\frac{1}{4+x^2}\right)dx$$

$$=x-4\cdot\frac{1}{2}\cdot\tan^{-1}\frac{x}{2}+C$$

（積分公式 $\int\frac{1}{a^2+x^2}dx=\frac{1}{a}\cdot\tan^{-1}\frac{x}{a}$ を使った！）

∴一般解 $y=x-2\tan^{-1}\frac{x}{2}+C$ ……①である。

初期条件：$x=2$ のとき，$y=1-\frac{\pi}{2}$ より，これを①に代入して，

$$1-\frac{\pi}{2}=2-2\cdot\underbrace{\tan^{-1}1}_{\frac{\pi}{4}}+C$$

（$\tan\frac{\pi}{4}=1$ より $\frac{\pi}{4}=\tan^{-1}1$ だ）

$$1-\frac{\pi}{2}=2-\frac{\pi}{2}+C\quad\therefore C=-1$$

∴求める特殊解は，$y=x-2\tan^{-1}\frac{x}{2}-1$ である。

実践問題 1　● 直接積分形 ●

常微分方程式 $\dfrac{dy}{dx}=\dfrac{\sqrt{x^2+1}-1}{\sqrt{x^2+1}}$ の一般解を求めよ。

また，初期条件 $y(0)=1$ をみたす特殊解を求めよ。

ヒント！ これも直接積分形の微分方程式 $y'=f(x)$ なので，$f(x)$ の不定積分を計算して一般解を求め，初期条件を使って，特殊解を求めるんだね。

解答＆解説

$\dfrac{dy}{dx}=\dfrac{\sqrt{x^2+1}-1}{\sqrt{x^2+1}}$ は，直接積分形の常微分方程式なので，（正規形の 1 階線形常微分方程式）

$$y=\int\frac{\sqrt{x^2+1}-1}{\sqrt{x^2+1}}\,dx=\int\left(1-\boxed{(ア)\qquad}\right)dx$$

$$=x-\boxed{(イ)\qquad}+C$$

積分公式 $\displaystyle\int\frac{1}{\sqrt{x^2+\alpha}}\,dx=\log\left|x+\sqrt{x^2+\alpha}\right|$ を使った！

∴一般解 $y=x-\boxed{(ウ)\qquad}+C$ ……① である。

初期条件：$x=0$ のとき，$y=1$ より，これを①に代入して，

$$1=0-\underbrace{\log\left|0+\sqrt{0^2+1}\right|}_{\log 1=0}+C \qquad \therefore C=\boxed{(エ)}$$

∴求める特殊解は，$y=\boxed{(オ)\qquad}$ である。

解答　(ア) $\dfrac{1}{\sqrt{x^2+1}}$　(イ) $\log(x+\sqrt{x^2+1})$　(ウ) $\log(x+\sqrt{x^2+1})$

(エ) 1　(オ) $x-\log(x+\sqrt{x^2+1})+1$

§2. 変数分離形とその応用

前回は，“直接積分形”の微分方程式について解説した。でも，この解法は単に，不定積分を行っているだけだから，なかなか微分方程式を解いているという実感が湧かなかったと思う。

今回は“**変数分離形**”の微分方程式と，その応用である“**同次形**”や“$y' = f(ax + by + c)$ **型**”などの微分方程式について，その解法を詳しく解説しようと思う。レベルは少し上がるけど，いかにも微分方程式を解いているという実感がつかめるようになるはずだ。さらに，次回では“**曲線群**”とそれに“**直交する曲線群**”についても教えるつもりだ。

● 変数分離形にチャレンジしよう！

1階常微分方程式 $\dfrac{dy}{dx} = f(x, y)$ の右辺が

$f(x, y) = g(x) \cdot h(y)$ のように，x のみの関数 $g(x)$ と y のみの関数 $h(y)$ の積に分離できるとき，これを“**変数分離形**”の微分方程式という。

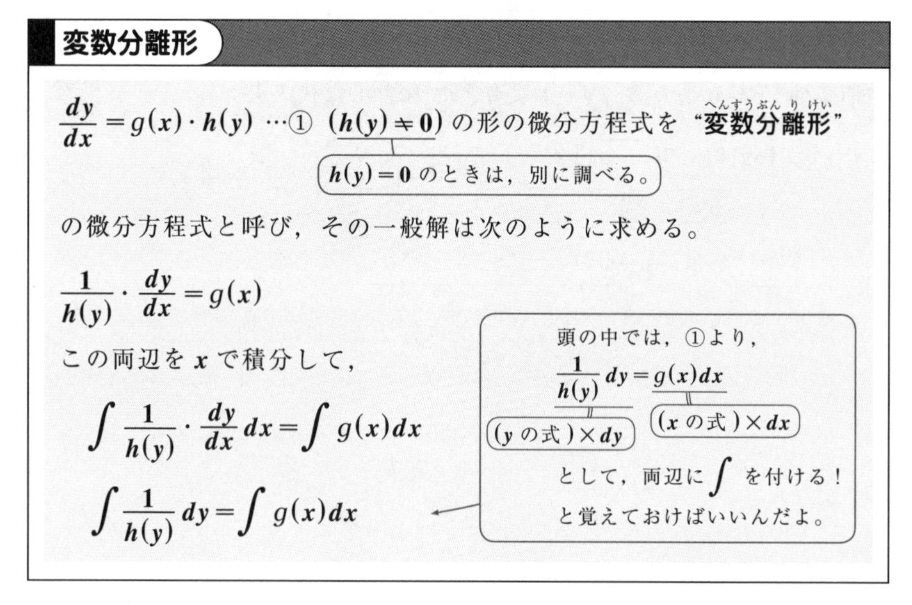

変数分離形

$\dfrac{dy}{dx} = g(x) \cdot h(y)$ …① $(h(y) \neq 0)$ の形の微分方程式を“**変数分離形**”

($h(y) = 0$ のときは，別に調べる。)

の微分方程式と呼び，その一般解は次のように求める。

$$\frac{1}{h(y)} \cdot \frac{dy}{dx} = g(x)$$

この両辺を x で積分して，

$$\int \frac{1}{h(y)} \cdot \frac{dy}{dx} dx = \int g(x) dx$$

$$\int \frac{1}{h(y)} dy = \int g(x) dx$$

簡単そうだろう。①は1階の常微分方程式だから，一般解には1つの任意定数 C を含む。解法において，この任意定数 C の取り扱い方が1つの

ポイントになるから次の例題で，シッカリ練習しよう。また，この一般解に，初期条件：$y(a)=b$ を加えると，特殊解（特解）が求まることも大丈夫だね。

（"$x=a$ のとき，$y=b$" のこと。）

例題 2　常微分方程式 $x\cdot\dfrac{dy}{dx}=y$ の一般解を求めよう。

また，初期条件：$y(1)=2$ をみたす特殊解を求めよう。

$x\cdot\dfrac{dy}{dx}=y$ ……①　について，まず，

（i）$x=0$ のとき，$y=0$ となるので，原点 $(0,\ 0)$ は①をみたす。

（ii）次に $y=0$ のとき，$\dfrac{dy}{dx}=0$ となるので，直線 $y=0$ も①をみたす。

$x\neq0$，$y\neq0$ のとき，①は，

$\dfrac{dy}{dx}=\dfrac{y}{x}$ ……①′　となる。

これは，変数分離形の微分方程式より，

$$\int\frac{1}{y}dy=\int\frac{1}{x}dx$$

$\log|y|=\log|x|+C_1$　（任意定数）

ここで，$C_1=\log C_2$ とおいて，

$\log|y|=\log|x|+\log C_2$

$\log|y|=\log C_2|x|$

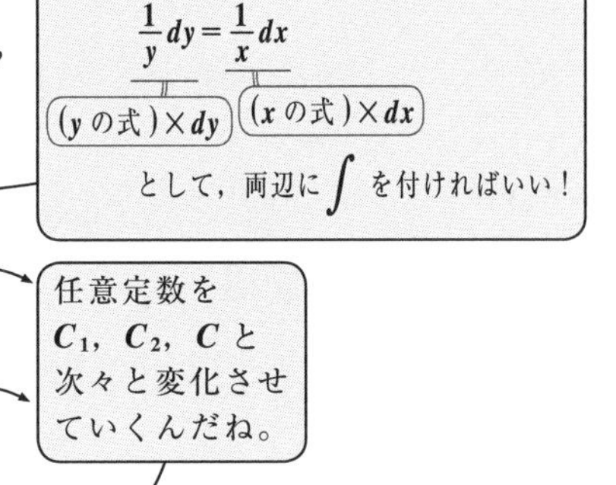

よって，$|y|=C_2|x|$ より，

$y=\pm C_2x$　　ここで，$\pm C_2=C$ とおくと，

①の一般解は，

$y=Cx$ ……②　である。

（これは（i）原点を通り，（ii）$y=0$ も含む直線群の方程式だ。）

②において，初期条件：$y(1)=2$ をみたすものは，

$x=1$，$y=2$ を②に代入して，

$2=C\cdot1$　　$C=2$ より，

特殊解 $y=2x$　である。

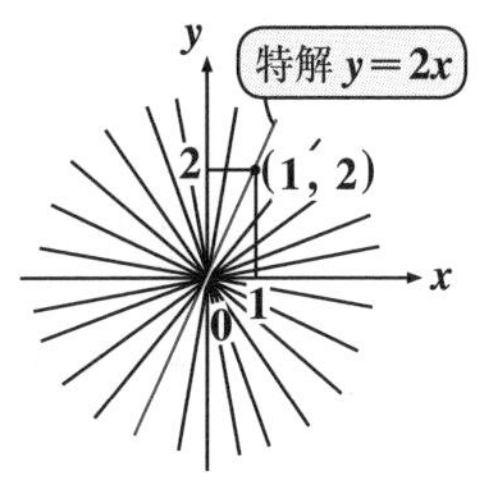

どう？ 面白かった？ それじゃ，さらに練習しよう！

例題 3　微分方程式 $\sqrt{1-x^2}\,y' + \sqrt{1-y^2} = 0$ ……①
(ただし，$-1<x<1$，$-1<y<1$) の一般解を求めよう。
また，初期条件：$y\left(\frac{1}{\sqrt{2}}\right) = \frac{1}{\sqrt{2}}$ をみたす特殊解を求めよう。

$-1<x<1$，$-1<y<1$ より，$\sqrt{1-x^2}>0$，$\sqrt{1-y^2}>0$

よって，①を変形すると，

$\frac{dy}{dx} = -\frac{\sqrt{1-y^2}}{\sqrt{1-x^2}}$ ……①′ となる。

①′ より，$\frac{1}{\sqrt{1-y^2}}dy = -\frac{1}{\sqrt{1-x^2}}dx$ として，
(y の式)$\times dy$　(x の式)$\times dx$
両辺に $\int$ を付ける！

これは変数分離形の微分方程式より，

$$\int \frac{1}{\sqrt{1-y^2}}dy = -\int \frac{1}{\sqrt{1-x^2}}dx$$

$$\sin^{-1}y = -\sin^{-1}x + C$$

積分公式 $\int \frac{1}{\sqrt{1-x^2}}dx = \sin^{-1}x$ を使った！

∴求める一般解は，

$\sin^{-1}x + \sin^{-1}y = C$ ……②　である。

②において，初期条件：$y\left(\frac{1}{\sqrt{2}}\right) = \frac{1}{\sqrt{2}}$ をみたすものは，

$x = y = \frac{1}{\sqrt{2}}$ を②に代入して，

$\sin^{-1}\frac{1}{\sqrt{2}} + \sin^{-1}\frac{1}{\sqrt{2}} = C$　　∴ $C = \frac{\pi}{2}$
（$\sin^{-1}\frac{1}{\sqrt{2}} = \frac{\pi}{4}$，$\sin^{-1}\frac{1}{\sqrt{2}} = \frac{\pi}{4}$）

よって，求める特殊解は，$\sin^{-1}x + \sin^{-1}y = \frac{\pi}{2}$

$\sin^{-1}y = \frac{\pi}{2} - \sin^{-1}x$

∴ $y = \sin\left(\frac{\pi}{2} - \sin^{-1}x\right)$

$= \cos(\sin^{-1}x)$　である。

(∵) 公式 $\sin\left(\frac{\pi}{2}-\theta\right) = \cos\theta$ より

(ただし，$(\pm 1, 0)$，$(0, 1)$ を除く)

$y^2 = \{\cos(\sin^{-1}x)\}^2$
$= 1 - \{\sin(\sin^{-1}x)\}^2$
$= 1 - x^2$
∴ $x^2 + y^2 = 1$
$(-1<x<1,\ 0<y<1)$

特解
$y = \cos(\sin^{-1}x)$

x : $-1 \to 0 \to 1$
$\sin^{-1}x$: $-\frac{\pi}{2} \to 0 \to \frac{\pi}{2}$
$\cos(\sin^{-1}x)$: $0 \to 1 \to 0$

例題 4　微分方程式 $(1-x)y'=y-1$ ……①
(ただし，$x \neq 1$，$y \neq 1$) の一般解を求めよう。
また，初期条件：$y(2)=2$ をみたす特殊解を求めよう。

$x \neq 1$，$y \neq 1$ より，①を変形すると，

$$\frac{dy}{dx}=-\frac{y-1}{x-1} \quad \cdots\cdots ①' \quad \text{となる。}$$

①' より，$\frac{1}{y-1}dy=-\frac{1}{x-1}dx$ として，(y の式) $\times dy$，(x の式) $\times dx$ 両辺に $\int$ を付ければいい！

これは変数分離形の微分方程式より，

$$\int \frac{1}{y-1}dy=-\int \frac{1}{x-1}dx$$

$$\log|y-1|=-\log|x-1|+C_1 \qquad C_1=\log C_2 \text{ とおくと，}$$

$$\log|x-1|+\log|y-1|=\log C_2, \quad \log|(x-1)(y-1)|=\log C_2$$

よって，$|(x-1)(y-1)|=C_2$ より，$(x-1)(y-1)=\pm C_2$（C とおく。）
さらに，$\pm C_2=C$ とおくと，求める一般解は，

$$y=\frac{C}{x-1}+1 \quad \cdots\cdots ② \quad \text{である。}$$

一般解は，分数関数の曲線群だ！

②において，初期条件：$y(2)=2$ をみたすものは，
$x=y=2$ を②に代入して，

$$2=\frac{C}{2-1}+1 \qquad \therefore C=1$$

よって，求める特殊解は，

$$y=\frac{1}{x-1}+1 \quad \text{である。}$$

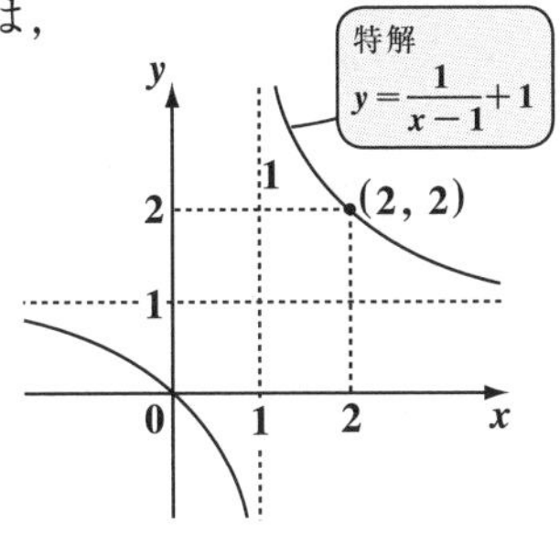

これで，“変数分離形”の微分方程式の解法にもずい分慣れてきたと思う。それでは，この“変数分離形”の応用として，“**同次形**（どうじけい）”の微分方程式の解法に入ろう。

● “同次形”も“変数分離形”にもち込める！

たとえば，1階常微分方程式 $\frac{dy}{dx}=\frac{x^2+2y^2}{2xy}$ ……㋐　$(x \neq 0,\ y \neq 0)$ を解けといわれたとき，これを変数分離形にもち込もうとして，

$$\underbrace{2ydy}_{(y\text{の式})\times dy} = \underbrace{\frac{x^2+2y^2}{x}dx}_{(x\text{の式})\times dx}$$

（$2y^2$：y の式）

としても，右辺には $2y^2$ が入っているため，うまくいかないんだね。でも，㋐の右辺は変形して，

$\frac{dy}{dx}=\frac{1}{2}\cdot\frac{x}{y}+\frac{y}{x}$ ……㋑　となるため，$\frac{dy}{dx}=f\left(\frac{y}{x}\right)$ ……㋒

の形にもち込める。この㋒の形の微分方程式を“同次形（どうじけい）”といい，これは次に示す解法によって，見慣れた“変数分離形”にもち込める。

同次形

$\frac{dy}{dx}=f\left(\frac{y}{x}\right)$ ……①　の形の微分方程式を“同次形（どうじけい）”の微分方程式と呼ぶ。その一般解は次のようにして求める。

$\frac{y}{x}=u$ ……②　とおくと，$y=xu$

よって，両辺を x で微分すると，

$y'=(xu)'=x'\cdot u+x\cdot u'=u+xu'$ ……③

②，③を①に代入して，

$u+xu'=f(u)$，　$x\cdot\frac{du}{dx}=f(u)-u$

$$\int\frac{1}{f(u)-u}du=\int\frac{1}{x}dx$$

変数分離形より，$\underbrace{\frac{1}{f(u)-u}du}_{(u\text{の式})\times du}=\underbrace{\frac{1}{x}dx}_{(x\text{の式})\times dx}$ として，両辺に $\int$ を付ける！

として，u と x の関係式を求め，

u に $\frac{y}{x}$ を代入して一般解を求める。

要領はつかめた？ それでは，先程の㋐，すなわち㋑を解いてみよう。

$\frac{y}{x}=u$ ……㋒ とおくと，$y=xu$ より，$y'=u+xu'$ ……㋓ となる。

㋒，㋓を㋑に代入して，

$$u+xu'=\frac{1}{2}\cdot\frac{1}{u}+u \qquad x\cdot\frac{du}{dx}=\frac{1}{2u}$$

($y'=\frac{dy}{dx}$，$\frac{1}{u}=\frac{x}{y}$，$u=\frac{y}{x}$)

変数分離形より，
$2udu=\frac{1}{x}dx$ として，
(u の式)$\times du$　(x の式)$\times dx$
両辺に $\int$ を付ける！

$$\int 2udu=\int\frac{1}{x}dx$$

$$u^2=\log|x|+C_1 \qquad C_1=\log C \text{ とおくと，}$$

$$u^2=\log C|x| \qquad \text{これに } u=\frac{y}{x} \text{ を代入して，}$$

$$\frac{y^2}{x^2}=\log C|x|$$

∴求める一般解は，$y^2=x^2\log C|x|$ である。

実際に計算することにより，解法の意味がよく分かったと思う。

それでは，例題でさらに練習してみよう。

> 例題 5　微分方程式 $y'=\frac{x^2+y^2}{2x^2}$ ……① $(x\neq 0,\ y\neq x)$ の一般解を求めよう。
> また，初期条件：$y(1)=-1$ をみたす特殊解を求めよ。

①を変形して，$y'=\frac{1}{2}+\frac{1}{2}\cdot\left(\frac{y}{x}\right)^2$ ……①′ ← $y'=f\left(\frac{y}{x}\right)$ の同次形だ！

ここで，$\frac{y}{x}=u\ (\neq 1)$ …② とおくと，$y=xu$ より，$y'=u+xu'$ …③ となる。

②，③を①′ に代入して，

$$u+xu'=\frac{1}{2}+\frac{1}{2}u^2, \qquad xu'=\frac{1}{2}(u-1)^2$$

変数分離形より，
$\frac{2}{(u-1)^2}du=\frac{1}{x}dx$ として，
(u の式)$\times du$　(x の式)$\times dx$
両辺に $\int$ を付ける！

$$\int\frac{2}{(u-1)^2}du=\int\frac{1}{x}dx$$

$$-2(u-1)^{-1}=\log|x|+C$$

$-2(u-1)^{-1}=\log|x|+C$ に，$u=\dfrac{y}{x}$ を代入して，

$-\dfrac{2}{\dfrac{y}{x}-1}=\log|x|+C,\quad \dfrac{2x}{x-y}=\log|x|+C$

$x-y=\dfrac{2x}{\log|x|+C}$ よって，求める一般解は，

$y=x-\dfrac{2x}{\log|x|+C}$ ……④ $(x\neq 0,\ \pm e^{-c})$ である。

④において，初期条件：$y(1)=-1$ をみたすものは，

$x=1$，$y=-1$ を④に代入して，

$-1=1-\dfrac{2\cdot 1}{\underbrace{\log|1|}_{0}+C}$，$-1=1-\dfrac{2}{C}$，$\dfrac{2}{C}=2$ $\therefore C=1$

よって，求める特殊解は，

$y=x-\dfrac{2x}{\log|x|+1}$ $\left(\text{ただし，}x\neq 0,\ \pm\dfrac{1}{e}\right)$ である。

例題 6　微分方程式 $xy'=y+\sqrt{x^2+y^2}$ ……①　$(x\neq 0)$
の一般解を求めよう。

$x\neq 0$ より，①の両辺を x で割って，

$y'=\dfrac{y+\sqrt{x^2+y^2}}{x}=\dfrac{y}{x}+\sqrt{1+\left(\dfrac{y}{x}\right)^2}$ ……①′ ←［$y'=f\left(\dfrac{y}{x}\right)$ の同次形］

ここで，$\dfrac{y}{x}=u$ ……② とおくと，$y=xu$ より，$y'=u+xu'$ ……③

②，③を①に代入して，

$\cancel{u}+xu'=\cancel{u}+\sqrt{1+u^2}$，$xu'=\sqrt{u^2+1}$

［変数分離形より，$\dfrac{1}{\sqrt{u^2+1}}du=\dfrac{1}{x}dx$ として，両辺に $\int$ を付ける！］

$\displaystyle\int\frac{1}{\sqrt{u^2+1}}du=\int\frac{1}{x}dx$

［公式 $\displaystyle\int\frac{1}{\sqrt{x^2+1}}dx=\log\left|x+\sqrt{x^2+1}\right|$ を使った！］

$\log\left|u+\sqrt{u^2+1}\right|=\log|x|+C_1$ ［C_1 は $\log C_2$ とおく］

ここで，$C_1=\log C_2$ とおくと，

$\log\left|u+\sqrt{u^2+1}\right|=\log C_2|x|$ ，　$\left|u+\sqrt{u^2+1}\right|=C_2|x|$

$u+\sqrt{u^2+1}=\pm C_2x$　　ここで，$\pm C_2=C$ とおき，$u=\dfrac{y}{x}$ を代入すると，

$\dfrac{y}{x}+\sqrt{\dfrac{y^2}{x^2}+1}=Cx$　　両辺に x をかけて，

$y+\sqrt{x^2+y^2}=Cx^2$ ，　$\sqrt{x^2+y^2}=Cx^2-y$　　両辺を 2 乗して，

$x^2+\cancel{y^2}=C^2x^4-2Cx^2y+\cancel{y^2}$　　両辺を $x^2\ (\neq 0)$ で割って，

$1=C^2x^2-2Cy$

∴求める一般解は，$C^2x^2-2Cy=1$ である。

これで“同次形”の微分方程式の解法にも自信がついただろう。

● 変数分離形には，様々な応用問題がある！

“同次形”以外にも，“変数分離形”の解法の応用と言えるものがある。その典型例として，“$y'=f(ax+by+c)$ 型”（a，b，c：定数）の微分方程式の解法を紹介しよう。

$y'=f(ax+by+c)$ 型

$\dfrac{dy}{dx}=f(ax+by+c)$ ……①（a，b，c：定数）の形の微分方程式の一般解は次のようにして求める。

$ax+by+c=u$ ……② とおく。②の両辺を x で微分して，

$a+by'=u'$ より，$by'=u'-a$ ……③ となる。

①の両辺に b をかけて，$by'=bf(ax+by+c)$ ……①′

②，③を①′に代入して，

$u'-a=bf(u)$，　$\dfrac{du}{dx}=bf(u)+a$　と

“変数分離形”になるので，

$\displaystyle\int\frac{1}{bf(u)+a}du=\int dx$ （$=x+C$）から，一般解を求める。

それでは，早速次の例題で練習してみよう。

例題 7　微分方程式 $y' = (4x + y + 1)^2$ ……①　の一般解を求めよう。

①は，$y' = f(4x + y + 1)$ の形をしているので，

$4x + y + 1 = u$ ……②　とおいて，両辺を x で微分すると，

$4 + y' = u' \quad \therefore\ y' = u' - 4$ ……③

②，③を①に代入して，

$$u' - 4 = u^2 \qquad \frac{du}{dx} = u^2 + 4$$

変数分離形より，$\frac{1}{u^2+4}\,du = dx$ として，両辺に $\int$ を付ける！

$$\int \frac{1}{u^2+4}\,du = \int dx$$

公式 $\int \frac{1}{x^2+a^2}\,dx = \frac{1}{a}\tan^{-1}\frac{x}{a}$ を使った！

$$\frac{1}{2}\tan^{-1}\frac{u}{2} = x + C_1$$

$\tan^{-1}\frac{u}{2} = 2x + C$　($2C_1 = C$ とおいた)

$\frac{u}{2} = \tan(2x + C)$，　$u = 2\tan(2x + C)$

ここで，$u = 4x + y + 1$ ……②　を代入すると，

$4x + y + 1 = 2\tan(2x + C)$

$\therefore$ 求める一般解は，$y = 2\tan(2x + C) - 4x - 1$　である。

それでは，さらにこの応用で，$y' = f(ax + by + c,\ ax + by + c')$

$ax + by$ だけは同じ

$(a,\ b,\ c,\ c'$：定数，$c \neq c')$ の場合の解法についても話そう。この場合は，$ax + by = u$ とおけば，うまくいく。実際に，次の例題で練習してみよう。

例題 8　微分方程式 $y' = -\frac{x + y + 1}{x + y - 1}$ ……①　の一般解を求めよう。

①は，$y' = f(x + y + 1,\ x + y - 1)$ の形をしているので，

u　u とおく

$x + y = u$ ……②　とおいて，両辺を x で微分すると，

$1 + y' = u' \quad \therefore\ y' = u' - 1$ ……③　となる。

②，③を①に代入して，

$u'-1=-\dfrac{u+1}{u-1}$ より，$\dfrac{du}{dx}=1-\dfrac{u+1}{u-1}=\dfrac{-2}{u-1}$

変数分離形より，
$(u-1)du=-2dx$ として
両辺に $\int$ を付ける！

$\int(u-1)du=-2\int dx$，$\dfrac{1}{2}u^2-u=-2x+C_1$

$u^2-2u=-4x+C$　　$(2C_1=C$ とおいた$)$

ここで，$u=x+y$ を代入して，

$(x+y)^2-2(x+y)=-4x+C$

∴求める一般解は，$x^2+2xy+y^2+2(x-y)=C$ である。

どう？ キレイに解けるだろう？

2 つのそれぞれ異なる x と y の 1 次式の関数

それではさらに，微分方程式 $y'=f(ax+by+c,\ a'x+b'y+c')$ ……㋐

と，x と y の係数まで共に異なる微分方程式の解法がどうなるのか，興味のあるところだろうね。この場合についても解説しよう。まず，

連立方程式 $\begin{cases} ax+by+c=0 & \cdots\cdots ㋑ \\ a'x+b'y+c'=0 & \cdots\cdots ㋒ \end{cases}$ の解 $x=\alpha$，$y=\beta$ を求める。

そして，ここで，新たに 2 つの変数 u，v を，$u=x-\alpha$，$v=y-\beta$ とおくと，α，β は，㋑，㋒の解なので，

$a\alpha+b\beta+c=0$
$a'\alpha+b'\beta+c'=0$　　∴ $\begin{cases} c=-(a\alpha+b\beta) \\ c'=-(a'\alpha+b'\beta) \end{cases}$

∴ $\begin{cases} ax+by+c=a(x-\alpha)+b(y-\beta)=au+bv \\ a'x+b'y+c=a'(x-\alpha)+b'(y-\beta)=a'u+b'v \end{cases}$

となるから，㋐ は，$\dfrac{dv}{du}=f(au+bv,\ a'u+b'v)$ と簡単になる。そして，これがもし"同次形"となるならば，これから㋐の一般解を求めることができるんだね。

これについては，$y'=\dfrac{2x-y+1}{x-2y+1}$ を例に，次の演習問題で，実際にその一般解を求めてみよう。かなりレベルは上がるけど，実際の試験でも問われる可能性のある典型問題だから，ここでシッカリ練習しておいた方がいいんだよ。

演習問題 2　　● 変数分離形の応用 ●

微分方程式 $\dfrac{dy}{dx}=\dfrac{2x-y+1}{x-2y+1}$ ……①　$\left(x \neq -\dfrac{1}{3}\right)$ について，

$2x-y+1=0$，$x-2y+1=0$ の解を $x=\alpha$，$y=\beta$ とおくとき，

$u=x-\alpha$，$v=y-\beta$ とおいて，①の一般解を求めよ。

ヒント！ $u=x-\alpha$，$v=y-\beta$ とおくと，$2x-y+1=2u-v$，$x-2y+1=u-2v$ となるので，$\dfrac{dy}{dx}$ を $\left(\dfrac{dv}{du}\text{の式}\right)$ で置き換えれば，u と v についての同次形の微分方程式にもち込めるんだね。

解答＆解説

連立方程式 $\begin{cases} 2x-y+1=0 & \cdots\cdots② \\ x-2y+1=0 & \cdots\cdots③ \end{cases}$ を解くと，

②×2－③より，$x=-\dfrac{1}{3}$ (α)，　②－③×2 より，$y=\dfrac{1}{3}$ (β) となる。

よって，題意より，$u=x-\left(-\dfrac{1}{3}\right)=x+\dfrac{1}{3}$ ……④，$v=y-\dfrac{1}{3}$ ……⑤

とおくと，

$$①\text{の右辺}=\frac{2x-y+1}{x-2y+1}=\frac{2\left(u-\frac{1}{3}\right)-\left(v+\frac{1}{3}\right)+1}{u-\frac{1}{3}-2\left(v+\frac{1}{3}\right)+1}=\frac{2u-v}{u-2v} \quad \cdots\cdots⑥$$

となる。

次に④，⑤の両辺を x で微分すると，

$\dfrac{du}{dx}=1$ ……④′，$\dfrac{dv}{dx}=\dfrac{dy}{dx}$ ……⑤′　となる。

よって，$\dfrac{dv}{du}=\dfrac{\frac{dv}{dx}}{\frac{du}{dx}}=\dfrac{dy}{dx}$　となる。（④′，⑤′より）

$\dfrac{dv}{dx}$：$\dfrac{dy}{dx}$（⑤′より）

$\dfrac{du}{dx}$：1（④′より）

これから，$\dfrac{dy}{dx}=\dfrac{dv}{du}$ ……⑦ となる。

よって，⑥，⑦を①に代入して，

分子・分母を u で割った。

$$\frac{dv}{du}=\frac{2u-v}{u-2v}=\frac{2-\frac{v}{u}}{1-2\frac{v}{u}} \quad \cdots\cdots⑧ \quad \left(\because\ u=x+\frac{1}{3}\neq 0\right)$$ ←同次形

ここで，$\dfrac{v}{u}=w$ ……⑨ とおくと，$v=u\cdot w$ より，両辺を u で微分して，

$$\frac{dv}{du}=w+u\cdot\frac{dw}{du} \quad \cdots\cdots⑩$$

⑨，⑩を⑧に代入して，

$$w+u\cdot\frac{dw}{du}=\frac{2-w}{1-2w},\qquad u\cdot\frac{dw}{du}=\frac{2-w}{1-2w}-w=\frac{2(w^2-w+1)}{1-2w}$$

変数分離形

よって，$\displaystyle\int\frac{2w-1}{w^2-w+1}dw=-2\int\frac{1}{u}du$

$$\log(w^2-w+1)=-2\log|u|+C_1$$

(w^2-w+1 は ⊕，$-2\log|u|=-\log u^2$，C_1 は $\log C_2$ とおく。)

$$\log u^2(w^2-w+1)=\log C_2,\qquad u^2(w^2-w+1)=C_2$$

($w^2=\dfrac{v^2}{u^2}$，$w=\dfrac{v}{u}$)

$v^2-uv+u^2=C_2$　　ここで，$u=x+\dfrac{1}{3}$，$v=y-\dfrac{1}{3}$ より，

$\left(y-\dfrac{1}{3}\right)^2-\left(x+\dfrac{1}{3}\right)\left(y-\dfrac{1}{3}\right)+\left(x+\dfrac{1}{3}\right)^2=C_2$　　両辺に 9 をかけて，

$$9y^2-6y+1-(9xy-3x+3y-1)+9x^2+6x+1=9C_2$$

$$9x^2+9y^2-9xy+9x-9y=9C_2-3$$

この両辺を 9 で割り，$\dfrac{9C_2-3}{9}=C$ とおくと，

求める①の微分方程式の一般解は，

$x^2+y^2-xy+x-y=C$ である。

§3. 微分方程式の図形・自然現象・物理への利用

これまで“変数分離形”を中心に，微分方程式の解法について解説してきた。そして，これだけでもかなり複雑な微分方程式が解けることも分かったと思う。でも，計算ばかりだったので，ここでは少し目先を変えて微分方程式がどのように利用されているのか，簡単な例を示してみようと思う。この講義はブレイク・タイムとして楽しんでくれていいんだよ。

● 直交曲線も微分方程式ですぐに求まる！

まず，微分方程式の図形的な利用法の **1** つを紹介しよう。微分方程式をうまく利用することにより，任意定数 C_0 を含む曲線群に対して，それと直交する曲線群を求めることができる。例で説明しよう。

$y=C_0x^2$ ……① は，任意定数 C_0

$C_0=0$ のときのみは，$y=0$ となって放物線ではなく，x 軸を表す。

を変化させることによって，図 **1** のようなさまざまな放物線群を表すことは大丈夫だね。

図 **1** 放物線群 $y=C_0x^2$

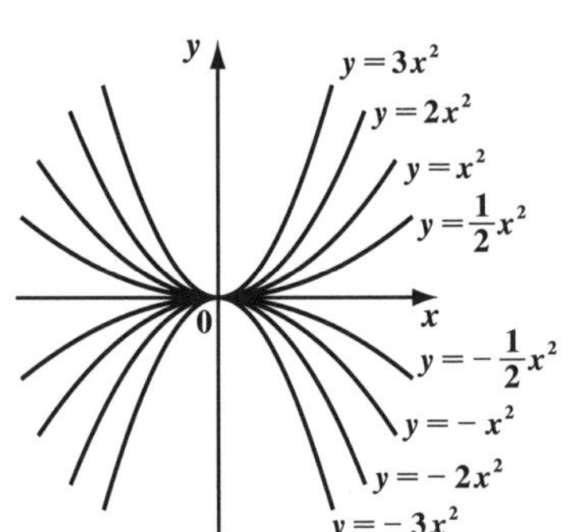

ここで，①の放物線群を一般解にもつ微分方程式を導いてみよう。まず，①の両辺を x で微分して，

$y'=2C_0x$ ……② となる。

ここで，①，②から任意定数 C_0 を消去したものが，求める微分方程式となる。よって，②の両辺に x をかけて，

$xy'=2C_0x^2$ ……②′ となる。（$C_0x^2 = y$）

②′に①を代入して，$y=C_0x^2$ を解にもつ微分方程式

$xy'=2y$ ……③ が得られる。

実際に，③を変数分離して解くと，

$\int \frac{1}{y}dy = 2\int \frac{1}{x}dx$　　$\log|y| = 2\log|x| + C_1$　　$\log|y| = \log C_2 x^2$

（C_1 を $\log C_2$ とおく）

$|y| = C_2 x^2$　　$y = \pm C_2 x^2$ より，一般解 $y = C_0 x^2$ が求まるからね。

（$\pm C_2$ を C_0 とおく）

ここで，図 **2** に示すように，曲線 $y = C_0 x^2$ 上の点 $(x,\ y)$ で，この曲線と直交する曲線とは，交点 $(x,\ y)$ におけるそれぞれの接線 l_1 と l_2 が直交する曲線のことなんだ。

図 **2**　直交する曲線

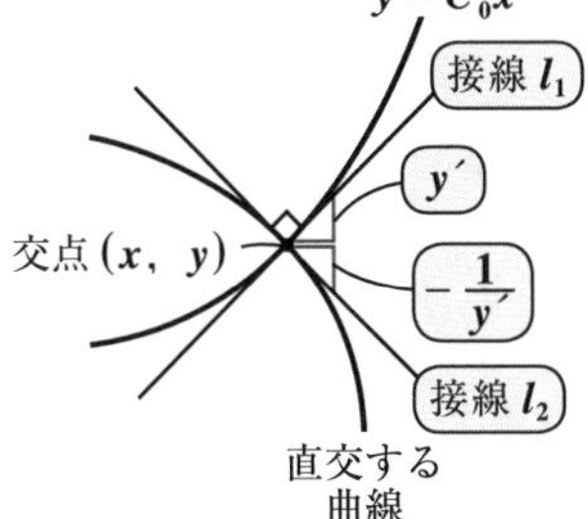

したがって，$y = C_0 x^2$ の接線 l_1 の傾き y' に対して，直交する曲線の接線 l_2 の傾きは，$-\frac{1}{y'}$ になる。よって，③の y' の代わりに，この $-\frac{1}{y'}$ を代入した　$x \cdot \left(-\frac{1}{y'}\right) = 2y$，すなわち　$2yy' = -x$　……④　が，放物線群 $y = C_0 x^2$ に直交する曲線群の微分方程式になるんだ。④は，簡単な変数分離形の微分方程式なので，これを解いてみよう。

④より，$\int 2y\,dy = -\int x\,dx$，　　$y^2 = -\frac{1}{2}x^2 + C_1$

$\therefore \frac{x^2}{2} + y^2 = C^2$　　$(C_1 = C^2$ とおく$)$

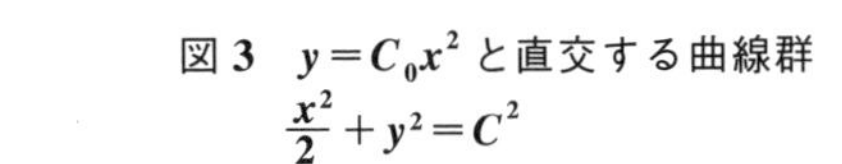

図 **3**　$y = C_0 x^2$ と直交する曲線群 $\frac{x^2}{2} + y^2 = C^2$

ここで，$C > 0$ とすると，

（$C = 0$ のとき，原点 $(0,\ 0)$ となる。）

$\frac{x^2}{(\sqrt{2}C)^2} + \frac{y^2}{C^2} = 1$　……⑤　となって，

原点を中心とする横長だ円群の方程式であることが分かるね。

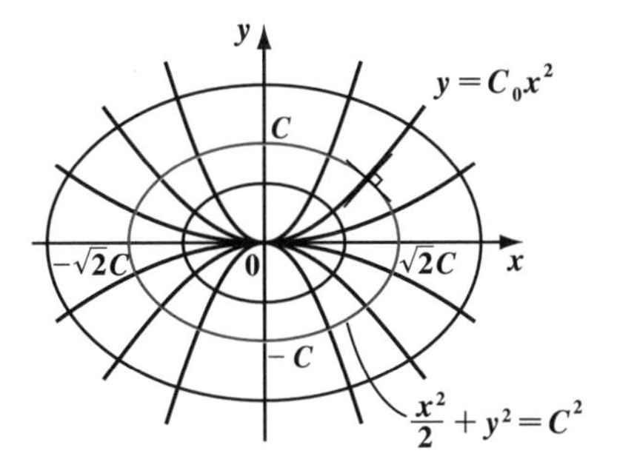

$y = C_0 x^2$ と，$\frac{x^2}{2} + y^2 = C^2$ が互いに直交する曲線群であることが，図 **3** から分かると思う。

直交する曲線群の求め方

任意定数 C_0 を含む曲線群の方程式 $F(x,\ y,\ C_0)=0$ が与えられたならば，この両辺を x で微分した式を利用して任意定数 C_0 を消去して，曲線 $F(x,\ y,\ C_0)=0$ がみたす 1 階常微分方程式：

$G(x,\ y,\ y')=0$　を作る。

この y' に，$-\dfrac{1}{y'}$ を代入して，元の曲線群と直交する曲線群の微分方程式：$G\left(x,\ y,\ -\dfrac{1}{y'}\right)=0$　を作り，これを解いて，直交する曲線群の方程式を求める。

要領はつかめた？　それじゃ，次の例題でさらに練習しておこう。

例題 9　曲線群 $x^2+y^2=C_0x$ ……①　$(C_0 \neq 0)$ がみたす微分方程式を作り，これを基に，①の曲線群と直交する曲線群の方程式を求めよう。

$x^2+y^2=C_0x$ ……①　$(C_0 \neq 0)$

これは，$\left(x-\dfrac{C_0}{2}\right)^2+y^2=\left(\dfrac{C_0}{2}\right)^2$ より，中心 $\left(\dfrac{C_0}{2},\ 0\right)$，半径 $r=\dfrac{C_0}{2}$ の円群だね。

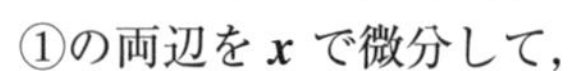

①の両辺を x で微分して，

$2x+2yy'=C_0$　　この両辺に x をかけて，

$2x^2+2xyy'=C_0x$ ……②

①を②に代入して，$2x^2+2xyy'=x^2+y^2$

よって，①の円群がみたす微分方程式は，

$2xyy'=-x^2+y^2$ ……③　である。

次に，③の y' に $-\dfrac{1}{y'}$ を代入してまとめると，①の円群と直交する曲線群の微分方程式となるので，

$2xy=(x^2-y^2)y'$ ……④

$2xy\left(-\dfrac{1}{y'}\right)=-x^2+y^2$ の両辺に $-y'$ をかけた。

④は次のように同次形の微分方程式となる。

同次形：
$y'=f\left(\dfrac{y}{x}\right)$
$\dfrac{y}{x}=u$ とおいて解く。

$$y'=\frac{2xy}{x^2-y^2}=\frac{2\cdot\dfrac{y}{x}}{1-\left(\dfrac{y}{x}\right)^2}$$

分子分母を x^2 で割った。

$u=\dfrac{y}{x}$ とおくと，$y=xu$　$y'=u+xu'$ より，これらを代入して，

$$u+xu'=\frac{2u}{1-u^2}\qquad xu'=\frac{2u}{1-u^2}-u$$

$$\frac{2u-u+u^3}{1-u^2}=-\frac{u^3+u}{u^2-1}$$

$$xu'=-\frac{u(u^2+1)}{u^2-1}$$

これは変数分離形！

$$\therefore -\int\frac{u^2-1}{u(u^2+1)}du=\int\frac{1}{x}dx$$

$$\left(-\frac{1}{u}+\frac{2u}{u^2+1}\right)$$

$$\frac{u^2-1}{u(u^2+1)}=\frac{a}{u}+\frac{bu+c}{u^2+1}=\frac{a(u^2+1)+u(bu+c)}{u(u^2+1)}=\frac{(a+b)u^2+cu+a}{u(u^2+1)}$$ より

$a+b=1$，$c=0$，$a=-1$

$\therefore a=-1$，$b=2$，$c=0$

$$\int\left(\frac{1}{u}-\frac{2u}{u^2+1}\right)du=\int\frac{1}{x}dx$$

$$\log|u|-\log(u^2+1)+C_1=\log|x|$$

⊕　$\log C_2$ とおく　←　左辺に任意定数をおいてもいい。

$$\log\frac{C_2|u|}{u^2+1}=\log|x|\qquad (C_1=\log C_2)$$

$$\pm C_2\cdot\frac{u}{u^2+1}=x\qquad Cu=x(u^2+1)\qquad (C=\pm C_2)$$

C とおく

ここで，$u=\dfrac{y}{x}$ を代入して，両辺に

x をかけると，

$$C\frac{y}{x}=x\left(\frac{y^2}{x^2}+1\right)\qquad Cy=x^2\left(\frac{y^2}{x^2}+1\right)$$

∴元の①の円群と直交する円群の方程式

$x^2+y^2=Cy$　が得られるんだね。

(図を右に示す)

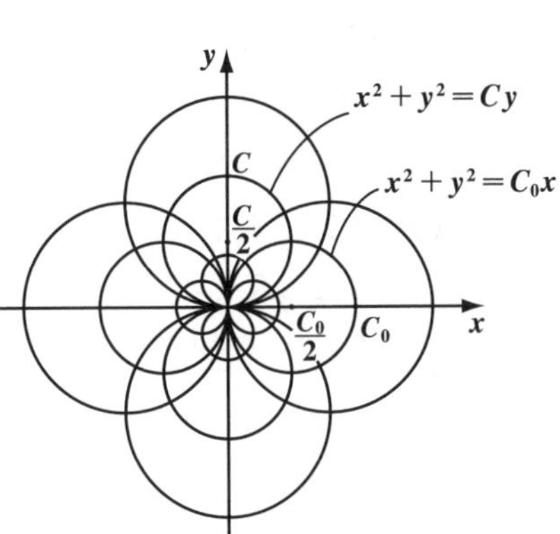

● $y'=\lambda y$ の意味を考えよう！

それでは次，簡単な例だけど，微分方程式 $y'=\lambda y$ ……① (λ:定数)を，自然現象や物理に応用してみよう。まず，①は変数分離形だから，

$\dfrac{dy}{dx}=\lambda y$ ……②　　$\displaystyle\int\frac{1}{y}dy=\lambda\int dx$　　$\log|y|=\lambda x+C_1$

$|y|=e^{\lambda x+C_1}$　　$y=\underline{\pm e^{C_1}}\cdot e^{\lambda x}$　　ここで，$C=\pm e^{C_1}$ とおくと，

（C とおく）

①の一般解は，指数関数　$y=Ce^{\lambda x}$ ……③ となるんだね。

この①の形の微分方程式は，λ が正，負の定数の場合があるけれど，さまざまな自然現象や，物理の問題に現れるんだよ。例をいくつか示そう。

(ex1) バクテリアでも，人間でもかまわないんだけど，十分よい環境が整っていれば，個体数(または人口)N の増加率 $\dfrac{dN}{dt}$ は，個体数 N そのものと，正の比例定数 k で比例すると考えられる。よって，

$\dfrac{dN}{dt}=kN$ ……②′ (k: 正の定数)

（②の x と y の代わりに t(時刻)と N(個体数)になってるだけだね。）

となる。②′は，②と本質的に同じ微分方程式だから，同様に解いて，③と同様の結果

$N=Ce^{kt}$ ……③′ が導ける。

ここで，$k=1$，また初期条件として，$N(0)=2$ とすると，③′より，

（$t=0$ のとき $N=2$ だから，人間ならば初めの2人，つまりアダムとイブのことだ。）

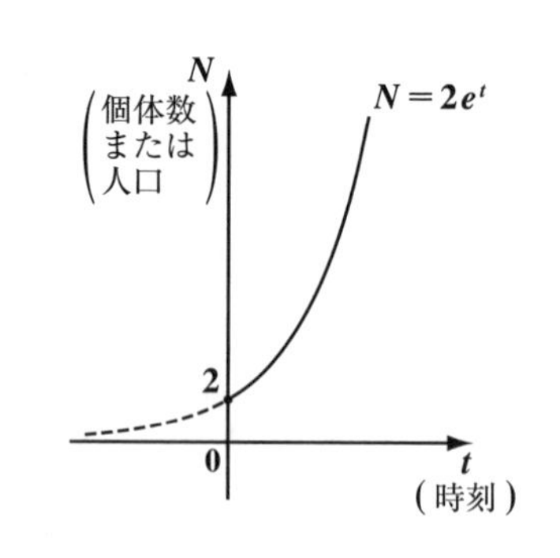

$N=Ce^t$ に，$t=0$ のとき $N=2$ を代入すると，

$2=C\cdot \underset{1}{e^0}$　　$\therefore C=2$ より，$N=2e^t$　となる。←（特殊解）

このように自然現象を扱う場合，一般に時刻を表す変数 t は $t\geqq 0$ とする。よって，$t=0$ のときの N の値を，初期条件という意味もよく分かると思う。右上に，この特殊解のグラフを示した。環境がよければ，個体数(人口)が指数

関数的に(爆発的に)増加していくことが分かると思う。

ここで1つ, 用語の解説をしておこう。たとえば, ある変数 X の"**変化率**", "**変化速度**", "**増加率**", "**減少の割合**"などなど…, 言葉の使い方は様々ではあるけれど, これらはすべて, 時刻 t での"**微分係数** $\frac{dX}{dt}$"を表していることを覚えておこう。だから, ($ex1$)でも, 個体数(人口) N の増加率を $\frac{dN}{dt}$ と表したんだ。

($ex2$) おフロの栓を抜いて, お湯を抜いていくとき, お湯の水位(すいい) $h(m)$ の減少速度 $\frac{dh}{dt}$ が, 水位 h と負の比例定数 $-k$ ($k>0$ とする)で比例するものとすると, 次の微分方程式が得られる。

$$\frac{dh}{dt}=-kh \quad \cdots\cdots ②'' \quad (k: \text{正の定数})$$

②の x と y の代わりに t (時刻)と h (水位)になっている。また, 定数 $\lambda=-k$ とした。

②''も②と本質的に同じ微分方程式なのでこれも同様に解いて,

$h=Ce^{-kt} \quad \cdots\cdots ③''$ となるのもいいね。

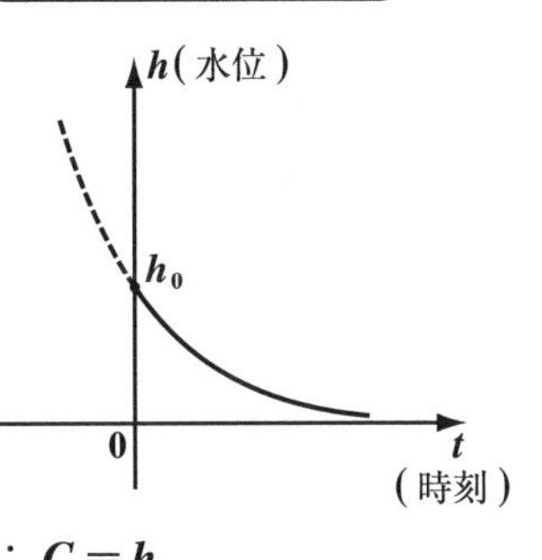

ここで, $k=1$, また初期条件 $h(0)=h_0$ ($t=0$ のとき $h=h_0$ という意味)

とおくと, $h=Ce^{-t}$ に,

$t=0$, $h=h_0$ を代入して, $h_0=C\cdot \underbrace{e^{-0}}_{1}$ $\quad \therefore C=h_0$

よって, $h=h_0e^{-t}$ という特殊解が得られる。そのグラフを右上図に示す。フロの栓を抜いた直後は, 勢いよくお湯がジャーと流れ出すので, 水位が急激に下がり, その後だんだん水位がゆるやかに減少していく様子がグラフから読み取れると思う。

②''の h を, ウラン235などの放射性物質の質量 m におきかえると, これは放射性物質が崩壊して, その質量の減少の経時変化を表すモデルにもなるんだよ。

このように, $y'=\lambda y$ の形の微分方程式は, さまざまな自然現象や物理モデルを表しているんだね。

● ロジスティック曲線にもチャレンジしよう！

前に，バクテリアや人間の個体数(人口)Nの増加率$\frac{dN}{dt}$は，十分よい環境であれば，これは個体数Nと正の比例定数kで比例して，

$\frac{dN}{dt}=kN$ ……① と表されると言った。でも，本来バクテリアや人間を

kを$k_0\left(1-\frac{N}{M}\right)$とすると，環境の変化をも考慮した，より緻密なモデルになる。

養える環境には限界があるものであり，その個体数(人口)の最大許容数をMとすると，$N<M$であり，正の比例定数kも，Nの増加に伴って減少し，$N\to M$では，$k\to 0$となる。つまりkは定数ではなくなるはずだね。これはNの増加に伴って環境が悪化していくからだ。従って，①のkの代わりに，$k_0\left(1-\frac{N}{M}\right)$を代入すると，

これは，$N\to M$のとき，$k\to 0$をみたすね。

$$\frac{dN}{dt}=k_0\left(1-\frac{N}{M}\right)N \quad \cdots\cdots ㋐$$

Nをy，$t=x$，また，定数$k_0=a$，$-\frac{k_0}{M}=b$とおくと㋐は，
$y'=ay+by^2$という，非線形の1階常微分方程式だと分かるね。
もちろん，これは変数分離形だから解けるよ。

ここでさらに，$\frac{N}{M}=n$ とおいて，新たな変数$n(0<n<1)$を導入すると，スッキリする。㋐の両辺を定数(最大の個体数)Mで割って，

$$\frac{1}{M}\cdot\frac{dN}{dt}=k_0\left(1-\frac{N}{M}\right)\cdot\frac{N}{M}$$

$\frac{d}{dt}\left(\frac{N}{M}\right)=\frac{dn}{dt}$，$\frac{N}{M}=n$

$$\frac{dn}{dt}=k_0(1-n)n \quad \cdots\cdots ㋐'$$ とする。

(k_0：正の定数)

時刻tは独立変数。
nは従属変数で，
"相対的個体数(そうたいてきこたいすう)"
とでも呼ぼう。

㋐´は，変数分離形の微分方程式だから，これを変形して，

$$\int \frac{1}{n(1-n)}dn = k_0 \int dt$$

$\frac{1}{n}+\frac{1}{1-n}=\frac{1}{n}-\frac{-1}{1-n}$

$$\int \left(\frac{1}{n}-\frac{-1}{1-n}\right)dn = k_0 \int dt \qquad \log n - \log(1-n) = k_0 t + C_1$$

（$\oplus$，$\oplus$　$\because 0 < n < 1$）

$$\log\frac{n}{1-n} = k_0 t + C_1 \qquad \therefore \frac{n}{1-n} = e^{k_0 t + C_1} = e^{C_1}\cdot e^{k_0 t}$$

（e^{C_1} を $\frac{1}{C}$ とおく。$(C>0)$）

ここで，$e^{C_1}=\frac{1}{C}$ とおくと，　$\frac{n}{1-n} = \frac{1}{C}e^{k_0 t}$

$$\frac{1-n}{n} = Ce^{-k_0 t} \qquad \frac{1}{n} - 1 = Ce^{-k_0 t}$$

$$\frac{1}{n} = 1 + Ce^{-k_0 t} \qquad \therefore n = \frac{1}{1+Ce^{-k_0 t}} \quad \cdots\cdots ㋑$$

となる。

㋑は“**ロジスティック曲線**”(*logistic curve*) または“**ロジスティック成長曲線**”と呼ばれる成長曲線の一種で，初めは指数関数的に n は増加するが，t が大きくなるにつれて，1 に収束（飽和）する“**S 字型の曲線**”を描くことになる。

㋑の $k_0=1$ とおいた $n=\frac{1}{1+Ce^{-t}}$ に，初期条件 $n(0)=0.01$ を与えると，

（最大相対的個体数の $\frac{1}{100}$ からスタート！）

$t=0$ のとき，$n=0.01$ より，

$$0.01 = \frac{1}{1+Ce^{-0}} \qquad \frac{1}{100} = \frac{1}{1+C} \qquad 1 + C = 100 \qquad \therefore C = 99$$

（$e^{-0} = 1$）

$$\therefore n = \frac{1}{1+99e^{-t}}$$

と，特殊解が得られる。

このグラフを右に示す。環境の悪化も考慮に入れた，よりリアルな成長（個体の増加）過程が描けてるね。

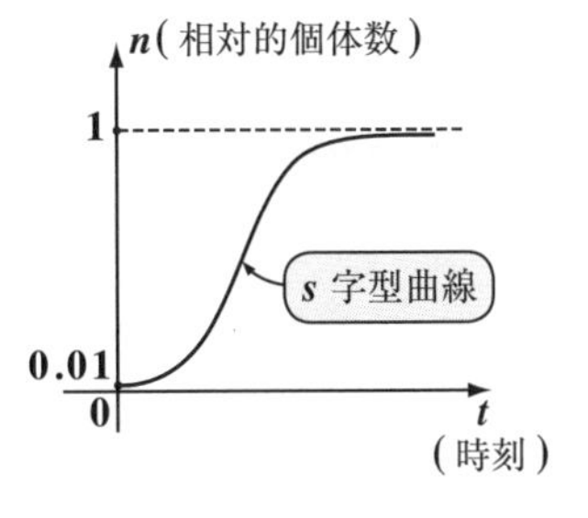

講義1 ● 1階常微分方程式(Ⅰ)　公式エッセンス

1. 直接積分形

$\dfrac{dy}{dx}=f(x)$ の一般解は，$y=\displaystyle\int f(x)dx=F(x)+C$

2. 変数分離形

$\dfrac{dy}{dx}=g(x)\cdot h(y)$　$(h(y)\neq 0)$ の一般解は，

$\displaystyle\int\frac{1}{h(y)}dy=\int g(x)dx$　と変形して，求める。

3. 同次形

$\dfrac{dy}{dx}=f\left(\dfrac{y}{x}\right)$ ……①　の一般解は，次の手順で求める。

$\dfrac{y}{x}=u$ ……②　とおくと，$y=xu$　この両辺を x で微分して，

$y'=u+xu'$ ……③　②，③を①に代入して，

$u+xu'=f(u)$　$x\cdot\dfrac{du}{dx}=f(u)-u$

$\displaystyle\int\frac{1}{f(u)-u}du=\int\frac{1}{x}dx$　として，u と x の関係を求め，

u に $\dfrac{y}{x}$ を代入する。

4. $y'=f(ax+by+c)$ 型

$y'=f(ax+by+c)$ ……①　では，$ax+by+c=u$ ……②

とおき，②の両辺を x で微分して，$a+by'=u'$

$\therefore\ by'=u'-a$ ……③

①の両辺に b をかけて，$by'=b\cdot f(ax+by+c)$ ……①′

①′に②，③を代入して，変数分離形にもち込む。

1階常微分方程式(Ⅱ)

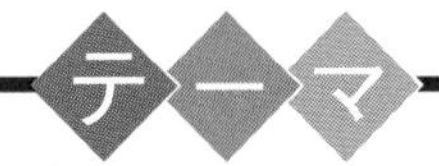

- 1階線形微分方程式と
  ベルヌーイの微分方程式
- 完全微分方程式
  (積分因数)
- 1階高次微分方程式
  (クレローの微分方程式)
  (ラグランジュの微分方程式)

§1. 1階線形微分方程式とベルヌーイの方程式

さァ，これから，1階常微分方程式の講義の後半戦に入ろう。まず最初に解説するのは，“**1階線形微分方程式**(いっかいせんけいびぶんほうていしき)”だ。これをマスターすると，いかにも「微分方程式が解けるようになった」という充実感が得られるから，楽しくなると思うよ。ここではまた，“**定数変化法**(ていすうへんかほう)”という，微分方程式を解く上で重要な手法についても解説しよう。さらに，1階線形微分方程式の応用として，“**ベルヌーイの微分方程式**”についても詳しく解説するつもりだ。

● 1階線形微分方程式を解こう！

“**1階線形微分方程式**(いっかいせんけいびぶんほうていしき)”とは，

$y' + P(x)y = Q(x)$ …① の形の微分方程式のことだ。

これは一般に，“変数分離形”ではないよ。$P(x)$ や $Q(x)$ の x の関数は入ってるけれど，y' と y について1次式の形（線形）になっているのが特徴だ。

ここで，①の右辺の $Q(x)$ が，特に $Q(x)=0$ のとき，つまり，

$y' + P(x)y = 0$ …② の形の方程式を“**同次方程式**(どうじほうていしき)”（または“**斉次方程式**(せいじほうていしき)”）という。これに対して，$Q(x) \neq 0$ のとき，①は“**非同次方程式**(ひどうじほうていしき)”（または“**非斉次方程式**(ひせいじほうていしき)”）と呼ぶ。さらに，②のことを，①の“**同伴方程式**(どうはんほうていしき)”と呼ぶことも覚えておこう。以上をまとめて下に示す。

1階線形微分方程式

1階線形微分方程式：

$y' + P(x)y = Q(x)$ …① （非同次方程式：$Q(x) \neq 0$）

の同伴方程式は，

$y' + P(x)y = 0$ …② （同次方程式）である。

それでは，①の1階線形微分方程式の解法について解説しよう。これは，“**定数変化法**(ていすうへんかほう)”という面白い解法パターンだよ。

①は一般に，“変数分離形”ではないので，これを今，直接解くことは難しい。よって，その同伴方程式である②をまず解いてみることにしよう。②は“変数分離形”だから，簡単だね。

①より，明らかに $y \neq 0$ より，②も $y \neq 0$ として解くと，

$$\frac{dy}{dx} = -P(x)y \qquad \int \frac{1}{y}dy = -\int P(x)dx$$ ←変数分離形

$$\log|y| = -\int P(x)dx + C_1 \qquad |y| = e^{-\int P(x)dx + C_1}$$

任意定数 C_1 を別にたしているので，この不定積分は，積分定数をもたないものとする。

$$y = \pm e^{C_1} \cdot e^{-\int P(x)dx}$$

（$\pm e^{C_1}$ を）C とおく

この後，これを“x の関数”と考えよう！

よって，②の一般解は，$y = C \cdot e^{-\int P(x)dx}$ …③ （C：任意定数）

となる。ここまではいいね。これは，あくまでも②の一般解であって，元の①の1階線形微分方程式の解ではない。でも，「この③の任意定数 C が定数ではなくて，何かある x の関数 $u(x)$ であったとしたら，①の方程式の解になり得るのではないか」と考えてみよう。すると…，これが見事にうまくいくんだね。このように，定数 C を変化させて①の解を求めるので，“**定数変化法**”というんだ。それでは早速やってみよう。まず，③を

$$y = u(x) \cdot e^{-\int P(x)dx} \quad \cdots ③'$$ とおき，

これを①に代入して，①をみたすような関数 $u(x)$ を求めてみると，

$$\left\{u(x) \cdot e^{-\int P(x)dx}\right\}' + P(x) \cdot u(x) \cdot e^{-\int P(x)dx} = Q(x)$$

$$u'(x) \cdot e^{-\int P(x)dx} + u(x) \cdot \left\{e^{-\int P(x)dx}\right\}'$$ ←公式：$(f \cdot g)' = f' \cdot g + f \cdot g'$

$$\left\{-\int P(x)dx\right\}' \cdot e^{-\int P(x)dx} = -P(x)e^{-\int P(x)dx}$$ ←合成関数の微分

$$u'(x) \cdot e^{-\int P(x)dx} - u(x) \cdot P(x) \cdot e^{-\int P(x)dx} + P(x) \cdot u(x) \cdot e^{-\int P(x)dx} = Q(x)$$

よって，$\dfrac{du(x)}{dx} = Q(x)e^{\int P(x)dx}$ となり，これは“直接積分形”だ。ゆえに，

$u(x) = \int Q(x)e^{\int P(x)dx}dx + C$ …④ となって，うまく $u(x)$ が求まった！

任意定数 C を別にたしているので，この不定積分は，積分定数をもたないものとする。

よって，④を③´に代入して，求める①の1階線形微分方程式の解は，

$$y = e^{-\int P(x)dx}\left\{\int Q(x)e^{\int P(x)dx}dx + C\right\}$$ である。

1階線形微分方程式の解法

1階線形微分方程式：$y'+P(x)y=Q(x)$ …① について，

(ⅰ) まず，その同伴方程式：$y'+P(x)y=0$ …②の一般解

$y=Ce^{-\int P(x)dx}$ …③を求める。

(ⅱ) 次に，③の定数 C を x の関数 $u(x)$ とおきかえて，

$y=u(x)\cdot e^{-\int P(x)dx}$ …③´ として，①に代入して，

$u(x)=\int Q(x)e^{\int P(x)dx}dx+C$ を求め，これを③´に代入して，

①の一般解 $y=e^{-\int P(x)dx}\left\{\int Q(x)e^{\int P(x)dx}dx+C\right\}$ を求める。

これで要領が分かったと思う。では，早速，例題で練習してみよう。

例題10 次の1階線形微分方程式を解いてみよう。

(1) $y'-2y=e^x$ ………………㋐

(2) $y'+\frac{1}{x}y=\frac{2}{x^2+1}$ ………㋓ $(x>0)$

(3) $y'-y\cdot\tan x=2\sin x$ ……㋖ $\left(0<x<\frac{\pi}{2}\right)$

どれも，変数分離形でないことは一目瞭然だね。

(1) (ⅰ) まず，㋐の同伴方程式：

$y'-2y=0$ (同次方程式) の解を求めると， 変数分離形

$y'=2y$ $\int\frac{1}{y}dy=2\int dx$ (㋐より，$y\neq0$)

$\log|y|=2x+C_1$ $|y|=e^{2x+C_1}$ $y=\underline{\pm e^{C_1}}\cdot e^{2x}$ (C)

よって，一般解は，$y=Ce^{2x}$ …㋑ $(C=\pm e^{C_1})$

(ⅱ) ここで，㋑の任意定数 C を，x の関数 $u(x)$ でおきかえると，

$y=u(x)\cdot e^{2x}$ …㋑´ この㋑´を㋐に代入して，

$\{u(x)e^{2x}\}'-2u(x)e^{2x}=e^x$ ← $y'-2y=e^x$

$u'(x)e^{2x}+u(x)\cdot(e^{2x})'=u'(x)e^{2x}+2u(x)e^{2x}$

$\underline{u'(x)e^{2x} + \cancel{2u(x)e^{2x}}} - \cancel{2u(x)e^{2x}} = e^x \qquad u'(x) \cdot e^{2x} = e^x$

$u'(x) = e^{-x} \qquad \therefore u(x) = \int e^{-x}dx = -e^{-x} + C \cdots$ ㋒ ← 直接積分形

㋒を㋑´に代入して，求める㋐の方程式の一般解は，

$y = (-e^{-x} + C)e^{2x} = Ce^{2x} - e^x$ である。

これで，1 階線形微分方程式の解法にも，少し慣れただろう。

(2) (i) まず，㋓の同伴方程式：

$y' + \frac{1}{x}y = 0$ (同次方程式) の解を求めると，

$\frac{dy}{dx} = -\frac{y}{x} \qquad \int \frac{1}{y}dy = -\int \frac{1}{x}dx$ ← 変数分離形 $(y \neq 0$ (∵㋓), $x > 0)$

$\log|y| = -\log x + C_1$ (∵ $x > 0$) $\qquad \log|y| = \log \frac{e^{C_1}}{x}$ (∵ $C_1 = \log e^{C_1}$)

$\therefore y = \underline{\pm e^{C_1}} \cdot \frac{1}{x}$ より，一般解 $y = C \cdot \frac{1}{x} \cdots$ ㋔ $(C = \pm e^{C_1})$

(ii) ここで，㋔の任意定数 C を，x の関数 $u(x)$ でおきかえると，

$y = \frac{u(x)}{x} \cdots$ ㋔´ 　この㋔´を㋓に代入して，

$\underline{\left\{\frac{u(x)}{x}\right\}'} + \frac{1}{x} \cdot \frac{u(x)}{x} = \frac{2}{x^2+1} \qquad \frac{u'(x)}{x} - \cancel{\frac{u(x)}{x^2}} + \cancel{\frac{u(x)}{x^2}} = \frac{2}{x^2+1}$

$\frac{u'(x)x - u(x) \cdot 1}{x^2}$ ← $\left(\frac{分子}{分母}\right)' = \frac{(分子)' \cdot 分母 - 分子 \cdot (分母)'}{(分母)^2}$

$u'(x) = \frac{2x}{x^2+1} \qquad \therefore u(x) = \int \frac{2x}{x^2+1}dx = \log\underline{(x^2+1)} + C \cdots$ ㋕ ← 直接積分形

㋕を㋔´に代入して，求める㋓の方程式の一般解は，

$y = \frac{1}{x}\{\log(x^2+1) + C\}$ である。

大丈夫だった？ それではもう 1 題解いてみよう！

(3) (ⅰ) まず，$y' - y \cdot \tan x = 2\sin x$ …㋖ $\left(0 < x < \frac{\pi}{2}\right)$ の同伴方程式：

$y' - y \cdot \tan x = 0$（同次方程式）の解を求めると，

$$\frac{dy}{dx} = y\underbrace{\tan x}_{\frac{\sin x}{\cos x}} \qquad \int \frac{1}{y}dy = -\int \frac{-\sin x}{\cos x}dx \quad \left(y \neq 0,\ 0 < x < \frac{\pi}{2}\right)$$

公式：$\int \frac{f'}{f}dx = \log|f| + C$

$$\log|y| = -\log(\underbrace{\cos x}_{\oplus}) + C_1 \qquad \log|y| = \log\frac{e^{C_1}}{\cos x}$$

$$y = \underbrace{\pm e^{C_1}}_{C} \cdot \frac{1}{\cos x} \text{ より，一般解 } y = \frac{C}{\cos x} \quad \cdots ㋗ \quad (C = \pm e^{C_1})$$

(ⅱ) ここで，㋗の任意定数 C を，x の関数 $u(x)$ でおきかえると，

$$y = \frac{u(x)}{\cos x} \quad \cdots ㋗' \qquad \text{この㋗}'\text{を㋖に代入して，}$$

$$\left\{\frac{u(x)}{\cos x}\right\}' - \frac{u(x)}{\cos x} \cdot \tan x = 2\sin x \longleftarrow \boxed{y' - y \cdot \tan x = 2\sin x}$$

$$\frac{u'(x)\cos x - u(x)\cdot(-\sin x)}{\cos^2 x} = \frac{u'(x)}{\cos x} + \frac{u(x)}{\cos x}\tan x$$

$$\frac{u'(x)}{\cos x} + \cancel{\frac{u(x)}{\cos x}\tan x} - \cancel{\frac{u(x)}{\cos x}\tan x} = 2\sin x$$

$$u'(x) = 2\sin x\cos x \qquad \boxed{\text{公式}：\int 2f \cdot f'dx = f^2 + C}$$

$$\therefore u(x) = \int 2\underbrace{\sin x}_{f} \cdot \underbrace{\cos x}_{f'}dx = \underbrace{\sin^2 x}_{f^2} + C \quad \cdots ㋘$$

㋘を㋗′に代入して，求める㋖の方程式の一般解は，

$$y = \frac{1}{\cos x}(\sin^2 x + C) \quad \text{である。}$$

3 題解いたから"定数変化法"による，**1** 階線形微分方程式の一般解の求め方にも本当に慣れたと思う。でも，ここでもう **1** 歩踏み込んで，次のように「**1** 階線形微分方程式の一般解を公式として覚えてしまう」と，もっとスバラシイんだよ。何故なら，この **1** 階線形微分方程式は頻出中の頻出問題といっても過言ではないからなんだ。

1 階線形微分方程式の解の公式

1 階線形微分方程式：$y'+P(x)y=Q(x)$ の一般解は，

$$y=e^{-\int P(x)dx}\left\{\int Q(x)e^{\int P(x)dx}dx+C\right\}$$ である。

同伴方程式の C を除いた解の部分　　C をおきかえた関数 $u(x)$ の部分

例題 **10** の **3** つの **1** 階線形微分方程式を，解の公式に従って，もう **1** 度解き直してみよう。

(1) $y'\underset{P(x)}{\underline{-2}}y=\underset{Q(x)}{\underline{e^x}}$ …㋐の一般解は，解の公式より，

公式：$y=e^{-\int Pdx}\left(\int Qe^{\int Pdx}dx+C\right)$

$$y=\underset{e^{2x}}{\underline{e^{-\int(-2)dx}}}\left\{\int e^x\cdot\underset{e^{-2x}}{\underline{e^{\int(-2)dx}}}dx+C\right\}=e^{2x}\left(\int e^{-x}dx+C\right)$$

$=e^{2x}(-e^{-x}+C)=Ce^{2x}-e^x$　とアッサリ求まってしまう！

(2) $y'+\underset{P(x)}{\underline{\frac{1}{x}}}y=\underset{Q(x)}{\underline{\frac{2}{x^2+1}}}$ …㋓の一般解は，解の公式より，

公式：$y=e^{-\int Pdx}\left(\int Qe^{\int Pdx}dx+C\right)$

$$y=e^{-\int\frac{1}{x}dx}\left\{\int\frac{2}{x^2+1}e^{\int\frac{1}{x}dx}dx+C\right\}=\frac{1}{x}\left(\int\frac{2x}{x^2+1}dx+C\right)$$

$e^{-\log x}=e^{\log\frac{1}{x}}=\frac{1}{x}$　　$e^{\log x}=x\ (x>0)$

$=\frac{1}{x}\{\log(x^2+1)+C\}$ と，これもアッサリ結果が出せる！

(3) $y'\underset{P(x)}{\underline{-(\tan x)}}\cdot y=\underset{Q(x)}{\underline{2\sin x}}$ …㋖の一般解も，解の公式より，

公式：$y=e^{-\int Pdx}\left(\int Qe^{\int Pdx}dx+C\right)$

$$y=e^{-\int(-\tan x)dx}\left\{\int 2\sin x\cdot e^{\int(-\tan x)dx}dx+C\right\}$$

$e^{-\int\frac{-\sin x}{\cos x}dx}=e^{-\log(\cos x)}=\frac{1}{\cos x}$　　$e^{\int\frac{-\sin x}{\cos x}dx}=e^{\log(\cos x)}=\underset{\oplus}{\cos x}\ \left(0<x<\frac{\pi}{2}\right)$

$e^{\log\alpha}=\alpha$ だからね。

$$\therefore\ y=\frac{1}{\cos x}\left(\int 2\sin x\cos x\,dx+C\right)=\frac{1}{\cos x}(\sin^2 x+C)$$ となる。

慣れると，“定数変化法”より，“解の公式”の方がずっと楽に解けるだろう。

● ベルヌーイの微分方程式にも挑戦だ！

1階線形微分方程式の応用として“**ベルヌーイの微分方程式**”の解法も是非マスターしよう。まず，ベルヌーイの微分方程式は次の通りだ。

$$y'+P(x)y=Q(x)y^n \quad \cdots ① \quad (n\text{ は，}0\text{ と }1\text{ 以外の整数})$$

$n=0$ のとき，①は $y'+P(x)y=Q(x)$ となって，ただの1階線形微分方程式だ。
$n=1$ のとき，①は $y'+P(x)y=Q(x)y$　$y'=\{Q(x)-P(x)\}y$ となって，変数分離形になる。

$y\neq 0$ として，①の右辺の y^n を消去するため，まず①の両辺に y^{-n} をかけると，

$$y^{-n}y'+P(x)y^{-n+1}=Q(x) \quad \cdots ①' \text{ となる。}$$

ここで，$(y^{-n+1})'=(-n+1)y^{-n}\cdot y' \quad \cdots ②$　となるので，

（合成関数の微分）

①′の両辺に $(-n+1)$ をかけると

$$\underbrace{(-n+1)y^{-n}y'}_{(y^{-n+1})'}+(-n+1)P(x)y^{-n+1}=(-n+1)Q(x)$$

$$\underbrace{(y^{-n+1})'}_{u'(x)}+\underbrace{(-n+1)P(x)}_{P_0(x)}\underbrace{y^{-n+1}}_{u(x)}=\underbrace{(-n+1)Q(x)}_{Q_0(x)} \quad \cdots ③$$

ここで，$y^{-n+1}=u(x)$，$(-n+1)P(x)=P_0(x)$，$(-n+1)Q(x)=Q_0(x)$ とおくと，③は，

$u'+P_0(x)u=Q_0(x)$　と，u の1階線形微分方程式となるので，解の公式より，$\underbrace{u}_{y^{-n+1}}=e^{-\int P_0(x)dx}\left\{\int Q_0(x)e^{\int P_0(x)dx}dx+C\right\} \quad \cdots ④$

だね。後は，u に y^{-n+1} を代入して，まとめれば，①のベルヌーイの微分方程式の一般解が求まる。納得いった？　このベルヌーイの微分方程式の解法も次にまとめて示しておこう。

ベルヌーイの微分方程式の解法

ベルヌーイの微分方程式：$y' + P(x)y = Q(x)y^n$ …① $(n \neq 0,\ 1)$

$y \neq 0$ として，①の両辺に $(-n+1) \cdot y^{-n}$ をかけて，

($y=0$ は，$n \neq 0,\ 1$ のとき①の解の1つではあるけれど，つまらないので，これを除く。)

$(-n+1)y^{-n}y' + (-n+1)P(x)y^{-n+1} = (-n+1)Q(x)$

$(y^{-n+1})' + (-n+1)P(x)y^{-n+1} = (-n+1)Q(x)$

ここで，$y^{-n+1} = u$ とおくと，

$u' + (-n+1)P(x)u = (-n+1)Q(x)$ と，u の1階線形微分方程式になるのでこれを解き，さらに $u = y^{-n+1}$ を代入して一般解を求める。

要領はつかめただろう？ それじゃ，例題で早速練習してみよう。

例題 11 次のベルヌーイの微分方程式を解いてみよう。

(1) $y' + \frac{1}{x}y = -2x^2y^2$ …………㋐ $(x > 0)$ ← $n=2$

(2) $y' - xy = -e^{-x^2}y^3$ …………㋒ ← $n=3$

(3) $y' - \frac{1}{3x}y = -\frac{4}{3}y^4\log x$ ……㋔ $(x > 0)$ ← $n=4$

(1) $y' + \frac{1}{x}y = -2x^2y^{2}$ …㋐ $(x > 0)$ は，$n=2$ のベルヌーイの方程式より，（$2 = n$）

㋐の両辺に $(-n+1)y^{-n} = -y^{-2}$ をかけて，

$-y^{-2}y' - \frac{1}{x}y^{-1} = 2x^2$ 　　$(y^{-1})' - \frac{1}{x}y^{-1} = 2x^2$

（$-y^{-2}y' = (y^{-1})'$ ← 合成関数の微分）

ここで，$y^{-1} = u$ とおくと，

$u' - \frac{1}{x}u = 2x^2$ となって，これは u の1階線形微分方程式だね。

（$-\frac{1}{x} = P(x)$，$2x^2 = Q(x)$）

よって，解の公式より，

公式：$y=e^{-\int Pdx}\left(\int Qe^{\int Pdx}dx+C\right)$

$$u=\underline{e^{\int\frac{1}{x}dx}}\left(\int 2x^2\underline{e^{-\int\frac{1}{x}dx}}dx+C\right)$$

$e^{\log x}=x$　　$e^{-\log x}=e^{\log\frac{1}{x}}=\frac{1}{x}$

$$u=x\left(\int 2xdx+C\right)=x(x^2+C)\ \cdots ㋑$$

㋑に $u=y^{-1}$ を代入して，

$y^{-1}=Cx+x^3$　　∴一般解 $y=\dfrac{1}{Cx+x^3}$ である。

どう？ 微分方程式も，解けるようになると面白いだろう。

(2) $y'-xy=-e^{-x^2}y^3$ …㋒は，$n=3$ のベルヌーイの方程式より，

㋒の両辺に $(-n+1)y^{-n}=-2y^{-3}$ をかけて，

$\underline{-2y^{-3}y'}+2xy^{-2}=2e^{-x^2}$　　$(y^{-2})'+2xy^{-2}=2e^{-x^2}$

$(y^{-2})'$ ←合成関数の微分

ここで，$y^{-2}=u$ とおくと，

$u'+\underline{2x}u=\underline{2e^{-x^2}}$ となって，これは u の1階線形微分方程式だ。

$P(x)$　$Q(x)$

よって，解の公式より，

$$u=\underline{e^{-\int 2xdx}}\left(\int 2e^{-x^2}\cdot\underline{e^{\int 2xdx}}dx+C\right)$$

e^{-x^2}　　e^{x^2}

$$u=e^{-x^2}\left(\int 2dx+C\right)=e^{-x^2}(2x+C)\ \cdots ㊁$$

㊁に $u=y^{-2}$ を代入して，

$y^{-2}=e^{-x^2}(2x+C)$　　∴一般解 $y^2=\dfrac{e^{x^2}}{2x+C}$ である。

これも大丈夫だった？

(3) $y' - \frac{1}{3x}y = -\frac{4}{3}y^{4}\log x$ …㋔ $(x>0)$ は，$n=4$ のベルヌーイの方程式より，㋔の両辺に $(-n+1)y^{-n} = -3y^{-4}$ をかけて，

$-3y^{-4}y' + \frac{1}{x}y^{-3} = 4\log x$ 　 $(y^{-3})' + \frac{1}{x}y^{-3} = 4\log x$

$-3y^{-4}y' = (y^{-3})'$ ← 合成関数の微分

ここで，$y^{-3} = u$ とおくと，

$u' + \frac{1}{x}u = 4\log x$ となって，これは u の1階線形微分方程式だね。

（$\frac{1}{x} = P(x)$，$4\log x = Q(x)$）

よって，解の公式より，

$u = e^{-\int \frac{1}{x}dx}\left(\int 4\log x \cdot e^{\int \frac{1}{x}dx}dx + C\right)$

（$e^{-\log x} = e^{\log \frac{1}{x}} = \frac{1}{x}$，$e^{\log x} = x$）

$u = \frac{1}{x}\left(\int 4x\log x\,dx + C\right)$

$\int (2x^2)'\log x\,dx = 2x^2\log x - \int 2x^2 \cdot (\log x)'dx$ ← 部分積分の公式：$\int f' \cdot g\,dx = f \cdot g - \int f \cdot g'dx$

$u = \frac{1}{x}\left(2x^2\log x - \int 2x^2\frac{1}{x}dx + C\right)$

（$\int 2x\,dx = x^2$）

$u = \frac{1}{x}\{x^2(2\log x - 1) + C\}$ …㋕

㋕に $u = y^{-3}$ を代入して，

$y^{-3} = \frac{1}{x}\{x^2(2\log x - 1) + C\}$

∴求める一般解は，$y^3 = \frac{x}{x^2(2\log x - 1) + C}$ である。

これで，ベルヌーイの微分方程式の解法にも自信が付いたはずだ。

● リッカチの微分方程式も解いてみよう！

1 階線形微分方程式とベルヌーイの微分方程式の応用として，**"リッカチの微分方程式"** についても解説しておこう。

$y' + \underline{P(x)y^2} + Q(x)y + R(x) = 0$ …① の形の方程式を **"リッカチの微分方程式"** といい，一般にこの方程式は解けない。でも，この 1 つの特殊解 y_1 が分かっていれば，$y = \underline{y_1} + u$ とおいて，一般解を次のように求めることができるんだ。

（この項がなければ，1 階線形微分方程式だ。）

（特解）

リッカチの微分方程式の解法

リッカチの微分方程式：$y' + P(x)y^2 + Q(x)y + R(x) = 0$ …①

の特殊解 y_1 が分かった場合，←（一般に，問題ではこれが与えられる。）

その解を，$y = y_1 + u$ …②とおくと，

両辺を x で微分して，$y' = y_1' + u'$ …②′ となる。

②，②′ を①に代入して，

$$\underbrace{y_1' + u'}_{y'} + P(x)\underbrace{(y_1^2 + 2y_1u + u^2)}_{y^2} + Q(x)\underbrace{(y_1 + u)}_{y} + R(x) = 0$$

$$\underbrace{y_1' + P(x)y_1^2 + Q(x)y_1 + R(x)}_{0} + u' + P(x)(2y_1u + u^2) + Q(x)u = 0$$

（y_1 は①の解だから，これは 0 だ。）

$$u' + \{2y_1P(x) + Q(x)\}u = -P(x)u^2$$

これは，u についての $n = 2$ のベルヌーイの微分方程式なので，この両辺に，$(-n+1)u^{-n} = -u^{-2}$ をかけて，解 u を求め，それを②に代入すれば，①の一般解が得られる。

それでは，リッカチの微分方程式も例題で練習しておこう。

例題 12　$y = x$ が 1 つの特殊解であることを確認して，次のリッカチの微分方程式を解いてみよう。

$$y' + \underbrace{x}_{P(x)}y^2 \underbrace{- (2x^2 + 1)}_{Q(x)}y + \underbrace{x^3 + x - 1}_{R(x)} = 0 \quad \cdots ①$$

①の特殊解 $y=x$ とすると, $y'=1$ 　これらを①の左辺に代入すると,

$$1+x\cdot x^2-(2x^2+1)x+x^3+x-1=0=(\text{①の右辺})$$

となって, ①をみたすね。

よって, ①の一般解を $y=\underset{\text{特殊解}}{x}+u$ …②とおくと, $y'=1+u'$ …②′より,

②, ②′を①に代入して,

$$\underbrace{1+u'}_{y'}+\underbrace{x}_{P(x)}\underbrace{(x^2+2xu+u^2)}_{y^2}\underbrace{-(2x^2+1)}_{Q(x)}\underbrace{(x+u)}_{y}+\underbrace{x^3+x-1}_{R(x)}=0$$

$$\underbrace{1+x^3-(2x^2+1)x+x^3+x-1}_{0}+u'+x(2xu+u^2)-(2x^2+1)u=0$$

← 特殊解 $y=x$ を①に代入したものだから, これは 0 だ!

$\therefore\ u'-1\cdot u=-x\cdot u^2$ …③

③は u についての $n=2$ のベルヌーイの微分方程式より, ③の両辺に, $(-n+1)u^{-n}=-u^{-2}$ をかけて,

← $u'+\underbrace{P_0(x)}_{-1}u=\underbrace{Q_0(x)}_{-x}u^2$ とみれば, これは $n=2$ のベルヌーイ型だ!

$$\underbrace{-u^{-2}u'}_{(u^{-1})'}+u^{-1}=x \qquad (u^{-1})'+1\cdot u^{-1}=x$$

← 合成関数の微分

ここで, $u^{-1}=v$ とおくと, $v'+\underset{P(x)}{1}\cdot v=\underset{Q(x)}{x}$ となり,

これは, v についての 1 階線形微分方程式だね。よって, 解の公式より,

$$v=\underbrace{e^{-\int 1dx}}_{e^{-x}}\left(\int xe^{\int 1dx}dx+C\right)$$

← 解の公式 : $y=e^{-\int Pdx}\left(\int Qe^{\int Pdx}dx+C\right)$

$$\int xe^x dx=\int x(e^x)'dx=xe^x-\int 1\cdot e^x dx=(x-1)e^x$$

$$=e^{-x}\{(x-1)e^x+C\}=Ce^{-x}+x-1\quad\left[=\frac{1}{u}\right]$$

$$\therefore\ u=\frac{1}{Ce^{-x}+x-1}\quad\cdots④$$

④を②に代入して, ①のリッカチの微分方程式の一般解は,

$$y=x+\frac{1}{Ce^{-x}+x-1}$$ である。

演習問題 3　●1階線形微分方程式●

1階線形微分方程式：$y' + y \cdot \cos x = \sin x \cos x$　…①

の一般解を求めよ。

ヒント！　1階線形微分方程式：$y' + P(x)y = Q(x)$ の一般解は，解の公式より，$y = e^{-\int P(x)dx}\left\{\int Q(x)e^{\int P(x)dx}dx + C\right\}$ となるんだね。

解答＆解説

1階線形微分方程式：$y' + y \cdot \underbrace{\cos x}_{P(x)} = \underbrace{\sin x \cos x}_{Q(x)}$　…①

の一般解を，解の公式を使って求めると，

$$y = \underbrace{e^{-\int \cos x dx}}_{e^{-\sin x}}\left(\int \sin x \cos x \underbrace{e^{\int \cos x dx}}_{e^{\sin x}}dx + C\right)$$

公式：$y = e^{-\int P dx}\left(\int Q e^{\int P dx}dx + C\right)$

$$= e^{-\sin x}\left(\int \sin x \underbrace{\cos x e^{\sin x}}_{(e^{\sin x})'}dx + C\right)$$

←合成関数の微分

$$= e^{-\sin x}\left\{\underbrace{\int \sin x (e^{\sin x})' dx}_{\sin x e^{\sin x} - \int (\sin x)' e^{\sin x}dx} + C\right\}$$

部分積分の公式：
$\int f \cdot g' dx = f \cdot g - \int f' \cdot g dx$

$$= e^{-\sin x}\left(\sin x e^{\sin x} - \underbrace{\int \cos x e^{\sin x}dx}_{e^{\sin x}\ (\because (e^{\sin x})' = \cos x e^{\sin x})} + C\right)$$

$$= e^{-\sin x}\{e^{\sin x}(\sin x - 1) + C\}$$

以上より，求める①の1階線形微分方程式の一般解は，

$y = Ce^{-\sin x} + \sin x - 1$　である。

実践問題 3	● 1 階線形微分方程式 ●

1 階線形微分方程式：$y'-2xy=-2x^3$ …①
の一般解を求めよ。

ヒント！ これも 1 階線形微分方程式なので，“定数変化法”を使って解いてもいいけれど，“解の公式”を使った方が，よりシンプルに解ける。

解答＆解説

1 階線形微分方程式：$y'\underbrace{-2x}_{P(x)}y=\underbrace{-2x^3}_{Q(x)}$ …①

の一般解を，解の公式を使って求めると，

$$y=\underbrace{e^{\int 2xdx}}_{e^{x^2}}\left(\int \boxed{(ア)\qquad} dx+C\right)$$

公式：$y=e^{-\int Pdx}\left(\int Qe^{\int Pdx}dx+C\right)$

$$=e^{x^2}\left\{\int \boxed{(イ)\quad}\cdot\underbrace{(-2x)e^{-x^2}}_{(e^{-x^2})'}dx+C\right\}$$

←合成関数の微分

$$=e^{x^2}\left\{\int \boxed{(イ)\quad}\cdot(e^{-x^2})'dx+C\right\}$$

$$=e^{x^2}\left\{\boxed{(ウ)\qquad}\underbrace{-\int 2xe^{-x^2}dx}_{e^{-x^2}\ (\because\ (e^{-x^2})'=-2xe^{-x^2})}+C\right\}$$

部分積分の公式：
$\int f\cdot g'dx=f\cdot g-\int f'\cdot gdx$

$$=e^{x^2}\left\{\boxed{(エ)\qquad}\right\}$$

以上より，求める①の 1 階線形微分方程式の一般解は，

$y=\boxed{(オ)\qquad}$ である。

解答 (ア) $(-2x^3)e^{-\int 2xdx}$ (イ) x^2 (ウ) $x^2e^{-x^2}$
(エ) $e^{-x^2}(x^2+1)+C$ (オ) $Ce^{x^2}+x^2+1$

§2. 完全微分方程式

これから"完全微分方程式"の問題と，その応用である"積分因子"を用いて完全微分方程式を作る問題について解説しよう。この完全微分方程式とは，1階常微分方程式の内，2変数関数 $z=f(x,\ y)$ の全微分 $dz=f_xdx+f_ydy=0$ の形にもち込める方程式のことなんだ。全微分（dz など）や偏微分（f_x や f_y など）については，
「**微分積分キャンパス・ゼミ**」（マセマ）の中で詳しく解説しているけれど，ここではその復習から始めることにしよう。

● 全微分と完全微分方程式の関係を押さえよう！

図1（Ⅰ）に示すように，一般に2変数関数 $z=f(x,\ y)$ は，xyz 座標空間上の曲面を表すんだね。そして，

（ⅰ）x についての $f(x,\ y)$ の偏微分

$$\frac{\partial f(x,\ y)}{\partial x}=f_x(x,\ y)=f_x$$

は，y を定数とみなして x で微分したものであり，これは曲面 $z=f(x,\ y)$ の x 軸方向の接線の傾きを表す。

（ⅱ）y についての $f(x,\ y)$ の偏微分

$$\frac{\partial f(x,\ y)}{\partial y}=f_y(x,\ y)=f_y$$

は，x を定数とみなして，y で微分したものであり，これは曲面 $z=f(x,y)$ の y 軸方向の接線の傾きを表す。

図1　全微分と偏微分

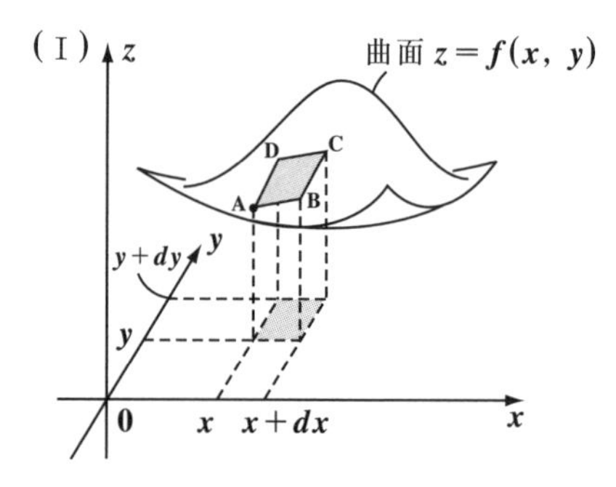

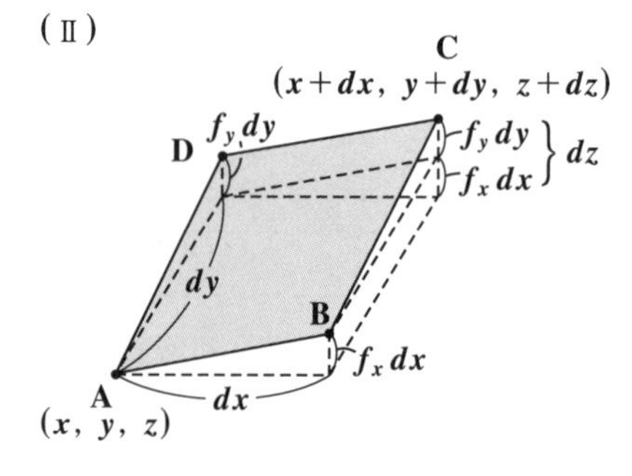

ここで，全微分可能な曲面 $z=f(x,y)$ とは，点 (x,y) において接平面が存在するような滑らかな曲面のことなんだね。だから，これは2つの区間 $[x,\ x+dx]$ と $[y,\ y+dy]$ の微小な範囲においては，図1（Ⅱ）に示すように，曲面 $z=f(x,\ y)$ が，平行四辺形 ABCD という微小な平面で近似できること

を表している。

よって，全微分 dz は，

$dz = \frac{\partial f(x, y)}{\partial x}dx + \frac{\partial f(x, y)}{\partial y}dy$ ……① すなわち，

$dz = f_x dx + f_y dy$ ……………………①′ と表せる。ここまでは,大丈夫？

それでは，次の1階常微分方程式：

$\frac{dy}{dx} = -\frac{P(x, y)}{Q(x, y)}$ ……② について考えてみよう。②を変形すると，

$Q(x, y)dy = -P(x, y)dx$ より，

$P(x, y)dx + Q(x, y)dy = 0$ ……②′ となるので，ここで，もし，

$f_x = \frac{\partial f(x, y)}{\partial x} = P(x, y)$ かつ $f_y = \frac{\partial f(x, y)}{\partial y} = Q(x, y)$ が成り立てば，

①′，②′より，

$dz = df(x, y) = P(x, y)dx + Q(x, y)dy = 0$ ，すなわち，$df(x, y) = 0$ となるので，②′の微分方程式の解は $f(x, y) = C$ （C：任意定数）となるんだね。このような②′の微分方程式のことを，**"完全微分形"**(かんぜんびぶんけい)または**"完全微分方程式"**(かんぜんびぶんほうていしき)（*exact differential equation*）という。これだけではまだピンとこないだろうから，まず，完全微分方程式の具体例を下に示そう。

(*ex*1) $f(x, y) = x^2 + 5xy + y^2$ とする。このとき，偏微分 f_x と f_y は，

$f_x = \frac{\partial f(x, y)}{\partial x} = 2x + 5y$ ， $f_y = \frac{\partial f(x, y)}{\partial y} = 5x + 2y$ となる。

（y は定数とみて，x で微分したもの）（x は定数とみて，y で微分したもの）

よって，$f_x dx + f_y dy = 0$ の形が完全微分方程式だったから，

$(2x + 5y)dx + (5x + 2y)dy = 0$ は完全微分方程式なんだね。

また，この方程式の解は，$f(x, y) = C$ より，

$x^2 + 5xy + y^2 = C$ （C：任意定数）となる。

もう1題，例題を示そう。

$(ex2)$ $f(x,\ y)=x^2y-\sin x-y$ とする。このとき偏微分 f_x と f_y は

$$f_x=\frac{\partial f(x,\ y)}{\partial x}=2xy-\cos x,\quad f_y=\frac{\partial f(x,\ y)}{\partial y}=x^2-1$$ だね。

$f_xdx+f_ydy=0$ の形が完全微分形より，

$(2xy-\cos x)dx+(x^2-1)dy=0$ は，完全微分方程式で，その解は

$f(x,\ y)=C$ から　$x^2y-\sin x-y=C$　(C：任意定数)　である。

以上 $(ex1)$，$(ex2)$ で完全微分方程式のイメージはつかめたと思う。でも，疑問に思っている人も多いだろうね。当然だ！ 初めから解が分かっていてその完全微分方程式を作っただけだからね。

実際の手順はこの逆で，方程式 $P(x,\ y)dx+Q(x,\ y)dy=0$ ……①　が与えられたとき，

(ⅰ) まず①が“完全微分方程式”であるか否かを判定し，

(ⅱ) そして，①が完全微分方程式であるならば，その解を求める

というプロセスになるんだね。これについては，具体的に詳しく解説しよう。

● 完全微分方程式を解こう！

これから $f(x,y)$ や $P(x,y)$ や $Q(x,y)$ については f, P, Q と簡単に略記することもあるので気を付けてくれ。また，P_y, Q_x は偏微分のことで，それぞれ

$$P_y=\frac{\partial P}{\partial y}=P_y(x,y)=\frac{\partial P(x,y)}{\partial y},\quad Q_x=\frac{\partial Q}{\partial x}=Q_x(x,y)=\frac{\partial Q(x,y)}{\partial x}$$ など

と表されることも大丈夫だね。

それでは，完全微分方程式の (ⅰ) 判定条件 と (ⅱ) その解 を下に示す。

完全微分方程式

微分方程式 $P(x,\ y)dx+Q(x,\ y)dy=0$ ……①

(ただし，P，Q は連続な偏導関数をもつ) について，

(ⅰ) 判定条件 $P_y=Q_x$ をみたすならば，①は“完全微分方程式”であり，

(ⅱ) その一般解は，

$$\int_{x_0}^{x}P(x,\ y)dx+\int_{y_0}^{y}Q(x_0,\ y)dy=C$$ である。

(ただし，x_0，y_0 は変数 x，y それぞれの定義域内のある定数を表す。)

判定条件：$P_y = Q_x$ は，①が完全微分方程式であることの必要十分条件で，つまり，"$Pdx + Qdy = 0$ …①が完全微分方程式 $\Longleftrightarrow P_y = Q_x$" ……（＊）が成り立つってことだ。

（ア）まず，$\Longrightarrow$ を示そう。

①が完全微分形ならば，その定義より，2 変数関数 $f(x,\ y)$ があり，

$df = f_x dx + f_y dy = 0$　をみたすので，

$P = f_x$　　$Q = f_y$　となる。

ここで P, Q は連続な偏導関数をもつので，f は連続な 2 階の偏導関数をもつ。

これから $f_{xy} = f_{yx}$，すなわち $\dfrac{\partial^2 f(x,\ y)}{\partial y \partial x} = \dfrac{\partial^2 f(x,\ y)}{\partial x \partial y}$ が成り立つ。（先 後　先 後）（シュワルツの定理）

よって，$P_y = (f_x)_y = f_{xy} = f_{yx} = (f_y)_x = Q_x$ が成り立つ。

（イ）次に，$\Longleftarrow$ を示そう。

$P_y = Q_x$ が成り立っているものとする。

ここで，x_0 を変数 x の定義域内のある値とし，P を連続関数として

$f(x,\ y) = \displaystyle\int_{x_0}^{x} P(x,\ y)dx + g(y)$ ……②　とおく。

y のある関数（x での積分から見た定数項にあたるもの）

②の両辺を y で微分すると，

$$\frac{\partial f}{\partial y} = f_y = \frac{\partial}{\partial y}\int_{x_0}^{x} P(x,\ y)dx + g'(y)$$

$$\int_{x_0}^{x} \frac{\partial P}{\partial y} dx = \int_{x_0}^{x} P_y dx = \int_{x_0}^{x} Q_x dx \quad (\because P_y = Q_x)$$

$$= \int_{x_0}^{x} Q_x(x,\ y)dx + g'(y) \quad (\because P_y = Q_x)$$

$$[Q(x,\ y)]_{x_0}^{x} = Q(x,\ y) - Q(x_0,\ y)$$

$$= Q(x,\ y) - Q(x_0,\ y) + g'(y) \cdots\cdots ③$$

ここで，これが 0 となるようにする。

ここで，$g'(y) = Q(x_0,\ y)$ のとき，③は，$f_y = Q$ ……③′ となり，

$g(y) = \displaystyle\int_{y_0}^{y} Q(x_0,\ y)dy$ ……④（y_0：変数 y の定義域内のある値）

となるので，④を②に代入すると，

$$f(x,\ y)=\underbrace{\int_{x_0}^{x}P(x,\ y)dx}_{x\text{ と }y\text{ の式}}+\int_{y_0}^{y}Q(\underbrace{x_0}_{\text{定数}},\ y)dy \quad \cdots\cdots ⑤$$ となる。

(y の式)

⑤を x で微分すると，$f_x=P$ となり，

⑤を y で微分すると，③´より，$f_y=Q$ となる。

よって，$df=f_x dx+f_y dy=Pdx+Qdy=0$ となるので，

$Pdx+Qdy=0$ ……① は完全微分方程式である。

そして，①の一般解 $f(x, y)=C$ は，⑤より，

$$\int_{x_0}^{x}P(x, y)dx+\int_{y_0}^{y}Q(x_0, y)dy=C$$ である。

ここで，⑤の右辺の積分についてだけれど，
右図に示すように，

(ⅰ) まず，xy 平面内の定点 $(x_0,\ y_0)$ を基点にして，$(x_0,\ y_0)\to(x_0,\ y)$ へと積分し，

(ⅱ) 次に，$(x_0,\ y)\to(x,\ y)$ へと積分して，xy 平面上の任意の点 $(x,\ y)$ における $z=f(x,\ y)$ の値を求めているのが分かるだろう。

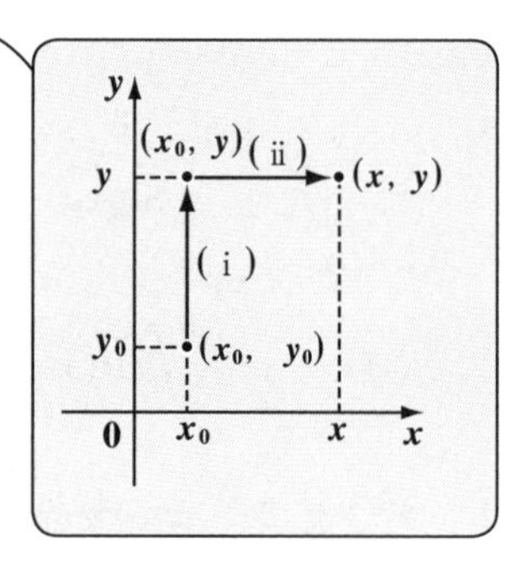

つまり，$$f(x,\ y)=\underbrace{\int_{x_0}^{x}P(x,\ y)dx}_{(ⅱ)\text{ 点 }(x_0,\ y)\to\text{点 }(x,\ y)\text{ への積分}}+\underbrace{\int_{y_0}^{y}Q(x_0,\ y)dy}_{(ⅰ)\text{ 点 }(x_0,\ y_0)\to\text{点 }(x_0,\ y)\text{ への積分}} \quad \cdots\cdots ⑤$$ なんだね。

このイメージをしっかりつかんでおけば，①の一般解 $f(x,\ y)=C$ は右図から，

$$\int_{x_0}^{x}P(x,\ y_0)dx+\int_{y_0}^{y}Q(x,\ y)dy=C$$

としてもいいことが分かると思う。

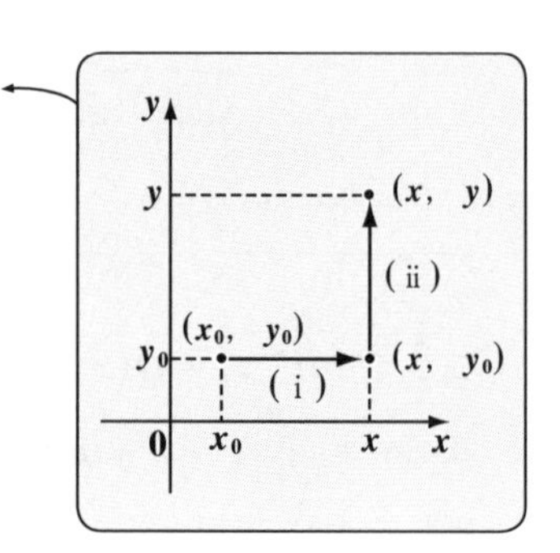

以上で理論的な話は終了したので，ここで，もう 1 度，完全微分方程式の解法のポイントをまとめておくよ。

まず，$Pdx+Qdy=0$ の 1 階常微分方程式が，
(ⅰ) $P_y=Q_x$ をみたすならば，これは完全微分方程式で，
(ⅱ) その解は $\int_{x_0}^{x}P(x,\ y)dx+\int_{y_0}^{y}Q(x_0,\ y)dy=C$
$\left(\text{または，}\int_{x_0}^{x}P(x,\ y_0)dx+\int_{y_0}^{y}Q(x,\ y)dy=C\right)$ である。

それでは，さっきの例題 $(ex1)$，$(ex2)$ (P53，P54) で，$f(x,\ y)$ の関数の形は知らないものとして完全微分方程式を解いてみることにしよう。

$(ex1)$ $(2x+5y)dx+(5x+2y)dy=0$ ……㋐について，

$P(x,\ y)=2x+5y$，　$Q(x,\ y)=5x+2y$ とおくと，

$P_y(x,\ y)=\underline{5}$，　$Q_x(x,\ y)=\underline{5}$ より，　$\underline{P_y=Q_x}$ が成り立つ。

(x を定数とみて，y で微分)　(y を定数とみて，x で微分)　(完全微分形の判定条件)

よって，㋐は完全微分方程式より，これを解くと，

$$\int_0^x(2x+5y)dx+\int_0^y(5\cdot 0+2y)dy=C$$

$$\left[\ \int_{x_0}^{x}P(x,\ y)dx+\int_{y_0}^{y}Q(x_0,\ y)dy=C\ \right]$$

$$[x^2+5xy]_0^x+[y^2]_0^y=C$$

($x,\ y$ の変域に特に条件がなければ，基点 $(x_0,\ y_0)$ を原点 $\mathrm{O}(0,\ 0)$ にとることが多いよ。)

(この x に，x と 0 を代入したものの引き算)　(この y に，y と 0 を代入したものの引き算)

∴㋐の一般解 $x^2+5xy+y^2=C$ となってキレイに答えが導けた！

これを $\int_0^x(2x+5\cdot 0)dx+\int_0^y(5x+2y)dy=C$ として，解いてもいいよ。
$\left[\ \int_{x_0}^{x}P(x,\ y_0)dx+\int_{y_0}^{y}Q(x,\ y)dy=C\ \right]$

(ex2) $(\underset{P}{\underline{2xy-\cos x}})dx+(\underset{Q}{\underline{x^2-1}})dy=0$ ……④　について，

$P=2xy-\cos x$，$Q=x^2-1$　とおくと，

$P_y=2x$，　$Q_x=2x$　となって　$P_y=Q_x$ が成り立つ。

よって，④は完全微分方程式なので，その一般解は，

$$\int_0^x(2xy-\cos x)dx+\int_0^y(0^2-1)dy=C$$

$$\left[\int_{x_0}^x P(x,\ y)dx+\int_{y_0}^y Q(x_0,\ y)dy=C\right]$$

ゆえに，

$x^2y-\sin x-y=C$　となる。 ← $[x^2y-\sin x]_0^x-[y]_0^y=C$

どう？アッサリ解けるでしょう。それでは，例題でさらに練習しよう。

例題 13　次の完全微分方程式を解いて一般解を求めよう。

(1) $(x^2+y)dx+(x-e^y)dy=0$

(2) $\dfrac{y}{x^2+y^2}dx-\dfrac{x}{x^2+y^2}dy=0$　（ただし，$(x,\ y)\neq(0,\ 0)$）

(3) $\dfrac{1}{\sqrt{x^2+y^2}}dx+\left(\dfrac{1}{y}-\dfrac{x}{y\sqrt{x^2+y^2}}\right)dy=0$

（ただし，$(x,\ y)\neq(0,\ 0),\ y\neq0$）

(1) $(\underset{P}{\underline{x^2+y}})dx+(\underset{Q}{\underline{x-e^y}})dy=0$ ……①

・判定条件

$P_y=Q_x$

・一般解

$\int_{x_0}^x P(x,\ y)dx+\int_{y_0}^y Q(x_0,\ y)dy=C$

について，

$P=x^2+y$，　$Q=x-e^y$　とおくと，

$P_y=1$，　$Q_x=1$　となって，　$P_y=Q_x$ が成り立つ。

よって，①は完全微分方程式なので，その一般解は，

$$\int_0^x(x^2+y)dx+\int_0^y(\cancel{0}-e^y)dy=C'$$

$\dfrac{1}{3}x^3+xy-e^y+1=C'$ より，

$x^3+3xy-3e^y=C$　$(C=3(C'-1))$　である。

(2) $\frac{y}{x^2+y^2}dx - \frac{x}{x^2+y^2}dy = 0$ ……② （ただし，$(x, y) \neq (0, 0)$）

（$\frac{y}{x^2+y^2}$ が P，$\frac{x}{x^2+y^2}$ が Q）

について，

$$P = \frac{y}{x^2+y^2}, \quad Q = -\frac{x}{x^2+y^2}$$ とおくと，

$$\left(\frac{\text{分子}}{\text{分母}}\right)' = \frac{(\text{分子})'\text{分母} - \text{分子}(\text{分母})'}{(\text{分母})^2}$$

$$P_y = \frac{1\cdot(x^2+y^2) - y\cdot 2y}{(x^2+y^2)^2} = \frac{x^2-y^2}{(x^2+y^2)^2}$$

$$Q_x = -\frac{1\cdot(x^2+y^2) - x\cdot 2x}{(x^2+y^2)^2} = \frac{x^2-y^2}{(x^2+y^2)^2}$$ となって，

$P_y = Q_x$ が成り立つ。

よって，②は完全微分方程式より，これを解くと，

$(x, y) \neq (0, 0)$ より，原点を基点にとれないので，基点 $(x_0, y_0) = (0, 1)$ とした。

$$\int_0^x \frac{y}{x^2+y^2}dx - \int_1^y \frac{0}{0^2+y^2}dy = C'$$

（第 2 項は 0）

$$y\int_0^x \frac{1}{x^2+y^2}dx = C'$$

（$y\int_0^x \frac{1}{x^2+y^2}dx$ の積分部分は $\frac{1}{y}\tan^{-1}\frac{x}{y}$）

積分公式

$$\int \frac{1}{x^2+a^2}dx = \frac{1}{a}\tan^{-1}\frac{x}{a}$$

$$y\cdot\frac{1}{y}\tan^{-1}\frac{x}{y} = C', \quad \tan^{-1}\frac{x}{y} = C', \quad \frac{x}{y} = \tan C'$$

（$\tan C'$ を $\frac{1}{C}$ とおく）

よって，求める②の一般解は，

$y = Cx$ （C：任意定数） である。

注意

②の方程式は実は $\frac{dy}{dx} = \frac{y}{x}$ と，変数分離形に書き変えられるので，一般解はアッという間に求められるんだけど，ここでは完全微分方程式の問題として解いた。

(3) $\underbrace{\frac{1}{\sqrt{x^2+y^2}}}_{P}dx+\underbrace{\left(\frac{1}{y}-\frac{x}{y\sqrt{x^2+y^2}}\right)}_{Q}dy=0$ ……③ $((x,\ y)\neq(0,\ 0),\ y\neq 0)$

について，$P=(x^2+y^2)^{-\frac{1}{2}}$，$Q=y^{-1}\left\{1-x(x^2+y^2)^{-\frac{1}{2}}\right\}$とおくと，

$$P_y=-\frac{1}{2}(x^2+y^2)^{-\frac{3}{2}}\cdot 2y=-\frac{y}{(x^2+y^2)^{\frac{3}{2}}}$$

$$Q_x=y^{-1}\left\{0-1(x^2+y^2)^{-\frac{1}{2}}-x\left(-\frac{1}{2}\right)(x^2+y^2)^{-\frac{3}{2}}\cdot 2x\right\}$$

$$=\frac{1}{y}\left\{-\frac{1}{(x^2+y^2)^{\frac{1}{2}}}+\frac{x^2}{(x^2+y^2)^{\frac{3}{2}}}\right\}=-\frac{y}{(x^2+y^2)^{\frac{3}{2}}}$$ となって，

$P_y=Q_x$が成り立つ。よって，③は完全微分方程式より，その解は

$$\int_0^x\frac{1}{\sqrt{x^2+y^2}}dx+\int_1^y\left(\frac{1}{y}-\frac{0}{y\sqrt{0^2+y^2}}\right)dy=C'$$ ← 基点$(x_0,\ y_0)=(0,\ 1)$にとった！

$$\left[\log\left|x+\sqrt{x^2+y^2}\right|\right]_0^x+\left[\log|y|\right]_1^y=C'$$

積分公式：$\int\frac{1}{\sqrt{x^2+\alpha}}dx=\log\left|x+\sqrt{x^2+\alpha}\right|$を使った。($y^2$を定数$\alpha$とみる！)

$$\log\left|x+\sqrt{x^2+y^2}\right|\underbrace{-\log\left|0+\sqrt{0^2+y^2}\right|}_{-\log|y|}+\log|y|-\underbrace{\log 1}_{0}=C'$$

$\log\left|x+\sqrt{x^2+y^2}\right|=C'$，　$\left|\underbrace{x+\sqrt{x^2+y^2}}_{\oplus\ (\because\ y\neq 0)}\right|=e^{C'}$

$x+\sqrt{x^2+y^2}=\underbrace{e^{C'}}_{C\text{とおく}}$

∴求める③の一般解は，$x+\sqrt{x^2+y^2}=C$ である。(C：正の任意定数)

これだけ練習すれば，完全微分方程式の解法にも自信がもてるようになったと思う。それでは，この完全微分方程式の応用として，“**積分因子**(せきぶんいんし)”についても解説しようと思う。さらに解ける微分方程式の幅が広がって，面白くなるはずだ。

● 積分因子で完全微分方程式にもち込める！

これまで，さまざまな微分方程式を解いてきたけれど，本当のことを言うと，「実は解ける形の微分方程式を解いてきた」ということなんだ。世の中には，解の求まらない微分方程式が沢山あることも知っておいてくれ。

今回学習している微分方程式 $Pdx+Qdy=0$ の形のものでも，$P_y=Q_x$ をみたさないもの，すなわち完全微分方程式ではないものが沢山存在する。例を示そう。

(ex3) $(x^2+y)dx-xdy=0$ …㋐について，$P=x^2+y$，$Q=-x$ とおくと，

$P_y=1$，　$Q_x=-1$　となって，$P_y \neq Q_x$ だから，

㋐は完全微分方程式ではないんだね。

しかし，このように完全微分方程式ではない微分方程式でも，

$P(x,\ y)dx+Q(x,\ y)dy=0$ ……①　の両辺に $\mu(x,\ y)$ をかけて，

$\mu(x,\ y)P(x,\ y)dx+\mu(x,\ y)Q(x,\ y)dy=0$ ……①′ とし，

$(\mu P)_y=(\mu Q)_x$，すなわち　←（①′が完全微分形となるための判定条件）

$\mu_y P+\mu P_y=\mu_x Q+\mu Q_x$ ……②　が成り立てば，①′は完全微分方程式なので，これを解くことができる。このような $\mu(x,y)$ のことを "**積分因子**(せきぶんいんし)" (***integration factor***) という。でも，②をみたす積分因子 μ を求めることは，一般には，①の解を求めるよりも困難なんだ。しかし，μ が (i) x だけの関数 $\mu(x)$ となる場合や，(ii) y だけの関数 $\mu(y)$ となる場合などの，特殊な場合には，これを求めることができる。

(i) $\mu=\mu(x)$ の場合，②において，$\mu_y=0$ となる。よって，②より，

（x の関数 $\mu(x)$ を y で微分したら 0 になる。）

$\mu P_y=\mu_x Q+\mu Q_x$，　　$\mu_x Q=\mu(P_y-Q_x)$

$$\frac{d\mu}{dx}=\mu\frac{P_y-Q_x}{Q}$$　　ここで，$\dfrac{P_y-Q_x}{Q}=g(x)$ と，

（これが，x のみの関数 $g(x)$ ならば，変数分離形となるので解ける。）

x のみの関数となるならば，

$$\int\frac{1}{\mu}d\mu=\int g(x)dx \qquad \log|\mu|=\int g(x)dx$$ より，

積分因子 $\mu(x)=e^{\int g(x)dx}$ が求まる。

（μ は，①の両辺にかけるものなので，これに符号も含めて定数 C を掛ける必要はない。）

(ⅱ) $\mu=\mu(y)$ の場合，　$\mu_y P+\mu P_y=\mu_x Q+\mu Q_x$ ……②において，$\mu_x=0$ となる。よって，②より，

$$\mu_y P+\mu P_y=\mu Q_x, \qquad \mu_y P=-\mu(P_y-Q_x)$$

$$\frac{d\mu}{dy}=-\mu\frac{P_y-Q_x}{P} \qquad \text{ここで，}\quad \frac{P_y-Q_x}{P}=h(y)\ \text{と，}$$

（これが，y のみの関数 $h(y)$ ならば，変数分離形となるので解ける。）

y のみの関数となるならば，

$$\int\frac{1}{\mu}d\mu=-\int h(y)dy \qquad \log|\mu|=-\int h(y)dy\ \text{より，}$$

積分因子 $\mu(y)=e^{-\int h(y)dy}$ が求まる。（これに，定数係数 C は不要！）

以上をまとめておこう。

積分因子の求め方

完全微分形でない微分方程式 $Pdx+Qdy=0$ について，

(ⅰ) $\dfrac{P_y-Q_x}{Q}=g(x)$ の場合，積分因子 $\mu(x)=e^{\int g(x)dx}$ となり，

(ⅱ) $\dfrac{P_y-Q_x}{P}=h(y)$ の場合，積分因子 $\mu(y)=e^{-\int h(y)dy}$ となる。

では，$(ex3)$ の微分方程式 $(x^2+y)dx-xdy=0$……㋐ を解いてみよう。$P=x^2+y$，　$Q=-x$ とおくと，$P_y=1$，　$Q_x=-1$ より，㋐は完全微分形ではない。しかし，$\dfrac{P_y-Q_x}{Q}=\dfrac{1-(-1)}{-x}=-\dfrac{2}{x}=g(x)$ と，x のみの関数 $g(x)$ となるので，積分因子 μ も x のみの関数 $\mu(x)$ となり，

$$\mu(x)=e^{\int g(x)dx}=e^{-\int\frac{2}{x}dx}=e^{-2\log|x|}=e^{\log\frac{1}{x^2}}=\frac{1}{x^2}\ \text{となる。}$$

（$\mu(x)$ や $\mu(y)$ を求める場合，定数係数はいらないので，この積分定数は不要！）

よって，㋐の両辺に積分因子 $\mu(x)=\dfrac{1}{x^2}$ をかけると，

$$\left(1+\frac{y}{x^2}\right)dx-\frac{1}{x}dy=0\ \cdots\cdots㋑\quad\text{となる。}$$

ここで，新たに $P=1+\dfrac{y}{x^2}$，$Q=-\dfrac{1}{x}$ とおくと，$P_y=\dfrac{1}{x^2}$，$Q_x=\dfrac{1}{x^2}$

よって，$P_y = Q_x$ が成り立つので，㋐は完全微分方程式である。$x \neq 0$ より，
基点を $(x_0,\ y_0) = (1,\ 0)$ とおくと，求める一般解は，

$$\int_1^x \left(1+\frac{y}{x^2}\right)dx - \int_0^y \frac{1}{1}dy = C' \qquad x - \frac{y}{x} - 1 + y - y = C'$$

$$\left[x - \frac{y}{x}\right]_1^x = x - \frac{y}{x} - \left(1 - \frac{y}{1}\right)$$

これは㋐の解で，$(x,\ y) = (0,\ 0)$ もみたす。

$C' + 1 = C$ 　とおくと，$x^2 - y = Cx$ 　　$\therefore\ \underline{y = x^2 - Cx}$ 　となる。

それでは，例題をもう 1 題，解いておこう。

例題 14　微分方程式 $ydx - (x + y^2)dy = 0$ ……① を解いて，
一般解を求めよう。

①より，$P = y,\quad Q = -x - y^2$ とおくと，$P_y = 1,\quad Q_x = -1$ 　となる。
よって，$P_y \neq Q_x$ から，①は完全微分方程式ではない。

ここで，$\dfrac{P_y - Q_x}{P} = \dfrac{1-(-1)}{y} = \dfrac{2}{y} = h(y)$ 　と，$\dfrac{P_y - Q_x}{P}$ が y のみの

関数 $h(y)$ となるので，積分因子 μ も y のみの関数 $\mu(y)$ となり，

$$\mu(y) = e^{-\int h(y)dy} = e^{-\int \frac{2}{y}dy} = e^{-2\log|y|} = e^{\log\frac{1}{y^2}} = \frac{1}{y^2} \quad \text{となる。}$$

よって，①の両辺に積分因子 $\mu(y) = \dfrac{1}{y^2}$ をかけると，

$$\frac{1}{y}dx - \left(\frac{x}{y^2} + 1\right)dy = 0 \quad \cdots\cdots ② \quad \text{となる。}$$

ここで，新たに $P = \dfrac{1}{y},\quad Q = -\dfrac{x}{y^2} - 1$ 　とおくと，

$$P_y = -\frac{1}{y^2}\ ,\ Q_x = -\frac{1}{y^2}$$

よって，$P_y = Q_x$ が成り立つので，②は完全微分方程式である。
$y \neq 0$ より，基点 $(x_0,\ y_0) = (0,\ 1)$ とおくと，求める一般解は，

$$\int_0^x \frac{1}{y}dx - \int_1^y \left(\frac{0}{y^2} + 1\right)dy = C' \qquad \frac{x}{y} - (y-1) = C'$$

これは①の解
$(x,\ y) = (0,\ 0)$ もみたす。

ここで，$C' - 1 = C$ とおくと，　$x - y^2 = Cy$ 　　$\therefore\ \underline{x = Cy + y^2}$ となる。

演習問題 4　●積分因子と完全微分方程式●

微分方程式 $\left(x-\frac{2y}{x}\right)dx+\left(\frac{e^{2y}}{x}-2\right)dy=0$ ……① $(x>0)$ の積分因子を求めて，①の一般解を求めよ。

ヒント！ $\frac{P_y-Q_x}{Q}=g(x)$ となるから，積分因子 $\mu(x)=e^{\int g(x)dx}$ となるんだね。

解答＆解説

①について，$P=x-\frac{2y}{x}$，　$Q=\frac{e^{2y}}{x}-2$ とおくと，

$P_y=-\frac{2}{x}$，　$Q_x=-\frac{e^{2y}}{x^2}$

よって，$P_y \fallingdotseq Q_x$ から，①は完全微分方程式ではない。

ここで，$\frac{P_y-Q_x}{Q}=\frac{-\frac{2}{x}+\frac{e^{2y}}{x^2}}{\frac{e^{2y}}{x}-2}=\frac{e^{2y}-2x}{x(e^{2y}-2x)}=\frac{1}{x}=g(x)$

（分子・分母に x^2 をかけた。）

と，$\frac{P_y-Q_x}{Q}$ が x のみの関数 $g(x)$ となるので，積分因子 μ も x のみの関数で，

$\mu(x)=e^{\int g(x)dx}=e^{\int \frac{1}{x}dx}=e^{\log x}=x$　となる。

①の両辺に $\mu(x)=x$ をかけて，

$(x^2-2y)dx+(e^{2y}-2x)dy=0$ ……②　となる。

ここで，新たに，$P=x^2-2y$，　$Q=e^{2y}-2x$　とおくと，$P_y=Q_x=-2$

よって，②は完全微分方程式より，

$\int_0^x(x^2-2y)dx+\int_0^y(e^{2y}-2\cdot 0)dy=C'$

（①では，$x\fallingdotseq 0$ だけど，②では，基点 $(x,\ y)=(0,\ 0)$ としてもいい。）

$\frac{1}{3}x^3-2yx+\frac{1}{2}\left[e^{2y}\right]_0^y=C'$　　$\frac{1}{3}x^3-2xy+\frac{1}{2}(e^{2y}-1)=C'$

両辺に 6 をかけて　$6C'+3=C$ とおくと，

求める②，すなわち①の一般解は，

$2x^3-12xy+3e^{2y}=C$　$(x>0)$　である。

実践問題 4	● 積分因子と完全微分方程式 ●

微分方程式 $\left(1+\dfrac{y}{x}\right)dx+\left(1-\dfrac{\cos y}{x}\right)dy=0$ ……① $(x>0)$ の積分因子を求めて，①の一般解を求めよ。

ヒント！ $\dfrac{P_y-Q_x}{Q}=g(x)$ となるので，積分因子 $\mu(x)=e^{\int g(x)dx}$ となる。

解答＆解説

①について，$P=1+\dfrac{y}{x}$，　$Q=1-\dfrac{\cos y}{x}$ とおくと，

$P_y=\dfrac{1}{x}$，　$Q_x=\dfrac{\cos y}{x^2}$

よって，$P_y \neq Q_x$ より，①は完全微分方程式 (ア)

ここで，$\dfrac{P_y-Q_x}{Q}=$ (イ) $=g(x)$ と，$\dfrac{P_y-Q_x}{Q}$ が x のみの関数 $g(x)$ となるので，積分因子 μ も x のみの関数で，

$\mu(x)=e^{\int g(x)dx}=e^{\int \frac{1}{x}dx}=e^{\log x}=$ (ウ) となる。

①の両辺に $\mu(x)=x$ をかけて，

$(x+y)dx+(x-\cos y)dy=0$ ……②　となる。

ここで，新たに，$P=x+y$，　$Q=x-\cos y$　とおくと，(エ)

よって，②は完全微分方程式より，

$\displaystyle\int_0^x(x+y)dx+\int_0^y(\not{0}-\cos y)dy=C'$

$\dfrac{1}{2}x^2+yx-\sin y=C'$

両辺に 2 をかけて $2C'=C$ とおくと，求める②，すなわち①の一般解は，

(オ) $=C$　$(x>0)$　である。

解答　(ア) ではない。　(イ) $\dfrac{x-\cos y}{x(x-\cos y)}=\dfrac{1}{x}$　(ウ) x

(エ) $P_y=Q_x=1$　(オ) $x^2+2xy-2\sin y$

§3. 非正規形1階微分方程式

今回は"**非正規形の1階微分方程式**"の解法について解説しよう。ここ

(正規形 $y'=f(x, y)$ の形で表せないもの)

では，1階の導関数を $\dfrac{dy}{dx}=p$ とおいて，p をあたかも媒介変数(パラメータ)のように扱ったりもするので，これまでにない微分方程式の解法を身につけることができると思う。"**クレロー(*Clairaut*)の方程式**"や"**ラグランジュ(*Lagrange*)の方程式**"まで，解説しようと思う。しっかり練習しよう！

● まず，1階高次微分方程式を解いてみよう！

"**非正規形1階微分方程式**"では，$\dfrac{dy}{dx}=p$ とおくことが多い。つまり，

たとえば $\left(\dfrac{dy}{dx}\right)^2-(2x+y)\dfrac{dy}{dx}+2xy=0$ ……㋐ は，

$p^2 \quad -(2x+y)\ p\ +2xy=0$ ……㋐′ と表してもいい。

正規形であれば $p=f(x, y)$ で表せるが，非正規形の微分方程式は㋐′のように，一般には p の2次以上の多項式で表されることが多く，これを，"**1階高次微分方程式**(いっかいこうじびぶんほうていしき)"と呼ぶことも覚えよう。

難しそうだって？ でも，㋐′のように因数分解できるものは，複数の1階の正規形の微分方程式に分解することができるんだ。実際に㋐′を変形すると，

$(p-2x)(p-y)=0$ すなわち，

(i) $p=2x$ または (ii) $p=y$ と，1階の正規形の方程式に分解できるんだね。

(i) $p=2x$ より，$\dfrac{dy}{dx}=2x$ $\quad y=\displaystyle\int 2x\,dx$ ←(直接積分形)

$\therefore\ y=x^2+C_1$ ……㋑

(ii) $p=y$ より，$\dfrac{dy}{dx}=y$ $\quad \displaystyle\int\frac{1}{y}dy=\int dx$ ←(変数分離形)

$\log|y|=x+C_2{}'$ $\quad |y|=e^{C_2{}'}e^x$ $\quad y=\underline{\pm e^{C_2{}'}}e^x$ (C_2 とおく)

$\therefore\ y=C_2e^x$ ……㋒

∴㋐の一般解は，㋑または㋒より，

$(y-x^2-C)(y-Ce^x)=0$　となる。

本来，C_1 と C_2 は異なる定数値をとってもかまわないので，$(y-x^2-C_1)(y-C_2e^x)=0$ と書くべきだけど，上の2つの C は，それぞれ独立に異なる定数値を取り得るものとして，慣例上，上記のように表すんだよ。これも覚えておこう！

それでは，1階高次微分方程式が因数分解できるときの解法パターンを下にまとめて示そう。

1階高次微分方程式の因数分解による解法

$y'=p$ とおいて，p の多項式で表される次の1階高次微分方程式

$$p^n+Q_1(x,\ y)p^{n-1}+Q_2(x,\ y)p^{n-2}+\cdots+Q_{n-1}(x,\ y)p+Q_n(x,\ y)=0 \quad \cdots\cdots ①$$

の左辺が因数分解されて，

$$\{p-f_1(x,\ y)\}\{p-f_2(x,\ y)\}\cdots\cdots\{p-f_n(x,\ y)\}=0$$

となるとき，n 個の正規形の微分方程式

$$y'=f_1(x,\ y),\ y'=f_2(x,\ y),\ \cdots,\ y'=f_n(x,\ y)$$

の内，どの方程式の解も，①の解である。それらを，

$$F_1(x,\ y,\ C)=0,\ F_2(x,\ y,\ C)=0,\ \cdots,\ F_n(x,\ y,\ C)=0$$

(C：任意定数)

とおくと，①の一般解は，

$F_1(x,\ y,\ C)\cdot F_2(x,\ y,\ C)\cdot\cdots\cdots\cdot F_n(x,\ y,\ C)=0$　となる。

これで，因数分解可能な1階高次微分方程式の解き方も分かっただろうから，次の例題で早速練習してみよう。

例題 15　次の1階高次微分方程式を解いて，一般解を求めよう。ただし，$y'=p$ とおいた。

(1) $p^2-(3x^2+2\sqrt{x^2+1})p+6x^2\sqrt{x^2+1}=0$ ……①

(2) $p^3+(2x-y)p^2-2xyp=0$ ……………………②

(3) $p^2-y^2-4e^xy-4e^{2x}=0$ ……………………③

(1) $p^2-(3x^2+2\sqrt{x^2+1})p+6x^2\sqrt{x^2+1}=0$ ……①の左辺を因数分解して，

$(p-3x^2)(p-2\sqrt{x^2+1})=0$　より，

(ⅰ) $p=3x^2$　または　(ⅱ) $p=2\sqrt{x^2+1}$　となる。

(ⅰ) $p=3x^2$　より，$\dfrac{dy}{dx}=3x^2$　　$y=\int 3x^2dx$ ←（直接積分形）

$\therefore y=x^3+C$ ……①´

(ⅱ) $p=2\sqrt{x^2+1}$　より，$\dfrac{dy}{dx}=2\sqrt{x^2+1}$　（直接積分形）

$y=2\int\sqrt{x^2+1}\,dx=x\sqrt{x^2+1}+\log\left|x+\sqrt{x^2+1}\right|+C$ ……①″

公式：$\int\sqrt{x^2+\alpha}\,dx=\dfrac{1}{2}\left(x\sqrt{x^2+\alpha}+\alpha\log\left|x+\sqrt{x^2+\alpha}\right|\right)$ を使った！

∴①の方程式の一般解は，①´または①″より，

$(y-x^3-C)(y-x\sqrt{x^2+1}-\log\left|x+\sqrt{x^2+1}\right|-C)=0$　である。

(ⅱ)は長い積分公式を使ったけど,頻出公式の1つなので覚えておこう。

(2) $p^3+(2x-y)p^2-2xyp=0$ ……②　の左辺を因数分解して，

$p\{p^2+(2x-y)p-2xy\}=0$

$p(p+2x)(p-y)=0$　より，

(ⅰ) $p=0$　または　(ⅱ) $p=-2x$　または　(ⅲ) $p=y$　となる。

(ⅰ) $p=0$　より，$\dfrac{dy}{dx}=0$　　$\therefore y=C$ ……②´

(ⅱ) $p=-2x$　より，$\dfrac{dy}{dx}=-2x$　　$y=-\int 2x\,dx$ ←（直接積分形）

$\therefore y=-x^2+C$ ……②″

(ⅲ) $p=y$　より，$\dfrac{dy}{dx}=y$　　$\int\dfrac{1}{y}dy=\int dx$ ←（変数分離形）

$\therefore y=Ce^x$ ……②‴ ←

$\log|y|=x+C_1$　　$y=\pm e^{C_1}e^x$

$\therefore y=Ce^x$　この結果は覚えておいていい！

∴②の方程式の一般解は，②´または②″または②‴より，

$(y-C)(y+x^2-C)(y-Ce^x)=0$　である。

(3) $p^2 - y^2 - 4e^x y - 4e^{2x} = 0$ ……③ の左辺を因数分解して,

$-(y^2+4e^x y+4e^{2x}) = -(y+2e^x)^2$

公式：$A^2 - B^2 = (A+B)(A-B)$

$p^2 - (y+2e^x)^2 = 0$, $(p+y+2e^x)(p-y-2e^x) = 0$ より,

(ⅰ) $p + y = -2e^x$ または (ⅱ) $p - y = 2e^x$ となる。

(ⅰ) $y' + \underset{P(x)}{1} \cdot y = \underset{Q(x)}{-2e^x}$ より,

1 階線形微分方程式：
$y' + P(x) \cdot y = Q(x)$ の解は,
$y = e^{-\int P dx}\left(\int Q \cdot e^{\int P dx} dx + C\right)$

$$y = \underset{e^{-x}}{e^{-\int 1 dx}}\left(\int (-2e^x) e^{\int 1 dx} dx + C\right)$$

$$-2\int e^x \cdot e^x dx = -2\int e^{2x} dx = -e^{2x}$$

$$= e^{-x}(-e^{2x} + C)$$

$\therefore\ y = Ce^{-x} - e^x$ ……③′ となる。

(ⅱ) $y' \underset{P(x)}{-1} \cdot y = \underset{Q(x)}{2e^x}$ より,

1 階線形微分方程式の解：
$y = e^{-\int P dx}\left(\int Q \cdot e^{\int P dx} dx + C\right)$

$$y = \underset{e^{x}}{e^{\int 1 dx}}\left(\int 2e^x \cdot e^{-\int 1 dx} dx + C\right)$$

$$2\int e^x \cdot e^{-x} dx = 2x$$

$$= e^x(2x + C)$$

$\therefore\ y = Ce^x + 2xe^x$ ……③″ となる。

以上③′, ③″ より, ③の微分方程式の一般解は,

$(y - Ce^{-x} + e^x)(y - Ce^x - 2xe^x) = 0$ である。

以上で, **1** 階高次微分方程式の因数分解による解法にも慣れたと思う。要は, 因数分解することにより, 複数の **1** 階正規微分方程式にもち込むことがコツだったんだね。納得いった？

これ以外にも, **1** 階高次微分方程式で解けるパターンのものを紹介しよう。$y' = p$ とおいたとき, $x = \underset{\text{何か}p\text{の関数}}{f(p)}$ や $y = \underset{\text{何か}p\text{の関数}}{g(p)}$ $(p \neq 0)$ の形の微分方程式は解くことができる。その解法について, これから教えよう。

● $x = f(p)$ 型と $y = g(p)$ 型を解いてみよう！

$y' = p$ とおいたとき，微分方程式が $x = f(p)$ の形で与えられていれば，これは，次の要領で解くことができる。

$x = f(p)$ 型の微分方程式の解法

$x = f(p)$ ……① のとき，

$\frac{dy}{dx} = p$ より，$dy = p\,dx = p \cdot \frac{dx}{dp} \cdot dp = p \cdot \frac{df(p)}{dp} dp$ となる。

（x は $f(p)$ （①より））（$\frac{df(p)}{dp}$ は p の関数）

ここで，y を p の関数とみると，これは直接積分形の微分方程式なので，

$$y = \int p \cdot \frac{df(p)}{dp} dp + C \quad \cdots\cdots ②$$ となる。

（この積分に任意定数 C は含まないものとする。）

そして，①と②から媒介変数 p を消去してできる y と x の関係式が，①の一般解である。

$p = \frac{dy}{dx}$ だから，p はもちろん y の x による 1 階導関数なんだけれど，これがあたかも媒介変数であるかのように扱うことが，この解法の面白いところなんだね。まだ，ピンときていない人も多いだろうから，次の例題で実際に練習してみることにしよう。

例題 16 次の微分方程式を解いて，一般解を求めよう。
ただし，$y' = p$ とおいた。
(1) $x = 3p^2 + 1$ ……㋐　　(2) $x = \log p$ ……㋑　$(p > 0)$

(1) $x = f(p) = 3p^2 + 1$ ……㋐′ とおく。

ここで，$\frac{dy}{dx} = p$ より，

$$dy = p\,dx = p \cdot \frac{dx}{dp} \cdot dp = p \cdot 6p\,dp = 6p^2\,dp \quad (㋐' より)$$

（㋐′より，x は p の関数なので，x を p で微分する。）（$f'(p) = (3p^2+1)' = 6p$）

y を p の関数と見ると，これは直接積分形なので，

$$y = \int 6p^2 dp + C = 2p^3 + C$$

$\therefore\ y = 2p^3 + C$ ……㋐″

㋐′, ㋐″ より p を消去してまとめると, ㋐の一般解が, 次のように求まる。

$$4(x-1)^3 = 27(y-C)^2$$

㋐′ より, $x-1 = 3p^2$ 両辺を 3 乗して
$(x-1)^3 = 27p^6$ ……㋒
㋐″ より, $y-C = 2p^3$ 両辺を 2 乗して
$(y-C)^2 = 4p^6$ ……㋓
∴ ㋒×4 と㋓×27 は等しい。

どう? x や y を p の関数とみたり, p を㋐′ と㋐″ における媒介変数と考えたり, これまでにない解法だったんだね。面白かった?

(2) $x = f(p) = \log p$ ……㋑′ $(p > 0)$ とおく。

$$dy = p\,dx = p \cdot \frac{dx}{dp} \cdot dp = p \cdot (\log p)'\,dp = p \cdot \frac{1}{p} dp = dp \quad (㋑' より)$$

よって, $y = \int dp + C = p + C$

$\therefore\ p = y - C$ ……㋑″ $(y > C)$

㋑″ を㋑′ に代入して, 求める㋑の一般解は,

$x = \log(y-C)$ $(y > C)$ $\quad y - C = e^x$

$\therefore\ y = e^x + C$ である。

もちろん, ㋑を, $p = e^x$ $\quad \frac{dy}{dx} = e^x$ $\quad dy = e^x dx$ $\quad y = \int e^x dx + C$
と, 直接積分形の解法を使っても同じ結果になるのが分かるね。

それでは, 次, $y = g(p)$ $(p \neq 0)$ の形の微分方程式の解法についても解説しよう。

$y = g(p)$ 型の微分方程式の解法

$y = g(p)$ ……① $(p \neq 0)$ のとき,

$$\frac{dy}{dx} = p \quad より,\ dx = \frac{1}{p} dy = \frac{1}{p} \cdot \frac{dy}{dp} \cdot dp = \frac{1}{p} \cdot \frac{dg(p)}{dp} dp \quad となる。$$

(y は $g(p)$ (①より))

ここで, x を p の関数とみると, これは直接積分形の微分方程式なので,

$$x = \int \frac{1}{p} \cdot \frac{dg(p)}{dp} dp + C \quad ……②\quad となる。$$

そして, ①と②から媒介変数 p を消去してできる x と y の関係式が, ①の一般解である。

それでは，$y=g(p)$ 型の微分方程式についても，次の例題で練習しておこう。

例題 17　次の微分方程式を解いて，一般解を求めよう。
ただし，$y'=p$ とおいた。
(1) $y=2p^3$ ……㋐　　(2) $y=3p^4+2p^2+1$ ……㋑

(1) $y=g(p)=2p^3$ ……㋐′　とおく。

ここで，$\frac{dy}{dx}=p$ より，

$$dx=\frac{1}{p}dy=\frac{1}{p}\cdot\frac{dy}{dp}\cdot dp=\frac{1}{p}\cdot 6p^2dp=6p\,dp \quad (㋐'より)$$

$g(p)=2p^3$ （㋐′より）

$(2p^3)'=6p^2$

x を p の関数と見ると，これは直接積分形なので，

$$x=\int 6p\,dp+C=3p^2+C \quad ……㋐''$$

㋐，㋐″ より p を消去してまとめると，
㋐の一般解が次のように求まる。

$$27y^2=4(x-C)^3$$

㋐より，$y=2p^3$
両辺を 2 乗して，
$y^2=4p^6$
㋐″ より，$x-C=3p^2$
両辺を 3 乗して，
$(y-C)^3=27p^6$

(2) $y=g(p)=3p^4+2p^2+1$ ……㋑′　とおく。

$$dx=\frac{1}{p}\cdot\frac{dy}{dp}\cdot dp=\frac{1}{p}\cdot(3p^4+2p^2+1)'dp \quad (㋑'より)$$
$$=\frac{1}{p}(12p^3+4p)dp=(12p^2+4)\,dp$$

x を p の関数と見ると，これは直接積分形なので，

$$x=\int(12p^2+4)\,dp+C=4p^3+4p+C \quad ……㋑''$$

以上より，㋑の微分方程式の一般解は，媒介変数 p を用いて，

$$\begin{cases} x=4p^3+4p+C \\ y=3p^4+2p^2+1 \end{cases} \quad (C：任意定数)$$

と表される。

媒介変数 p がうまく消去できない場合は，上記のように，一般解を“媒介変数 p を使った x と y の関係式”という形で表現すればいいんだよ。

● クレローの方程式には，特異解が存在する！

$y'=p$ とおくとき，

$y=px+f(p)$ …①の形の微分方程式を，"**クレロー** (*Clairaut*) **の微分方程式**"

（ある p の関数）

といい，これは次のように解くことができる。

クレローの微分方程式の解法

クレローの微分方程式：$y=px+f(p)$ ……① について，

①の両辺を x で微分すると，

$\cancel{p}=p'\cdot x+\cancel{p}+f'(p)\cdot p'$　　$p'\{x+f'(p)\}=0$

（$p'\cdot x+p$ は $(px)'$）

（合成関数の微分）$\{f(p)\}'=\dfrac{df(p)}{dx}=\dfrac{df(p)}{dp}\cdot\dfrac{dp}{dx}=f'(p)\cdot p'$

$\therefore$ (i) $p'=\dfrac{dp}{dx}=0$ または (ii) $x+f'(p)=0$ となる。

(i) $p'=0$ より，$p=C$ （定数）……②

②を①に代入して，一般解

$y=Cx+f(C)$ ……③ が求まる。

（これは，C の値を変化させれば，無数の直線群を表す。）

(ii) $x+f'(p)=0$ ……④ と①から p を消去して，"**特異解**（とくいかい）"を求める。

（この特異解は，③の一般解では表せないもので，③で表される直線群の"**包絡線**（ほうらくせん）"を表す。この包絡線とは，③の各直線と接する曲線のことだ。）

特異解や包絡線の意味がピンとこないって？ 当然だね。次の例題を解くことにより，具体的に理解できるはずだ。

例題 18　次のクレローの微分方程式を解いて，一般解と特異解を求め，それを xy 平面上に描いてみよう。ただし，$y'=p$ とおいた。

(1) $y=px-\dfrac{p^2}{4}$ ……㋐　　(2) $y=px+p^2-1$ ……㋑

(1) $y=px-\dfrac{p^2}{4}$ ……㋐　の両辺を x で微分すると，

$$\underbrace{y'}_{p}=\underbrace{(px)'}_{p'\cdot x+p}-\underbrace{\left(\frac{p^2}{4}\right)'}_{\frac{1}{4}\cdot 2p\cdot p'}$$

公式：$(f\cdot g)'=f'\cdot g+f\cdot g'$

合成関数の微分：$\dfrac{df(p)}{dx}=\dfrac{df(p)}{dp}\cdot\dfrac{dp}{dx}$

$\cancel{p}=p'\cdot x+\cancel{p}-\dfrac{p}{2}\cdot p'$　　$p'\left(x-\dfrac{p}{2}\right)=0$

よって，(ⅰ) $p'=0$　または　(ⅱ) $x-\dfrac{p}{2}=0$

(ⅰ) $p'=\dfrac{dp}{dx}=0$　より，$p=C$　(定数) ……㋐´

㋐´を㋐に代入して，一般解は次の直線群の方程式になる。

$$y=Cx-\frac{C^2}{4}\ \cdots\cdots㋒$$

$C=0$，±1，±2 のときの直線群の一部を示した。

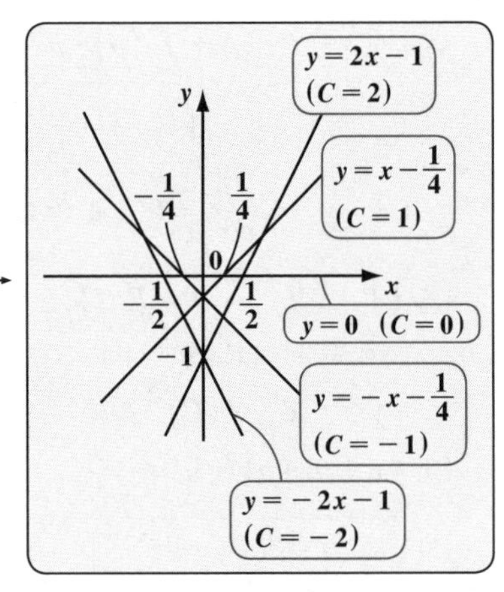

(ⅱ) $x-\dfrac{p}{2}=0$　より，$p=2x$

これを㋐に代入して，p を消去すると，

$$y=2x\cdot x-\frac{(2x)^2}{4}=x^2\ \cdots\cdots㋓$$

となって，特異解が得られる。㋓は㋒の無数の各直線と 1 点で接する包絡線になっていることが，右の図から分かると思う。→

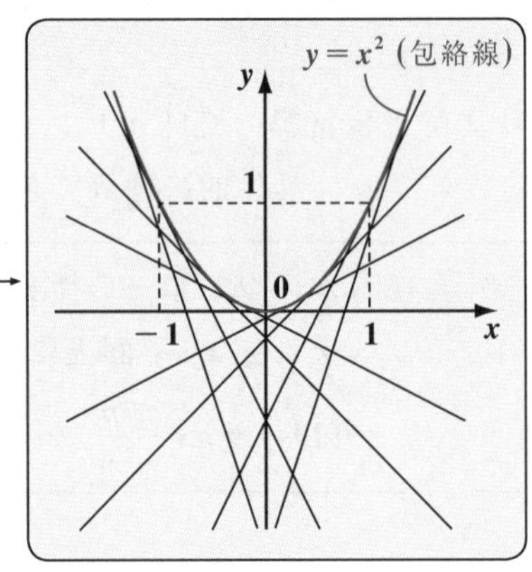

参考

直線群 $y = Cx - \frac{C^2}{4}$ ……㋒ （C：パラメータ）の包絡線の 2 通りの求め方を教えておこう。

（この値を変化させることにより，㋒は無数の直線を描く。）

(Ⅰ) ㋒の両辺をパラメータ C で微分すると，（x や y は定数扱い！）

$$0 = x - \frac{C}{2} \quad \text{よって，} C = 2x \text{ ……㋒}' \text{ となる。}$$

㋒と㋒′からパラメータ C を消去すると，$y = 2x \cdot x - \frac{(2x)^2}{4}$

$\therefore y = x^2$ となって，㋒の包絡線の方程式が求まる。

(Ⅱ) ㋒を C の 2 次方程式とみると，（ここでも，x と y は定数扱い！）

$C^2 - 4x \cdot C + 4y = 0$ となる。

この判別式を D とおくと，

$$\frac{D}{4} = \boxed{(-2x)^2 - 1 \cdot 4y = 0}$$

から，㋒の包絡線の方程式

$y = x^2$ が求まる。

（(ⅰ) $D \geqq 0$ のとき，㋒が通る領域を表し，(ⅱ) $D < 0$ のとき，㋒が通らない領域を表す。よって $D = 0$ から，その境界，すなわち包絡線が求まる。）

それではもう 1 題，クレローの微分方程式を解いておこう。

(2) $y = px + p^2 - 1$ ……㋑ の両辺を x で微分すると，

$$\cancel{p} = p'x + \cancel{p} + 2p \cdot p' \qquad p'(x + 2p) = 0$$

よって，(ⅰ) $p' = 0$ または (ⅱ) $x + 2p = 0$

(ⅰ) $p' = \frac{dp}{dx} = 0$ より，$p = C$ （定数） ……㋑′

㋑′を㋑に代入すると，一般解は，

$y = Cx + C^2 - 1$ ……㋔ となる。（これは，C をパラメータとする直線群の方程式だね。）

(ⅱ) $x + 2p = 0$ より，$p = -\frac{x}{2}$

これを㋑に代入すると，

$$y = -\frac{x}{2} \cdot x + \left(-\frac{x}{2}\right)^2 - 1$$

$\therefore y = -\frac{x^2}{4} - 1$ ……㋕ となって，特異解 (包絡線) が求まる。

直線群を表す一般解

$y = Cx + C^2 - 1$ ……㋔

と，その包絡線を表す特異解

$y = -\frac{1}{4}x^2 - 1$ ……㋕

のグラフを右に示す。

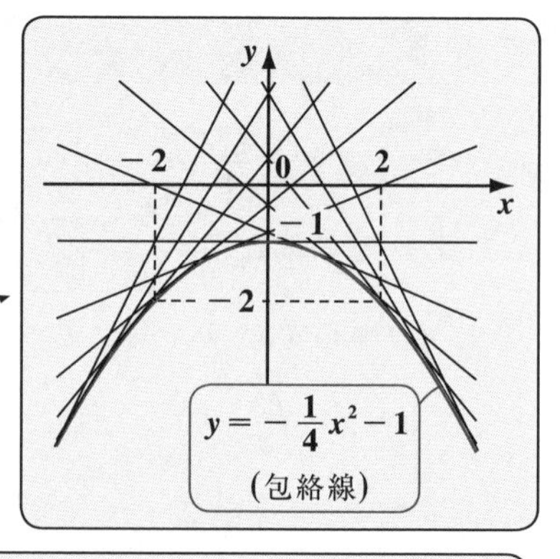

㋔の両辺を C で微分して，$0 = x + 2C$　$C = -\frac{x}{2}$ ……㋔´を㋔に代入すると，$y = -\frac{1}{4}x^2 - 1$ ……㋕の包絡線の式が導けることが分かるね。

● ラグランジュの微分方程式もマスターしよう！

クレローの微分方程式をさらに一般化した“**ラグランジュ（*Lagrange*）の微分方程式**”：$y = f(p) \cdot x + g(p)$ ……①　$(f(p) \neq p)$　の解法についても解説しよう。

このf(p)=pのとき，クレローの方程式になる。よって，ここでは $f(p) \neq p$ として，解説を進める。

ラグランジュの微分方程式の解法

ラグランジュの微分方程式：$y = f(p) \cdot x + g(p)$ ……①　$(f(p) \neq p)$

の両辺を x で微分すると，

$$p = \underbrace{f'(p) \cdot p' \cdot x + f(p)}_{\{f(p) \cdot x\}'} + \underbrace{g'(p) \cdot p'}_{\{g(p)\}'}$$

これを $p' = \frac{dp}{dx}$ でまとめて，

$$p - f(p) = \{f'(p) \cdot x + g'(p)\}\frac{dp}{dx}$$

$p - f(p) \neq 0$ より，両辺を $\{p - f(p)\}\frac{dp}{dx}$ で割ると，

$$\frac{dx}{dp} = \frac{f'(p)}{p - f(p)}x + \frac{g'(p)}{p - f(p)}$$

x を p の関数とみて，その導関数になっている。

この逆転の発想が面白い。

$$\frac{dx}{dp} \underbrace{- \frac{f'(p)}{p - f(p)}}_{P_0(p)} x = \underbrace{\frac{g'(p)}{p - f(p)}}_{Q_0(p)}$$

ここで，$-\dfrac{f'(p)}{p-f(p)} = P_0(p)$，$\dfrac{g'(p)}{p-f(p)} = Q_0(p)$ とおくと，

これは x を p の関数とみた，x の 1 階線形微分方程式：

$\dfrac{dx}{dp} + P_0(p)x = Q_0(p)$ となる。よって，その一般解の公式より，

$x = e^{-\int P_0(p)dp}\left\{\int Q_0(p)\, e^{\int P_0(p)dp} dp + C\right\}$ ……② となる。

①，②から p を消去して①の一般解が求まる。

もし，p がうまく消去できない場合は，x と y の関係を媒介変数 p で表す形にして，①と②を併記して示せばいいんだよ。

それでは，ラグランジュの微分方程式の解法についても，次の例題で具体的に練習してみよう。

例題 19 次のラグランジュの微分方程式を解いて，一般解を求めよう。
ただし，$y' = p$ とおいた。
(1) $y = (p+1)x + p^2$ ……㋐　(2) $y = 2px + p^2$ ……㋑ $(p \neq 0)$

(1) ラグランジュの微分方程式：$y = \underbrace{(p+1)}_{f(p)}x + \underbrace{p^2}_{g(p)}$ ……㋐ について，
この両辺を x で微分すると，

$$\underbrace{\cancel{p}}_{y'} = \underbrace{p'x + \cancel{p} + 1}_{\{(p+1)x\}'} + \underbrace{2p \cdot p'}_{(p^2)'}$$

$$1 = -(x + 2p)\frac{dp}{dx} \quad \text{……㋐}'$$

ここで，$\dfrac{dp}{dx} \neq 0$ より，

$\dfrac{dp}{dx} = 0$ とすると，㋐′は，
$1 = 0$ となって，矛盾する。
$\therefore \dfrac{dp}{dx} \neq 0$ だ。(背理法)

$$\frac{dx}{dp} = -x - 2p$$

よって，x を p の関数と考えると，x は，次の **1** 階線形微分方程式をみたす。

$$\frac{dx}{dp}+\underbrace{1}_{P_0(p)}\cdot x=\underbrace{-2p}_{Q_0(p)}$$

公式：
$x=e^{-\int P_0dp}\left\{\int Q_0\cdot e^{\int P_0dp}dp+C\right\}$

解の公式より，

$$x=\underbrace{e^{-\int 1\,dp}}_{e^{-p}}\left\{\int(-2p)\cdot e^{\int 1\,dp}dp+C\right\}$$

$-2\int pe^p dp=-2\int p(e^p)'dp$
$=-2\left(pe^p-\int e^p dp\right)=-2(pe^p-e^p)$

$$=e^{-p}\{-2e^p(p-1)+C\}$$

$\therefore\ x=2-2p+Ce^{-p}$ ……㋒

㋐と㋒から，p を消去するのは難しいので，㋐の一般解は媒介変数 p を用いて，次のように表せる。

$$\begin{cases}y=(p+1)x+p^2 \cdots\cdots㋐\\ x=2-2p+Ce^{-p} \cdots\cdots㋒\end{cases}$$

(2) ラグランジュの微分方程式：$y=2px+p^2$ ……㋑ $(p\neq 0)$　について，この両辺を x で微分すると，

$$p=2p'x+2p+2p\cdot p'$$

$$p=-(2x+2p)\frac{dp}{dx} \cdots\cdots㋑'$$

$\frac{dp}{dx}=0$　とすると，㋑′は，
$p=0$　となる。
よって，今回は $p\neq 0$ の条件があるので，
$\frac{dp}{dx}\neq 0$ も導ける。

ここで，$p\neq 0$，$\frac{dp}{dx}\neq 0$ より，

$$\frac{dx}{dp}=-\frac{2}{p}x-2$$

$$\frac{dx}{dp}+\underbrace{\frac{2}{p}}_{P_0(p)}x=\underbrace{-2}_{Q_0(p)}$$

実は $p=0$ は，㋑をみたし，$y=0$ となって，特異解になるんだよ。

これは，**1** 階線形微分方程式より，公式からその一般解を求めると，

$$x = \underline{e^{-\int \frac{2}{p} dp}} \left\{ \int (-2) \cdot \underline{e^{\int \frac{2}{p} dp}} dp + C' \right\}$$

$e^{-2\log|p|} = e^{\log \frac{1}{p^2}} = \frac{1}{p^2}$　　$e^{2\log|p|} = e^{\log p^2} = p^2$

公式：
$x = e^{-\int P_0 dp} \left\{ \int Q_0 \cdot e^{\int P_0 dp} dp + C \right\}$

$$= \frac{1}{p^2} \left(-2 \int p^2 dp + C' \right)$$

$\therefore x = \frac{1}{p^2} \left(-\frac{2}{3} p^3 + C' \right)$　より，

この両辺に $3p^2$ をかけ，さらに $3C' = C$ とおくと，

$3xp^2 = -2p^3 + C$　　$\therefore 3xp^2 + 2p^3 = C$ ……㊁　となる。

㋑と㊁から，㋑の微分方程式の一般解は，

$$\begin{cases} y = 2px + p^2 & \cdots\cdots\cdots ㋑ \\ 3xp^2 + 2p^3 = C & \cdots\cdots ㊁ \end{cases}$$ となる。

← p による媒介変数表示

㋑の両辺に x^2 をたすと，$x^2 + y = x^2 + 2px + p^2 = (x+p)^2$ ……㋑′ となるので，㋑′を利用して，㊁を，$p^2(3x + 2p) = C$，$\{(x+p) - x\}^2 \{x + 2(x+p)\} = C$，…と変形していくと，最終的には p が消去されて，一般解 $4(x^2 + y)^3 = (2x^3 + 3xy + C)^2$ が導ける。ファイトのある人は是非チャレンジしてごらん。

以上で，ラグランジュの微分方程式の解法にも慣れたと思う。これで，1 階常微分方程式の解説はすべて終了です。よく頑張ったね。後は，次の演習問題と実践問題で，さらに実力に磨きをかけるといいよ。

尚，理論好きな教官は，1 階正規微分方程式の“解の存在定理”や“解の一意性”についても講義されるかも知れない。これについては，Appendix (P233) で解説しているので，参考にするといい。ただし，初学者には難しく感じると思うので，必要がないと思う方は，飛ばしてもかまわない。必要に応じて，勉強してくれたらいいんだよ。

演習問題 5	● クレローの微分方程式 ●

クレローの微分方程式：$y = px + \sqrt{1+p^2}$ ……① を解いて，
一般解と特異解を求め，グラフの概形を描け。(ただし，$y' = p$ とした)

ヒント！ まず，①の両辺を x で微分して，$p' = 0$ または $x + \dfrac{p}{\sqrt{1+p^2}} = 0$ を導く。

解答＆解説

$y = px + \sqrt{1+p^2}$ ……① の両辺を x で微分して，

$$\underset{y'}{\underline{p}} = \underset{(px)'}{\underline{p'x + p}} + \underset{(\sqrt{1+p^2})'}{\underline{\frac{1}{2}(1+p^2)^{-\frac{1}{2}} \cdot 2p \cdot p'}} \qquad p'\left(x + \frac{p}{\sqrt{1+p^2}}\right) = 0$$

よって，(ⅰ) $p' = 0$ または (ⅱ) $x + \dfrac{p}{\sqrt{1+p^2}} = 0$

(ⅰ) $p' = 0$ より，$p = C$ (定数) ……②

②を①に代入して，①の一般解は，

$\underline{y = Cx + \sqrt{1+C^2}}$ である。←直線群の方程式

$Cx - 1 \cdot y + \sqrt{1+C^2} = 0$ と $O(0,\ 0)$ との距離 d は，
$d = \dfrac{|C \cdot 0 - 1 \cdot 0 + \sqrt{1+C^2}|}{\sqrt{C^2 + (-1)^2}}$
$= 1$ と一定だ。

(ⅱ) $x = -\dfrac{p}{\sqrt{1+p^2}}$ ……③ より，③を①に代入して，

$$y = -\frac{p^2}{\sqrt{1+p^2}} + \sqrt{1+p^2} = \frac{1}{\sqrt{1+p^2}} \ (>0) \ \cdots\cdots ④$$

$③^2 + ④^2$ より，

$$x^2 + y^2 = \frac{p^2}{1+p^2} + \frac{1}{1+p^2} = 1$$

よって，①の特異解は，

$\underline{x^2 + y^2 = 1 \quad (y > 0)}$ である。
↑
中心 O，半径 1 の上半円

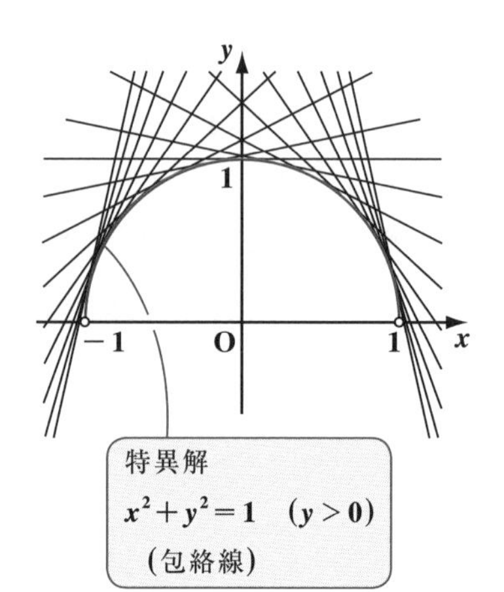

以上(ⅰ)(ⅱ)より，①の一般解と特異解のグラフの概形は右のようになる。

実践問題 5 ● クレローの微分方程式 ●

クレローの微分方程式：$y = px + \sqrt{1-p^2}$ ……① $(-1 < p < 1)$ を解いて，一般解と特異解を求め，グラフの概形を描け。(ただし，$y' = p$ とした)

ヒント！ まず，①の両辺を x で微分することから始めるんだね。

解答&解説

$y = px + \sqrt{1-p^2}$ ……① $(-1 < p < 1)$ の両辺を x で微分して，

$$\cancel{p} = p'x + \cancel{p} + \frac{1}{2}(1-p^2)^{-\frac{1}{2}} \cdot (-2p) \cdot p' \qquad p'\left(\boxed{(ア)\qquad}\right) = 0$$

よって，(ⅰ) $p' = 0$ または (ⅱ) $\boxed{(ア)\qquad} = 0$

(ⅰ) $p' = 0$ より，$p = \boxed{(イ)}$ (定数) ……②

②を①に代入して，①の一般解は，

$y = Cx + \sqrt{1-C^2}$ $\left(\boxed{(ウ)\qquad}\right)$ である。

傾き C が $-1 < C < 1$ の範囲の直線群の方程式

(ⅱ) $x = \dfrac{p}{\sqrt{1-p^2}}$ ……③ より，③を①に代入して，

$$y = \frac{p^2}{\sqrt{1-p^2}} + \sqrt{1-p^2} = \boxed{(エ)\qquad} \quad (>0) \text{ ……④}$$

③^2 − ④^2 より，

$$x^2 - y^2 = \frac{p^2}{1-p^2} - \boxed{(オ)\qquad} = -1$$

よって，①の特異解は，

$x^2 - y^2 = -1 \quad (y > 0)$ である。

上下の双曲線の上の部分

特異解
$x^2 - y^2 = -1 \quad (y > 0)$
(包絡線)

以上 (ⅰ)(ⅱ) より，①の一般解と特異解のグラフの概形は右のようになる。

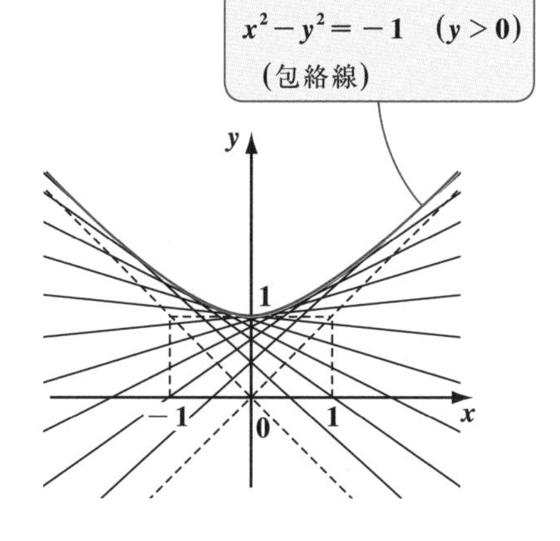

解答 (ア) $x - \dfrac{p}{\sqrt{1-p^2}}$ (イ) C (ウ) $-1 < C < 1$

(エ) $\dfrac{1}{\sqrt{1-p^2}}$ (オ) $\dfrac{1}{1-p^2}$

講義2 ● 1階常微分方程式(Ⅱ)　公式エッセンス

1.　1階線形微分方程式の一般解

$y'+P(x)y=Q(x)$ の一般解は,

$$y=e^{-\int P(x)dx}\left(\int Q(x)\cdot e^{\int P(x)dx}dx+C\right)$$

2.　ベルヌーイの微分方程式

$y'+P(x)y=Q(x)y^n \quad (n \neq 0,\ 1)$

この両辺に $(-n+1)y^{-n}$ をかけて，解く。

3.　リッカチの微分方程式

$y'+P(x)y^2+Q(x)y+R(x)=0$ の特殊解 y_1 が分かっているとき，その解を $y=y_1+u$ とおいて，解く。

4.　完全微分方程式

$P(x,\ y)dx+Q(x,\ y)dy=0$ について，

(ｉ) $P_y=Q_x$ をみたせば，これは完全微分方程式であり，

(ⅱ) その解は，$\int_{x_0}^{x} P(x,\ y)dx+\int_{y_0}^{y} Q(x_0,\ y)dy=C$

5.　$x=f(p)$ 型の微分方程式

$x=f(p)$ のとき，$\dfrac{dy}{dx}=p$ より，$dy=p\cdot\dfrac{dx}{dp}dp$ として，積分する。

6.　$y=g(p)\quad(p\neq 0)$ 型の微分方程式

$y=g(p)$ のとき，$\dfrac{dy}{dx}=p$ より，$dx=\dfrac{1}{p}\cdot\dfrac{dy}{dp}dp$ として，積分する。

7.　クレローの微分方程式

$y=px+f(p)$ のとき，両辺を x で微分して解く。

8.　ラグランジュの微分方程式

$y=f(p)x+g(p)\quad \left(f(p)\neq p\right)$ は，両辺を x で微分し，さらに，p' でまとめ，x の1階線形微分方程式の形にもち込む。

2階線形微分方程式

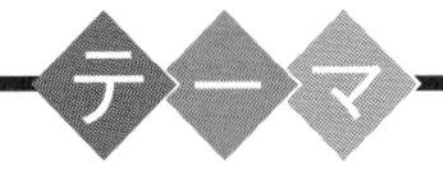

▶ **2** 階線形微分方程式 (Ⅰ)
(解の構造と
定数係数 **2** 階同次微分方程式の解法)

▶ **2** 階線形微分方程式 (Ⅱ)
(定数係数 **2** 階非同次微分方程式の解法)
(一般の **2** 階線形微分方程式の解法)

▶ **2** 階線形微分方程式 (Ⅲ)
(**2** 階オイラーの方程式)
(標準形に変形する解法)

§1. 2階線形微分方程式(Ⅰ)

さァ，これから"**2階線形微分方程式**"の解説に入ろう。まず，2階線形微分方程式の解の構造について教えよう。その際，"**線形代数**"の"**1次独立**"や"**1次従属**"の考え方も使うので，初め は難しく感じるかも知れないね。でも，最終的には，ベクトルで解のイメージを示すので，直感的に解の構造を理解できるから心配は不要だ。また，ここでは"**ロンスキアン**"についても教える。

そして，最も単純な"**定数係数2階同次線形微分方程式**"の具体的な解法についても詳しく解説しよう。

● 2階線形微分方程式の解の構造を押さえよう！

一般に，2階常微分方程式は，x，y，y'，y'' の関係式として

$F(x,\ y,\ y',\ y'')=0$　の形で表される。この内，特に，

$y''+P(x)y'+Q(x)y=R(x)$ ……①

の形の微分方程式を"**2階線形微分方程式**"という。ここで，$R(x)\neq 0$ の

(これは，$R(x)$ がすべての x に対して恒等的に 0 ではない，という意味だ！)

とき，"**非同次方程式**(ひどうじ)"といい，すべての x に対して恒等的に $R(x)=0$ のとき，すなわち，

$y''+P(x)y'+Q(x)y=0$ ……②

を"**同次方程式**(どうじ)"という。また，②は①の"**同伴方程式**(どうはん)"と呼ぶことも覚えておいてくれ。それでは，以上のことを下にまとめて示そう。

2階線形微分方程式

2階線形微分方程式：

$y''+P(x)y'+Q(x)y=R(x)$……①　(非同次方程式：$R(x)\neq 0$)

の同伴方程式は

$y''+P(x)y'+Q(x)y=0$　………②　(同次方程式)　である。

ここで，①の2階非同次線形微分方程式の一般解 y が，

①の特殊解 y_0 と同伴方程式②の一般解 Y との和，すなわち

$y=y_0+Y$　……③の形で表されることを示そう。

y と y_0 それぞれ①の一般解と特殊解なので，これらを代入しても成り立つ。

よって，$\begin{cases} y'' + P(x)y' + Q(x)y = R(x) & \cdots\cdots\text{㋐} \\ y_0'' + P(x)y_0' + Q(x)y_0 = R(x) & \cdots\cdots\text{㋑} \end{cases}$

ここで，㋐－㋑より，

$$\underbrace{y'' - y_0''}_{(y-y_0)''} + P(x)(\underbrace{y' - y_0'}_{(y-y_0)'}) + Q(x)(y - y_0) = 0$$

$\therefore (y - y_0)'' + P(x)(y - y_0)' + Q(x)(y - y_0) = 0$ ……㋒

㋒は，$y - y_0$ が同伴方程式②の一般解 Y であることを示している。

よって，$y - y_0 = Y$ より，　$y = \underbrace{y_0}_{\text{①の特殊解}} + \underbrace{Y}_{\text{②の一般解}}$ ……③　が導ける。

それでは次，同伴方程式 $y'' + P(x)y' + Q(x)y = 0$ ……②の一般解 Y がどのような形になるか，考えてみよう。

ここで，y_1 と y_2 が②の解であるとすると，その 1 次結合 $C_1y_1 + C_2y_2$ (C_1，C_2：定数) も解になるのはいいね。実際に，これを②の左辺に代入すると，

$$\underbrace{(C_1y_1 + C_2y_2)''}_{C_1y_1'' + C_2y_2''} + P(x)\underbrace{(C_1y_1 + C_2y_2)'}_{C_1y_1' + C_2y_2'} + Q(x)(C_1y_1 + C_2y_2)$$

$$= C_1y_1'' + C_2y_2'' + P(x)(C_1y_1' + C_2y_2') + Q(x)(C_1y_1 + C_2y_2)$$

$$= C_1\underbrace{\{y_1'' + P(x)y_1' + Q(x)y_1\}}_{0 \ (\because y_1 \text{は②の解})} + C_2\underbrace{\{y_2'' + P(x)y_2' + Q(x)y_2\}}_{0 \ (\because y_2 \text{は②の解})}$$

$= C_1 \times 0 + C_2 \times 0 = 0$　(＝②の右辺)　となって②が成り立つからだ。

このように，線形性が成り立つので，同伴方程式②の解全体の集合を V とおくと，$V = \{y \mid y'' + P(x)y' + Q(x)y = 0\}$ は 1 つの線形空間をなしていることが分かると思う。そして，②は 2 階の微分方程式より，その一般解 Y は，2 つの任意定数 C_1，C_2 を含む $Y = C_1y_1 + C_2y_2$ の形で与えられることも分かると思う。ただし，この y_1 と y_2 は，共に②の "**1 次独立な解**" でなければならないけどね。

この 1 次独立な解と，そうでない場合の解の定義は次の通りだ。

$C_1y_1 + C_2y_2 = 0$ ……(＊) について，

(i) $C_1 = C_2 = 0$ のときしか (＊) が成り立たないとき，y_1，y_2 を 1 次独立 (または線形独立) な解といい，

(ii) C_1，C_2 のうち少なくとも 1 つが 0 でないとき，y_1，y_2 を 1 次従属 (または線形従属) な解という。

そして，y_1 と y_2 が 1 次独立な解であることを判定するものとして，"**ロンスキアン** (*Wronskian*)" または "**ロンスキー行列式**" と呼ばれるものを用いる。ロンスキアン (ロンスキー行列) $W(y_1,\ y_2)$ の定義は次の通りだ。

$$W(y_1,\ y_2)=\begin{vmatrix} y_1 & y_2 \\ y_1' & y_2' \end{vmatrix}=y_1y_2'-y_1'y_2$$

← 行列式 $\begin{vmatrix} a & b \\ c & d \end{vmatrix}=ad-bc$

「このロンスキアン $W(y_1,\ y_2)\neq 0$ のとき，y_1 と y_2 は 1 次独立な解」と言える。この証明は，対偶命題：「y_1 と y_2 が 1 次従属 $\Rightarrow W(y_1,\ y_2)=0$」を示せばいいね。

y_1 と y_2 が 1 次従属な解のとき，

$C_1y_1+C_2y_2=0$ ……㋐　をみたす C_1, C_2 について $\begin{bmatrix} C_1 \\ C_2 \end{bmatrix}\neq\begin{bmatrix} 0 \\ 0 \end{bmatrix}$ となる。

㋐の両辺を x で微分して，

$C_1y_1'+C_2y_2'=0$ ……㋑

㋐と㋑をまとめると，

$$\begin{bmatrix} C_1y_1+C_2y_2 \\ C_1y_1'+C_2y_2' \end{bmatrix}=\begin{bmatrix} 0 \\ 0 \end{bmatrix}\qquad \therefore \begin{bmatrix} y_1 & y_2 \\ y_1' & y_2' \end{bmatrix}\begin{bmatrix} C_1 \\ C_2 \end{bmatrix}=\begin{bmatrix} 0 \\ 0 \end{bmatrix}\ \cdots\cdots ㋒$$

ここで，$\begin{bmatrix} C_1 \\ C_2 \end{bmatrix}\neq\begin{bmatrix} 0 \\ 0 \end{bmatrix}$ より，㋒の係数行列の行列式 $W(y_1,\ y_2)=\begin{vmatrix} y_1 & y_2 \\ y_1' & y_2' \end{vmatrix}=0$ となる。

ロンスキアン

もし，$W=\begin{vmatrix} y_1 & y_2 \\ y_1' & y_2' \end{vmatrix}\neq 0$ ならば，$\begin{bmatrix} y_1 & y_2 \\ y_1' & y_2' \end{bmatrix}$ の逆行列 $\begin{bmatrix} y_1 & y_2 \\ y_1' & y_2' \end{bmatrix}^{-1}$ が存在するので，この逆行列を㋒の両辺に左からかけると，$\begin{bmatrix} C_1 \\ C_2 \end{bmatrix}=\begin{bmatrix} y_1 & y_2 \\ y_1' & y_2' \end{bmatrix}^{-1}\begin{bmatrix} 0 \\ 0 \end{bmatrix}=\begin{bmatrix} 0 \\ 0 \end{bmatrix}$ となり，$\begin{bmatrix} C_1 \\ C_2 \end{bmatrix}\neq\begin{bmatrix} 0 \\ 0 \end{bmatrix}$ に矛盾するからだ。(これ，背理法だね。)

よって，対偶命題が証明されたので，元の命題：

「$W(y_1,\ y_2)\neq 0\Rightarrow y_1$ と y_2 は 1 次独立な解」も証明されたんだね。このように，同次方程式 $y''+P(x)y'+Q(x)y=0$ ……②が，ロンスキー行列式 $W(y_1,\ y_2)\neq 0$ をみたすような，2 つの解 y_1, y_2 をもつとき，これを "**基本解**(きほんかい)" という。そして，②の一般解 Y は，$Y=C_1y_1+C_2y_2$ ……④で表される。

参考

2 階の同次方程式 $y''+P(x)y'+Q(x)y=0$ ……② について，3 つ以上の解が，1 次独立な解にならないことも示しておこう。

y_1，y_2，y_3 が②の解であるとすると，

$$\begin{cases} y_1''+P(x)y_1'+Q(x)y_1=0 \\ y_2''+P(x)y_2'+Q(x)y_2=0 \\ y_3''+P(x)y_3'+Q(x)y_3=0 \end{cases} \quad \cdots\cdots ㊀$$

となるのはいいね。

ここで，ロンスキアン $W(y_1,\ y_2,\ y_3)=0$ となることを示そう。

$$W(y_1,\ y_2,\ y_3)=\begin{vmatrix} y_1 & y_2 & y_3 \\ y_1' & y_2' & y_3' \\ y_1'' & y_2'' & y_3'' \end{vmatrix}$$

行列式の計算では，(第 3 行) に (第 2 行)×$P(x)$＋(第 1 行)×$Q(x)$ をたしても，値は同じになる。

$$=\begin{vmatrix} y_1 & y_2 & y_3 \\ y_1' & y_2' & y_3' \\ y_1''+P(x)y_1'+Q(x)y_1 & y_2''+P(x)y_2'+Q(x)y_2 & y_3''+P(x)y_3'+Q(x)y_3 \end{vmatrix}$$

（各第 3 行成分は 0 (㊀より)）

$$=\begin{vmatrix} y_1 & y_2 & y_3 \\ y_1' & y_2' & y_3' \\ 0 & 0 & 0 \end{vmatrix}=0$$

よって，y_1，y_2，y_3 は 1 次独立な解にならないんだね。以上より，2 階同次線形微分方程式の 1 次独立な基本解の個数は 2 である。

（一般に，n 階同次線形微分方程式の 1 次独立な基本解の個数は n であり，その一般解 Y が，$Y=C_1y_1+C_2y_2+\cdots+C_ny_n$ $(W(y_1,\ y_2,\ \cdots,\ y_n)\neq 0)$ となることも覚えておこう。）

このように，2 階線形微分方程式の解の理論を理解するのに “線形代数” の知識は必要不可欠なんだ。これに自信のない方は

「線形代数キャンパス・ゼミ」(マセマ) で勉強されることを勧める。

それでは，2 階線形微分方程式の解の構造について，以上のことをまとめて示すので，シッカリ頭に入れておこう。

2 階線形微分方程式の解

2 階線形微分方程式：

$y'' + P(x)y' + Q(x)y = R(x)$ ……① (非同次方程式：$R(x) \neq 0$) の特殊解を y_0 とおく。また，①の同伴方程式：

$y'' + P(x)y' + Q(x)y = 0$ ……② (同次方程式) の一般解を，

$Y = C_1y_1 + C_2y_2$ （ただし，ロンスキアン $W(y_1, y_2) \neq 0$） とおくと，

①の一般解 y は，$y = y_0 + Y$ より，

$y = y_0 + C_1y_1 + C_2y_2$ (C_1, C_2：任意定数) で表される。

（y_0：特殊解）（$C_1y_1 + C_2y_2$：余関数）

（ここで，y_1，y_2 を②の"**基本解**"と呼ぶ。また，$C_1y_1 + C_2y_2$ は①の"**余関数**(よかんすう)"と呼ぶことも覚えておこう。）

①の一般解

$$y = y_0 + Y = y_0 + C_1y_1 + C_2y_2$$

は，もちろん x の関数であって，ベクトルではないのだけれど，これらをベクトルのように，

$$y = y_0 + Y = y_0 + C_1y_1 + C_2y_2$$

（y_0：平行移動項）（$C_1y_1 + C_2y_2$：y_1 と y_2 の 1 次結合）

と表し，さらにこのイメージを図 1 に示しておく。

図 1　2 階線形微分方程式の一般解 y の図形的イメージ

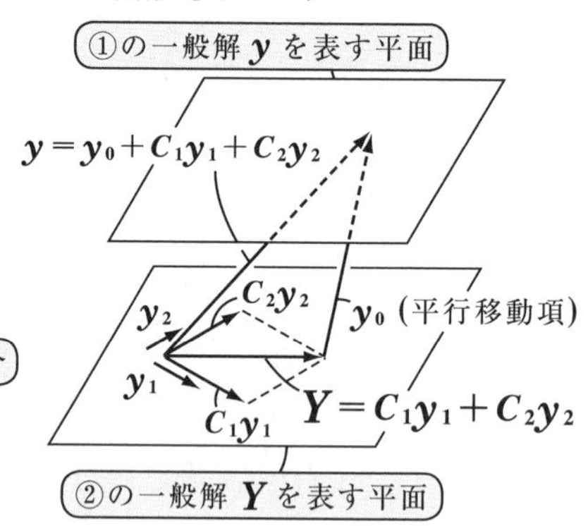

このイメージがあれば，これまでの線形代数による解説の意味も直感的にすべて理解できると思う。分かりづらかった方は，このイメージをもって，この節をもう一度読み返してみるといい。

ここでさらに，2 階線形微分方程式：$y'' + P(x)y' + Q(x)y = R(x)$ について，証明は省略するが，「$P(x)$，$Q(x)$，$R(x)$ が連続であれば，常に解は存在し，その解は初期条件が与えられれば一意に定まる。また，特異解は存在しない」ことも言っておこう。理論ばかりで疲れただろうね。それでは，これから例題で具体的に練習していこう。

例題 20　(1) 微分方程式 $y''-y'-2y=0$ ……㋐ について，$y_1=e^{2x}$，$y_2=e^{-x}$ が基本解であることを示し，㋐の一般解を求めよう。

(2) 微分方程式 $y''-y'-2y=e^x$ …㋑ について，$y_0=-\frac{1}{2}e^x$ が㋑の特殊解であることを示し，㋑の一般解を求めよう。

(1) ・$y_1=e^{2x}$ のとき，$y_1'=2e^{2x}$，$y_1''=4e^{2x}$ より，これを㋐の左辺に代入すると，$y_1''-y_1'-2y_1=4e^{2x}-2e^{2x}-2\cdot e^{2x}=0=$(㋐の右辺) となる。

よって，$y_1=e^{2x}$ は㋐をみたすので，y_1 は㋐の解だ。

・$y_2=e^{-x}$ のとき，$y_2'=-e^{-x}$，$y_2''=e^{-x}$ より，これを㋐の左辺に代入すると，$y_2''-y_2'-2y_2=e^{-x}-(-e^{-x})-2\cdot e^{-x}=0=$(㋐の右辺) となる。

よって，$y_2=e^{-x}$ は㋐をみたすので，y_2 も㋐の解であることが分かる。

ここで，y_1 と y_2 が，同次方程式㋐の基本解 (1 次独立な解) となるためには，ロンスキアン $W(y_1,\ y_2)\neq 0$ をみたさなければならない。調べてみよう。

$$W(y_1,\ y_2)=\begin{vmatrix} y_1 & y_2 \\ y_1' & y_2' \end{vmatrix}=\begin{vmatrix} e^{2x} & e^{-x} \\ 2e^{2x} & -e^{-x} \end{vmatrix}$$

$$=e^{2x}\times(-e^{-x})-2e^{2x}\times e^{-x}=-3e^x\neq 0 \quad となる。$$

$\begin{vmatrix} a & b \\ c & d \end{vmatrix}=ad-bc$

よって，$y_1=e^{2x}$ と $y_2=e^{-x}$ は㋐の基本解だね。

∴㋐の一般解を Y とおくと，$Y=C_1e^{2x}+C_2e^{-x}$　である。

(2) $y''-y'-2y=e^x$ ……㋑　について，$y_0=-\frac{1}{2}e^x$ がその特殊解であることを示そう。　$y_0'=-\frac{1}{2}e^x$，$y_0''=-\frac{1}{2}e^x$　より，

以上を㋑の左辺に代入すると，

$$y_0''-y_0'-2y_0=-\frac{1}{2}e^x-\left(-\frac{1}{2}e^x\right)-2\times\left(-\frac{1}{2}e^x\right)=e^x=(㋑の右辺)$$

となって，㋑をみたす。よって，$y_0=-\frac{1}{2}e^x$ は，非同次方程式㋑の特殊解である。そして，㋑の同伴方程式㋐の一般解が $Y=C_1e^{2x}+C_2e^{-x}$ であることも分かっているので，㋑の一般解を y とおくと，

$$y=y_0+Y=-\frac{1}{2}e^x+C_1e^{2x}+C_2e^{-x}$$ となる。大丈夫？

(特殊解)(余関数)

例題 21　(1) 微分方程式 $y''+4y=0$ ……㋐　について，$y_1=\cos 2x$，$y_2=\sin 2x$ が基本解であることを示し，㋐の一般解を求めよう。

(2) 微分方程式 $y''+4y=\cos x$ ……㋑ について，$y_0=\frac{1}{3}\cos x$ が㋑の特殊解であることを示し，㋑の一般解を求めよう。

(1) ・$y_1=\cos 2x$ のとき，$y_1'=-2\sin 2x$，$y_1''=-4\cos 2x$ より，これを㋐の左辺に代入すると，

$y_1''+4y_1=-4\cos 2x+4\cdot\cos 2x=0=$(㋐の右辺)　となる。

よって，$y_1=\cos 2x$ は㋐をみたすので，y_1 は㋐の解である。

・$y_2=\sin 2x$ のとき，$y_2'=2\cos 2x$，$y_2''=-4\sin 2x$ より，これを㋐の左辺に代入すると，

$y_2''+4y_2=-4\sin 2x+4\cdot\sin 2x=0=$(㋐の右辺) となる。

よって，$y_2=\sin 2x$ は㋐をみたすので，y_2 も㋐の解である。

ここで，ロンスキアン $W(y_1,\ y_2)$ を調べてみると，

$$W(y_1,\ y_2)=\begin{vmatrix} y_1 & y_2 \\ y_1' & y_2' \end{vmatrix}=\begin{vmatrix} \cos 2x & \sin 2x \\ -2\sin 2x & 2\cos 2x \end{vmatrix}$$

$$=2\cos^2 2x+2\sin^2 2x=2\neq 0$$　となるので，

$y_1=\cos 2x$ と $y_2=\sin 2x$ は㋐の基本解である。よって，㋐の一般解を Y とおくと，$Y=C_1\cos 2x+C_2\sin 2x$　である。

(2) $y''+4y=\cos x$ ……㋑　について，$y_0=\frac{1}{3}\cos x$ がその特殊解であることを示そう。　$y_0'=-\frac{1}{3}\sin x$，$y_0''=-\frac{1}{3}\cos x$　より，

以上を㋑の左辺に代入すると，

$$y_0''+4y_0=-\frac{1}{3}\cos x+4\cdot\frac{1}{3}\cos x=\cos x=(㋑の右辺)$$

となって，㋑をみたす。よって，$y_0=\frac{1}{3}\cos x$ は，非同次方程式㋑の特殊解である。これと (1) の結果より，㋑の一般解 y は，

$$y=y_0+Y=\frac{1}{3}\cos x+C_1\cos 2x+C_2\sin 2x$$　となる。

特殊解　余関数

● 定数係数 2 階同次微分方程式を解いてみよう！

これから，2 階線形微分方程式の中で最も簡単な定数係数の同次方程式：

$y''+ay'+by=0$ ……① (a, b：定数)

の解法について解説しよう。この同次方程式①の一般解を y とおくと，解の構造は，$y=C_1y_1+C_2y_2$ (y_1, y_2：基本解，C_1, C_2：任意定数) となることが分かる。そして，①の場合，その基本解 y_1 と y_2 が，指数関数 $y=e^{\lambda x}$ ……② の形で与えられることも，容易に推定できるだろう。実際に②を x で微分して，$y'=\lambda e^{\lambda x}$，$y''=\lambda^2e^{\lambda x}$ となるので，これらを①に代入して，

$\lambda^2e^{\lambda x}+a\lambda e^{\lambda x}+be^{\lambda x}=0$ $(\lambda^2+a\lambda+b)\underset{\oplus}{e^{\lambda x}}=0$ となる。

ここで，$e^{\lambda x}>0$ より，両辺を $e^{\lambda x}$ で割ると，

$\lambda^2+a\lambda+b=0$ ……③ と，λ の 2 次方程式が導ける。

この③の 2 次方程式を，①の微分方程式の"**特性方程式**(とくせいほうていしき)"と呼ぶことも覚えておこう。この③の λ の 2 次方程式が，

(ⅰ) 相異なる 2 実数解 λ_1，λ_2 をもつ場合，

(ⅱ) 重解 λ_1 を持つ場合，そして，

(ⅲ) 相異なる 2 虚数解 $\alpha\pm\beta i$ (α, β：実数，i：虚数単位) をもつ場合，

それぞれについて，①の基本解 y_1，y_2 と，その一般解 $C_1y_1+C_2y_2$ がどのようになるか，詳しく調べていこう。

③の判別式を D とおくと，$D=a^2-4b$ より，D で分類すると，

(ⅰ) $D=a^2-4b>0$ のとき，

③は，相異なる 2 実数解 λ_1，λ_2 をもつ。

よって，①の基本解は，$y_1=e^{\lambda_1x}$，$y_2=e^{\lambda_2x}$ となる。

実際に，このロンスキアン $W(y_1, y_2)$ を調べてみると，

$$W=\begin{vmatrix} y_1 & y_2 \\ y_1' & y_2' \end{vmatrix}=\begin{vmatrix} e^{\lambda_1x} & e^{\lambda_2x} \\ \lambda_1e^{\lambda_1x} & \lambda_2e^{\lambda_2x} \end{vmatrix}=\lambda_2e^{(\lambda_1+\lambda_2)x}-\lambda_1e^{(\lambda_1+\lambda_2)x}$$

$$=\underbrace{(\lambda_2-\lambda_1)}_{\neq 0\ (\because\ \lambda_1\neq\lambda_2)}\underbrace{e^{(\lambda_1+\lambda_2)x}}_{\oplus}\neq 0$$ となるからだ。

よって，このとき，①の一般解は，$y=C_1e^{\lambda_1x}+C_2e^{\lambda_2x}$ となる。

(ⅱ) $D = a^2 - 4b = 0$ のとき，

$\lambda^2 + a\lambda + b = 0$ ……③ は，1つの重解 λ_1 をもつ。

よって，$y_1 = e^{\lambda_1 x}$ は，$y'' + ay' + by = 0$ ……① の1つの解である。でも，もう1つ，これと1次独立な解 y_2 を見つけなければならない。ここで，$y_2 = xe^{\lambda_1 x}$ とおくと，これを x で微分して，

$$y_2' = (xe^{\lambda_1 x})' = 1 \cdot e^{\lambda_1 x} + x \cdot \lambda_1 e^{\lambda_1 x} = (\lambda_1 x + 1)e^{\lambda_1 x}$$

$$y_2'' = \left\{(\lambda_1 x + 1)e^{\lambda_1 x}\right\}' = \lambda_1 e^{\lambda_1 x} + (\lambda_1 x + 1) \cdot \lambda_1 e^{\lambda_1 x}$$

$$= (\lambda_1{}^2 x + 2\lambda_1)e^{\lambda_1 x} \quad となる。$$

これらを，①の左辺に代入して調べてみると，

$$y_2'' + ay_2' + by_2 = (\lambda_1{}^2 x + 2\lambda_1)e^{\lambda_1 x} + a \cdot (\lambda_1 x + 1)e^{\lambda_1 x} + b \cdot xe^{\lambda_1 x}$$

$$= (\underbrace{\lambda_1{}^2 + a\lambda_1 + b}_{0})xe^{\lambda_1 x} + (\underbrace{2\lambda_1 + a}_{0})e^{\lambda_1 x} = 0$$

∵ λ_1 は $\lambda^2 + a\lambda + b = 0$ ……③の解

∵ λ_1 は $\lambda^2 + a\lambda + b = 0$ ……③の重解より，解と係数の関係 $\lambda_1 + \lambda_1 = -a$ が成り立つ。

となって，①をみたす。また，y_1 と y_2 のロンスキアン $W(y_1,\ y_2)$ を調べてみると，

$$W(y_1,\ y_2) = \begin{vmatrix} y_1 & y_2 \\ y_1' & y_2' \end{vmatrix} = \begin{vmatrix} e^{\lambda_1 x} & xe^{\lambda_1 x} \\ \lambda_1 e^{\lambda_1 x} & (\lambda_1 x + 1)e^{\lambda_1 x} \end{vmatrix}$$

$$= (\cancel{\lambda_1 x} + 1)e^{2\lambda_1 x} - \cancel{\lambda_1 x e^{2\lambda_1 x}} = \underbrace{e^{2\lambda_1 x}}_{\oplus} \neq 0$$

となるので，$y_1 = e^{\lambda_1 x}$ と $y_2 = xe^{\lambda_1 x}$ は1次独立な解だ。よって，これらは，①の基本解になるんだね。以上より，①の一般解は，

$$y = C_1 y_1 + C_2 y_2 = C_1 e^{\lambda_1 x} + C_2 xe^{\lambda_1 x} = (C_1 + C_2 x)e^{\lambda_1 x} \quad となる。$$

(ⅲ) $D = a^2 - 4b < 0$ のとき，③は，相異なる2つの共役な虚数解

$\lambda_1 = \alpha + i\beta$ と $\lambda_2 = \alpha - i\beta$ （α，$\beta\ (\neq 0)$：実数，i：虚数単位）

をもつ。 $\lambda = \dfrac{-a \pm \sqrt{D}}{2} = -\dfrac{a}{2} \pm \dfrac{\sqrt{-D}}{2} i$ より，$\alpha = -\dfrac{a}{2}$，$\beta = \dfrac{\sqrt{-D}}{2}$ だね。

よって，①の基本解は，$y_1 = e^{\lambda_1 x} = e^{(\alpha + i\beta)x}$，$y_2 = e^{\lambda_2 x} = e^{(\alpha - i\beta)x}$ となる。これは，複素数の指数関数の世界に入るので，これについて知識がない方は，**「複素関数キャンパス・ゼミ」(マセマ)** で学習されることをお勧めする。

参考

ここでは，複素数の指数関数に限定して，簡単に解説しておこう。
複素数 $z=x+iy$ （x，y：実数）に対して，e（ネイピア数）の z 乗を次のように定義する。

$$e^z=e^{x+iy}=e^xe^{iy}=e^x(\cos y+i\sin y)$$

（i）$x=0$ のとき，$e^z=e^{iy}=\cos y+i\sin y$ となって，
　有名な **"オイラーの公式"** が導ける。また，
（ii）$y=0$ のとき，$e^z=e^x$ となって，見慣れた実数の指数関数が導ける。

まず，y_1 と y_2 のロンスキアン $W(y_1,\ y_2)$ を調べると，

$$W(y_1,\ y_2)=\begin{vmatrix} y_1 & y_2 \\ y_1' & y_2' \end{vmatrix}=\begin{vmatrix} e^{\lambda_1x} & e^{\lambda_2x} \\ \lambda_1e^{\lambda_1x} & \lambda_2e^{\lambda_2x} \end{vmatrix}=\lambda_2e^{(\lambda_1+\lambda_2)x}-\lambda_1e^{(\lambda_1+\lambda_2)x}$$

（λ_1 と λ_2 が虚数でも，実数のときと同様に微分できる。）

$$=(\lambda_2-\lambda_1)e^{(\lambda_1+\lambda_2)x}=-2i\beta e^{2\alpha x}\neq 0$$ より，

（$\lambda_2-\lambda_1=\alpha-i\beta-(\alpha+i\beta)=-2i\beta$，$\lambda_1+\lambda_2=2\alpha$，$-2i\beta\neq 0$，$e^{2\alpha x}$：⊕）

y_1 と y_2 は 1 次独立な解なので，基本解となり得るのはいいね。
よって，任意定数 A_1，A_2 を使うと，この一般解は，

$$y=A_1e^{\lambda_1x}+A_2e^{\lambda_2x}=A_1e^{(\alpha+i\beta)x}+A_2e^{(\alpha-i\beta)x}$$

$$=A_1e^{\alpha x+i\beta x}+A_2e^{\alpha x-i\beta x}$$ （定義 $e^{x+iy}=e^x(\cos y+i\sin y)$）

$$=A_1e^{\alpha x}(\cos\beta x+i\sin\beta x)+A_2e^{\alpha x}\{\cos(-\beta x)+i\sin(-\beta x)\}$$

（$\cos(-\beta x)=\cos\beta x$，$\sin(-\beta x)=-\sin\beta x$）

$$=e^{\alpha x}(A_1\cos\beta x+iA_1\sin\beta x+A_2\cos\beta x-iA_2\sin\beta x)$$

$$=e^{\alpha x}\{(A_1+A_2)\cos\beta x+i(A_1-A_2)\sin\beta x\}$$

（新たに，これを C_1 とおき，）（C_2 とおく。）

$$=e^{\alpha x}(C_1\cos\beta x+C_2\sin\beta x)$$ となるんだね。

（ここで，$C_1=A_1+A_2$，$C_2=i(A_1-A_2)$）

つまり，この場合，2 つの実数関数 $y_1=e^{\alpha x}\cos\beta x$ と $y_2=e^{\alpha x}\sin\beta x$ を新たな基本解と考えて，一般解を求めることができる。このロンスキアン $W(y_1,\ y_2)\neq 0$ となることを，自分で確かめてごらん。以上をまとめて，定数係数 2 階同次微分方程式の解法として次に示そう。

定数係数2階同次微分方程式の解法

定数係数2階同次微分方程式：

$y'' + ay' + by = 0$ （a, b：定数） の一般解は次のように求める。

この特性方程式：

$\lambda^2 + a\lambda + b = 0$ の2つの解 λ_1, λ_2 について，

(i) λ_1, λ_2 が相異なる2実数解であるとき，

- 基本解は，$e^{\lambda_1 x}$, $e^{\lambda_2 x}$ であり，
- 一般解は，$y = C_1 e^{\lambda_1 x} + C_2 e^{\lambda_2 x}$ である。

(ii) $\lambda_1 = \lambda_2$ の重解であるとき，

- 基本解は，$e^{\lambda_1 x}$, $xe^{\lambda_1 x}$ であり，
- 一般解は，$y = C_1 e^{\lambda_1 x} + C_2 x e^{\lambda_1 x}$
  $= (C_1 + C_2 x) e^{\lambda_1 x}$ である。

(iii) λ_1, λ_2 が相異なる共役な虚数解であるとき，

$\lambda_1 = \alpha + i\beta$, $\lambda_2 = \alpha - i\beta$ (α, $\beta (\neq 0)$：実数, i：虚数単位) とおくと，

- 基本解は，$e^{\alpha x}\cos\beta x$, $e^{\alpha x}\sin\beta x$ であり，
- 一般解は，$y = C_1 e^{\alpha x}\cos\beta x + C_2 e^{\alpha x}\sin\beta x$
  $= e^{\alpha x}(C_1\cos\beta x + C_2\sin\beta x)$ である。

（ただし，C_1, C_2 は任意定数である。）

定数係数の2階同次微分方程式は，特性方程式を使えば上記のように，機械的に解けてしまうんだね。それでは，例題で練習してみよう。

例題22 次の定数係数2階同次微分方程式の一般解を求めてみよう。

(1) $y'' - y' - 2y = 0$ ………㋐ ← 例題20 (P89) の同次方程式

(2) $y'' + 4y' + 4y = 0$ ……㋑

(3) $y'' + 4y = 0$ ……………㋒ ← 例題21 (P90) の同次方程式

(4) $y'' + y' + \frac{17}{4}y = 0$ ……㋓

(1) $y'' - y' - 2y = 0$ ……㋐ について，

㋐の特性方程式　$\lambda^2 - \lambda - 2 = 0$　を解くと，

$(\lambda - 2)(\lambda + 1) = 0$　より，$\lambda = 2,\ -1$

よって，㋐の基本解は，e^{2x}，e^{-x}

∴㋐の一般解は，$y = C_1 e^{2x} + C_2 e^{-x}$

(C_1，C_2：任意定数) である。

y''，y'，yの代わりにそれぞれλ^2，λ，1が入るだけだ！

相異なる2実数解λ_1，λ_2

基本解　$e^{\lambda_1 x}$，$e^{\lambda_2 x}$

一般解　$y = C_1 e^{\lambda_1 x} + C_2 e^{\lambda_2 x}$

(2) $y'' + 4y' + 4y = 0$ ……㋑ について，

㋑の特性方程式　$\lambda^2 + 4\lambda + 4 = 0$　を解くと，

$(\lambda + 2)^2 = 0$　より，$\lambda = -2$　(重解)

よって，㋑の基本解は，e^{-2x}，xe^{-2x}

∴㋑の一般解は，$y = (C_1 + C_2 x)e^{-2x}$

(C_1，C_2：任意定数) である。

重解λ_1

基本解　$e^{\lambda_1 x}$，$xe^{\lambda_1 x}$

一般解　$(C_1 + C_2 x)e^{\lambda_1 x}$

(3) $y'' + 4y = 0$ ……㋒ について，

$y'' + 0 \cdot y' + 4y = 0$　のこと

㋒の特性方程式　$\lambda^2 + 4 = 0$　を解くと，

$\lambda^2 = -4$　より，　$\lambda = 2i,\ -2i$

よって，㋒の基本解は，$\cos 2x$，$\sin 2x$

∴㋒の一般解は，$y = C_1 \cos 2x + C_2 \sin 2x$

(C_1，C_2：任意定数) である。

相異なる共役な2つの虚数解
$\lambda_1 = 0 + 2i$，$\lambda_2 = 0 - 2i$　より
基本解は，
$\underbrace{e^{0 \cdot x}}_{1}\cos 2x$，$\underbrace{e^{0 \cdot x}}_{1}\sin 2x$

(4) $y'' + y' + \dfrac{17}{4}y = 0$ ……㋓ について，

㋓の特性方程式　$\lambda^2 + \lambda + \dfrac{17}{4} = 0$　を解くと，

$4\lambda^2 + 4\lambda + 17 = 0$

$\sqrt{-64} = 8i$

$$\lambda = \frac{-2 \pm \sqrt{4 - 4 \times 17}}{4} = -\frac{1}{2} \pm 2i$$

よって，㋓の基本解は，

$e^{-\frac{1}{2}x}\cos 2x$，$e^{-\frac{1}{2}x}\sin 2x$

相異なる共役な2つの虚数解
$\lambda_1 = -\dfrac{1}{2} + 2i$，
$\lambda_2 = -\dfrac{1}{2} - 2i$　より，基本解は，
$e^{-\frac{1}{2}x}\cos 2x$，$e^{-\frac{1}{2}x}\sin 2x$

∴㋓の一般解は，$y = e^{-\frac{1}{2}x}(C_1 \cos 2x + C_2 \sin 2x)$　(C_1，C_2：任意定数)

である。

どう？ 簡単に解けるだろう。**(3)**，**(4)** は，実は物理のバネ振り子の問題と密接に関係している。これについてもこれから解説しよう。

● バネ振り子の単振動，減衰振動をマスターしよう！

図2(ⅰ)に示すように，質量の無視できるバネに，質量 m のおもりをつけると，ある位置でつり合う。ここで，図2のように x 軸を設けてその位置を原点 0 とする。

さらに図2(ⅱ)に示すように，おもりをつり合いの位置 (0) より x だけ変位させる(引っぱる)と，バネの復元力により，おもりには次の力 f が作用する。

図2　ばね振り子の単振動

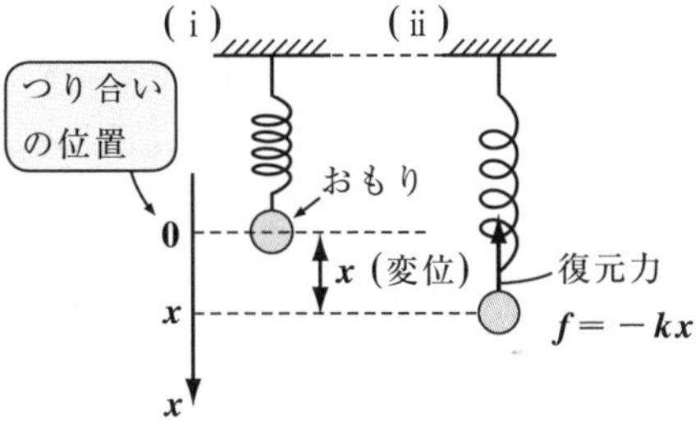

(ⅰ)　(ⅱ)
つり合いの位置
おもり
x (変位)
復元力
$f=-kx$

$f=\underline{-kx}$ ……①　$(k:$ バネ定数，$k>0)$

復元力は変位とは逆向きにおもりに作用するので，x の係数は，$-k\ (<0)$ となる。

ここで，$f=ma=m\dfrac{d^2x}{dt^2}=m\ddot{x}$ ……②

おもりの質量　加速度

物理では，時刻 t による微分を"˙"(ドット)で表す。加速度 a は，変位 x を時刻 t で2階微分したものだ。

①，②より，おもりの運動方程式は，

$m\ddot{x}=-kx$　となる。よって，$\ddot{x}+\dfrac{k}{m}x=0$　$(\because m>0)$

ここで，定数 $\dfrac{k}{m}=4$ のとき，$\ddot{x}+4x=0$ ……③　となり，

これは例題22(3) $\underline{y''+4y=0}$ の y と x の代わりに，それぞれ x と t が

この一般解は，$y=C_1\cos 2x+C_2\sin 2x$

きてるだけで，本質的に同じ微分方程式なんだね。よって，③の一般解は，

$x=C_1\cos 2t+C_2\sin 2t$ ……④　となる。

④を t で微分して，$\dot{x}=-2C_1\sin 2t+2C_2\cos 2t$ ……④′

速度 v

ここで，初期条件として，$t=0$ のとき，$x=1$，　$\dot{x}=\dfrac{dx}{dt}=0$ とすると，

初め $(t=0)$ に，おもりを $x=1$ だけ引っ張った状態からスタートするので，そのときの速度 v は，$v=\dot{x}=0$ となるね。

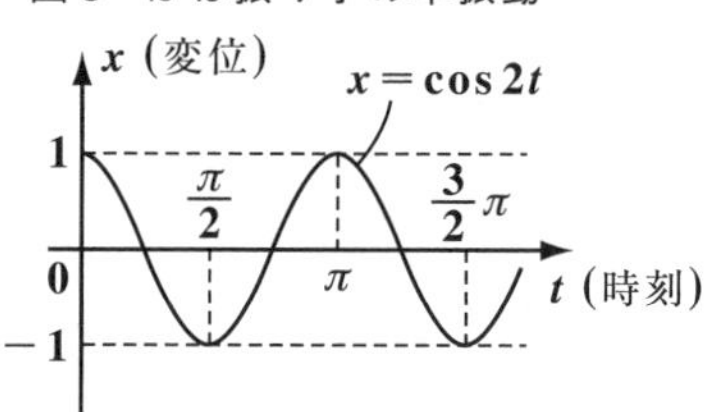

図 3　ばね振り子の単振動

④より，$1 = C_1 \cdot 1 + C_2 \cdot 0$

④′より，$0 = -2C_1 \cdot 0 + 2C_2 \cdot 1$

$\therefore C_1 = 1,\ C_2 = 0$　となるので，おもりの変位 x は $x = \cos 2t$ となって，図 3 のように単振動することが分かるだろう。

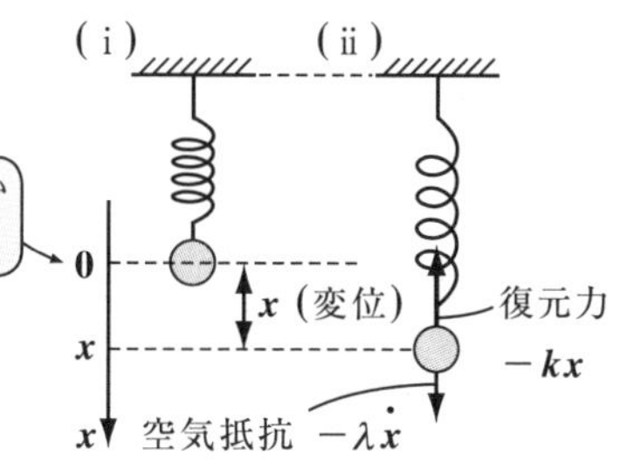

図 4　ばね振り子の減衰振動

次，図 4 (ii) に示すように，おもりに復元力だけでなく，速度に比例する空気抵抗が働く場合を考えよう。すると，おもりに作用する力 f は，

$f = -kx - \lambda\dot{x}$ ……⑤　となる。

(λ は空気抵抗の比例定数，$\lambda > 0$)

また，$f = m\ddot{x}$ ……②　より，

②と⑤から，おもりの運動方程式は，

$$m\ddot{x} = -kx - \lambda\dot{x} \quad \therefore \ddot{x} + \frac{\lambda}{m}\dot{x} + \frac{k}{m}x = 0$$

ここで，$\frac{\lambda}{m} = 1,\ \frac{k}{m} = \frac{17}{4}$ のとき，$\ddot{x} + \dot{x} + \frac{17}{4}x = 0$ ……⑥　となって，

これは，例題 22 (4) $y'' + y' + \frac{17}{4}x = 0$　と本質的に同じ微分方程式だ。

この一般解は，$y = e^{-\frac{1}{2}x}(C_1\cos 2x + C_2\sin 2x)$

よって，⑥の一般解は，$x = e^{-\frac{1}{2}t}(C_1\cos 2t + C_2\sin 2t)$ ……⑦　となる。

⑦を t で微分して，

$$\dot{x} = e^{-\frac{1}{2}t}\left\{\left(-\frac{1}{2}C_1 + 2C_2\right)\cos 2t + \left(-\frac{1}{2}C_2 - 2C_1\right)\sin 2t\right\} \cdots\cdots ⑦'$$

ここで，初期条件として，$t = 0$ のとき，$x = 1,\ \dot{x} = 0$ とすると，

⑦より，$1 = C_1$　　⑦′より，$0 = -\frac{1}{2}C_1 + 2C_2$

$\therefore C_1 = 1,\ C_2 = \frac{1}{4}$　となるので，

このときのおもりの変位 x は，

$x = e^{-\frac{1}{2}t}\left(\cos 2t + \frac{1}{4}\sin 2t\right)$ となって，

図 5 のように減衰振動するんだね。

図 5　ばね振り子の減衰振動

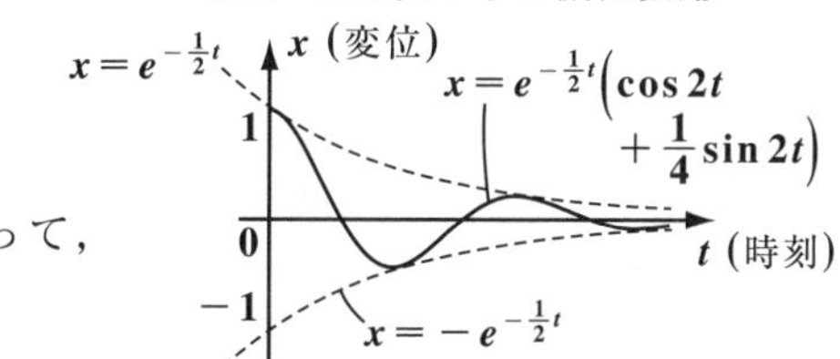

演習問題 6	●定数係数 2 階非同次微分方程式●

微分方程式 $y''-4y'+4y=6xe^{2x}$ ……① について，
①の特殊解が，$y_0=x^3e^{2x}$ であることを確認して，①の一般解を求めよ。

ヒント！ 非同次の方程式①の特殊解 y_0 が与えられているので，後は①の同伴方程式の一般解（余関数）Y を求めれば，①の一般解は $y=y_0+Y$ で求まるんだね。

解答&解説

$y''-4y'+4y=6xe^{2x}$ ……① について，

$y_0=x^3e^{2x}$ ……② とおき，これを x で順に 2 階微分すると，

$y_0'=3x^2e^{2x}+2x^3e^{2x}=(3x^2+2x^3)e^{2x}$ ……③

$y_0''=(6x+6x^2)e^{2x}+2(3x^2+2x^3)e^{2x}=(6x+12x^2+4x^3)e^{2x}$ ……④

以上④，③，②を①の左辺に代入すると，

$y_0''-4y_0'+4y_0=(6x+12x^2+4x^3)e^{2x}-4(3x^2+2x^3)e^{2x}+4x^3e^{2x}$

$=6xe^{2x}=$（①の右辺） となって，①をみたす。

$\therefore$ $y_0=x^3e^{2x}$ ……② は，①の特殊解である。

よって，①の余関数 Y を求めればよい。

①の同伴方程式を $y''-4y'+4y=0$ ……⑤ とおくと，

⑤の特性方程式は，$\lambda^2-4\lambda+4=0$ 　 $(\lambda-2)^2=0$

$\therefore$ $\lambda=2$ （重解） をもつ。

よって，同伴方程式⑤の一般解（余関数）を Y とおくと，

$Y=(C_1+C_2x)e^{2x}$ ……⑥

定数係数 2 階同次微分方程式の特性方程式が重解 λ_1 をもつとき，その一般解 Y は，$Y=(C_1+C_2x)e^{\lambda_1x}$ だね。

以上②，⑥より，①の微分方程式の一般解は，

$y=y_0+Y=x^3e^{2x}+(C_1+C_2x)e^{2x}$ である。

実践問題 6	● 定数係数 2 階非同次微分方程式 ●

微分方程式 $y''-2y'+y=e^x\cos x$ ……① について，①の特殊解が，

$y_0=-e^x\cos x$ であることを確認して，①の一般解を求めよ。

ヒント！ 非同次の方程式①の特殊解 y_0 が与えられているので，後は①の余関数 Y を求めて，y_0+Y の形で一般解 y を求めればいいんだね。

解答＆解説

$y''-2y'+y=e^x\cos x$ ……① について，

$y_0=-e^x\cos x$ ……② とおき，これを x で順に 2 階微分すると，

$y_0'=-e^x\cos x-e^x\cdot(-\sin x)=$ (ア) ……③

$y_0''=e^x(\sin x-\cos x)+e^x(\cos x+\sin x)=$ (イ) ……④

以上④，③，②を①の左辺に代入すると，

$y_0''-2y_0'+y_0=2e^x\sin x-2e^x(\sin x-\cos x)-e^x\cos x$

$=$ (ウ) $=$(①の右辺) となって，①をみたす。

$\therefore\ y_0=-e^x\cos x$ ……② は，①の特殊解である。

よって，①の余関数 Y を求めればよい。

①の同伴方程式を $y''-2y'+y=0$ ……⑤ とおくと，

⑤の特性方程式は，(エ) $(\lambda-1)^2=0$

$\therefore\ \lambda=1$ (重解) をもつ。

よって，同伴方程式⑤の一般解 (余関数) を Y とおくと，

$Y=$ (オ) ……⑥

以上②，⑥より，①の微分方程式の一般解は，

$y=y_0+Y=-e^x\cos x+$ (オ) である。

解答 (ア) $e^x(\sin x-\cos x)$　(イ) $2e^x\sin x$　(ウ) $e^x\cos x$

(エ) $\lambda^2-2\lambda+1=0$　(オ) $(C_1+C_2x)e^x$

§2. 2階線形微分方程式(Ⅱ)

前回は"**定数係数2階同次微分方程式**"の解法を中心に解説した。そして,

($y''+ay'+by=0$　(a, b:定数)の形の方程式)

この一般解 $Y=C_1y_1+C_2y_2$ が,特性方程式を使って容易に求まることも教えたんだね。でも,"**定数係数2階非同次微分方程式**"の特殊解 y_0 の求め

($y''+ay'+by=R(x)$　(a, b:定数)の形の方程式)

方についてはまだ触れていなかったので,まずこの求め方について解説しよう。そして,さらにこの解法を突破口にして一般の(定数係数ではない)**2**階線形微分方程式の解き方についても教えるつもりだ。内容満載だけど,面白いと思うよ。

● 定数係数2階非同次微分方程式の一般解を求めよう!

定数係数**2**階非同次微分方程式

$y''+ay'+by=R(x)$ ……①　(a, b:定数)

の一般解は,$y=\underline{y_0}+\underline{C_1y_1+C_2y_2}$ となるんだった。

(y_0:①の特殊解)　($C_1y_1+C_2y_2$:余関数(同伴方程式の一般解))

ここで y_0 は①の特殊解だね。

そして,$C_1y_1+C_2y_2$ は①の同伴方程式(同次方程式):

$y''+ay'+by=0$ ……②　の一般解で,基本解 y_1, y_2 はこの特性方程式 $\lambda^2+a\lambda+b=0$ を解いて求めることができるんだった。

だから,y_1, y_2 を基に①の特殊解 y_0 を求める方法をマスターすれば,①の一般解を求めることができるんだね。その公式をまず下に示そう。

基本解 y_1, y_2 から特殊解 y_0 を求める方法

$y''+ay'+by=R(x)$ ……①　について,

①の同伴方程式:$y''+ay'+by=0$ ……②の基本解を y_1, y_2 とおくと,非同次方程式①の特殊解 y_0 は次の公式で求まる。

$$y_0=-y_1\int\frac{y_2R(x)}{W(y_1,\ y_2)}dx+y_2\int\frac{y_1R(x)}{W(y_1,\ y_2)}dx$$

(ただし,$W(y_1, y_2)=\begin{vmatrix} y_1 & y_2 \\ y_1' & y_2' \end{vmatrix}=y_1y_2'-y_1'y_2$ である。)

公式が難しそうだって？ そうでもないよ。これは意外と簡単に導ける。

①の特殊解 y_0 が，余関数 $C_1y_1+C_2y_2$ の C_1 と C_2 が共に x の関数 $C_1(x)$，$C_2(x)$ で表されるものとする。すなわち，

$y_0=C_1(x)\cdot y_1+C_2(x)\cdot y_2$ ……③で表されるものとする。

これは“定数変化法”だね。

③の両辺を x で微分して，

$$y_0'=(C_1'\cdot y_1+C_1\cdot y_1')+(C_2'\cdot y_2+C_2\cdot y_2')$$

$$y_0'=\underbrace{C_1'y_1+C_2'y_2}_{0\text{とおく}}+C_1y_1'+C_2y_2'$$

ここで，$C_1'y_1+C_2'y_2=0$ ……④とおく。すると，

$y_0'=C_1y_1'+C_2y_2'$ ……⑤となる。

⑤の両辺をさらに x で微分して，

$$y_0''=(C_1'y_1'+C_1y_1'')+(C_2'y_2'+C_2y_2'')$$

$$y_0''=C_1y_1''+C_2y_2''+C_1'y_1'+C_2'y_2' \quad \cdots\cdots ⑥$$

y_0 は①の特殊解より，これを①に代入しても成り立つ。よって，

$y_0''+ay_0'+by_0=R(x)$ となる。

$y_0'=C_1y_1'+C_2y_2'$，$y_0=C_1y_1+C_2y_2$ ← ⑤，③より

$y_0''=C_1y_1''+C_2y_2''+C_1'y_1'+C_2'y_2'$ ← ⑥より

⑥，⑤，③より，

$$C_1y_1''+C_2y_2''+C_1'y_1'+C_2'y_2'+a(C_1y_1'+C_2y_2')+b(C_1y_1+C_2y_2)=R(x)$$

$$\underbrace{C_1(y_1''+ay_1'+by_1)}_{0\ (\because y_1\text{は②の解})}+\underbrace{C_2(y_2''+ay_2'+by_2)}_{0\ (\because y_2\text{は②の解})}+C_1'y_1'+C_2'y_2'=R(x)$$

ここで，y_1，y_2 は①の同伴方程式②の解より，

$y_1''+ay_1'+by_1=0$，かつ $y_2''+ay_2'+by_2=0$ となる。よって

$C_1'y_1'+C_2'y_2'=R(x)$ ……⑦

以上より，④，⑦を併記して，

C_1' と C_2' を求める連立 1 次方程式の形に書き変える！

$$\begin{cases} y_1C_1'+y_2C_2'=0 \\ y_1'C_1'+y_2'C_2'=R(x) \end{cases} \quad \text{よって，} \quad \begin{bmatrix} y_1 & y_2 \\ y_1' & y_2' \end{bmatrix}\begin{bmatrix} C_1' \\ C_2' \end{bmatrix}=\begin{bmatrix} 0 \\ R(x) \end{bmatrix} \cdots\cdots ⑧$$

ここで，y_1 と y_2 は基本解より，このロンスキアン $W(y_1,\ y_2)$ は

$$W(y_1,\ y_2)=\begin{vmatrix} y_1 & y_2 \\ y_1' & y_2' \end{vmatrix}=y_1y_2'-y_1'y_2\neq 0 \text{ である。}$$

よって，$\begin{bmatrix} y_1 & y_2 \\ y_1' & y_2' \end{bmatrix}\begin{bmatrix} C_1' \\ C_2' \end{bmatrix}=\begin{bmatrix} 0 \\ R(x) \end{bmatrix}$ ……⑧

の両辺に逆行列 $\begin{bmatrix} y_1 & y_2 \\ y_1' & y_2' \end{bmatrix}^{-1}=\dfrac{1}{W(y_1,\ y_2)}\begin{bmatrix} y_2' & -y_2 \\ -y_1' & y_1 \end{bmatrix}$ を左からかけると，

$$\begin{bmatrix} C_1' \\ C_2' \end{bmatrix}=\frac{1}{W(y_1,\ y_2)}\begin{bmatrix} y_2' & -y_2 \\ -y_1' & y_1 \end{bmatrix}\begin{bmatrix} 0 \\ R(x) \end{bmatrix}=\frac{1}{W(y_1,\ y_2)}\begin{bmatrix} -y_2\cdot R(x) \\ y_1\cdot R(x) \end{bmatrix}$$

以上より，$C_1'=-\dfrac{y_2\cdot R(x)}{W(y_1,\ y_2)}$，$C_2'=\dfrac{y_1\cdot R(x)}{W(y_1,\ y_2)}$ となる。

この **2** 式の両辺を x で積分して $C_1(x)$，$C_2(x)$ は，

$\underline{\underline{C_1(x)}}=\underline{\underline{-\displaystyle\int\frac{y_2R(x)}{W(y_1,\ y_2)}dx}}$，$\underline{C_2(x)}=\underline{\displaystyle\int\frac{y_1R(x)}{W(y_1,\ y_2)}dx}$ と求まる。

ゆえに，これらを $y_0=\underline{\underline{C_1(x)}}y_1+\underline{C_2(x)}y_2$ ……③に代入して

$$y_0=-y_1\int\frac{y_2R(x)}{W(y_1,\ y_2)}dx+y_2\int\frac{y_1R(x)}{W(y_1,\ y_2)}dx$$ となる。

つまり，非同次方程式①の特殊解の公式が導けたんだね。納得いった？

これまで，定数係数 **2** 階非同次微分方程式については例題 **20(P89)**，例題 **21(P90)**，演習問題 **6(P98)**，実践問題 **6(P99)** で取り扱ったけれど，これらはすべて，特殊解が予め与えられていることによって解いたんだね。つまり，自転車で言うなら，補助車輪付きの解法だったんだ。しかし，この特殊解も，自力で求めれるようになったので，補助車輪なしでこれらの問題も解けるようになったんだね。

上記の公式の使い方に慣れるために，結果は分かっているけれど，補助車輪なしで，もう **1** 度，これら **4** 題の微分方程式を解いてみることにしよう。

例題 23　次の定数係数 **2** 階非同次微分方程式の一般解を求めよう。

(1) $y''-y'-2y=e^x$ ……………㋐ ←例題 **20(2)** (**P89**)

(2) $y''+4y=\cos x$ ……………㋑ ←例題 **21(2)** (**P90**)

(3) $y''-4y'+4y=6xe^{2x}$ ……㋒ ←演習問題 **6** (**P98**)

(4) $y''-2y'+y=e^x\cos x$ ……㋓ ←実践問題 **6** (**P99**)

(1) ㋐の同伴方程式: $y''-y'-2y=0$ の特性方程式: $\lambda^2-\lambda-2=0$ を解いて,

$(\lambda-2)(\lambda+1)=0$　　$\therefore \lambda=2,\ -1$

よって，この基本解は，$y_1=e^{2x}$，$y_2=e^{-x}$ となるので，

㋐の余関数 Y は，$\underline{\underline{Y}}=\underline{\underline{C_1e^{2x}+C_2e^{-x}}}$ だ。 ← ここまではサクッと解こう！

ここで，y_1 と y_2 のロンスキアン $W(y_1,\ y_2)$ は,

$$W(y_1,\ y_2)=\begin{vmatrix} y_1 & y_2 \\ y_1' & y_2' \end{vmatrix}=\begin{vmatrix} e^{2x} & e^{-x} \\ 2e^{2x} & -e^{-x} \end{vmatrix}=-e^x-2e^x=-3e^x\ \ (\neq 0)$$

よって，㋐の特殊解 y_0 は公式を用いて,

$$\underline{y_0}=-\underbrace{y_1}_{e^{2x}}\int\frac{\overbrace{y_2}^{e^{-x}}\overbrace{R(x)}^{e^x}}{\underbrace{W(y_1,\ y_2)}_{-3e^x}}dx+\underbrace{y_2}_{e^{-x}}\int\frac{\overbrace{y_1}^{e^{2x}}\overbrace{R(x)}^{e^x}}{\underbrace{W(y_1,\ y_2)}_{-3e^x}}dx$$

$$=-e^{2x}\int\frac{e^{-x}\cdot e^x}{-3e^x}dx+e^{-x}\int\frac{e^{2x}\cdot e^x}{-3e^x}dx$$

$$=\frac{1}{3}e^{2x}\int e^{-x}dx-\frac{1}{3}e^{-x}\int e^{2x}dx$$

$$=\frac{1}{3}e^{2x}(-e^{-x})-\frac{1}{3}e^{-x}\left(\frac{1}{2}e^{2x}\right)=-\frac{1}{3}e^x-\frac{1}{6}e^x$$ ← 特殊解 y_0 を 1 つ求めればいいので，任意定数は不要だ！

$\therefore \underline{y_0}=\underline{-\frac{1}{2}e^x}$ となる。 ← P89 で与えられた特殊解が導けた！

以上より，求める㋐の一般解は，$y=\underline{-\frac{1}{2}e^x}+\underline{\underline{C_1e^{2x}+C_2e^{-x}}}$ である。

大丈夫？

注意 ここで，$y_1=e^{2x}$，$y_2=e^{-x}$ を入れ替えて，$y_1=e^{-x}$，$y_2=e^{2x}$ としたら，特殊解の公式 $y_0=-y_1\int\frac{y_2R}{W}dx+y_2\int\frac{y_1R}{W}dx$ から y_0 の符号が変わるんじゃないか？ と疑問に思っている人がいるかも知れないね。でも，符号は変化しない！何故なら，y_1 と y_2 の関数を入れ替えたら，ロンスキアンの第 1 列と第 2 列が入れ替わるので，この行列式の符号も変化するからだ。納得いった？

だから，$y_1=e^{-x}$, $y_2=e^{2x}$ として特殊解を求めても，同じ $y_0=-\frac{1}{2}e^x$ が導かれるんだよ。良い練習になるから，自分で確認しておくといいよ。

(2) $y'' + 4y = \underset{}{\overset{R(x)}{\boxed{\cos x}}}$ ……㋑の同伴方程式：$y'' + 4y = 0$ の特性方程式：

$\lambda^2 + 4 = 0$ を解いて，$\lambda = \pm 2i$

よって，この基本解は，$y_1 = \cos 2x$，$y_2 = \sin 2x$ となるので，

㋑の余関数 Y は，$\underline{\underline{Y}} = \underline{\underline{C_1 \cos 2x + C_2 \sin 2x}}$ だ。

ここで，y_1 と y_2 のロンスキアン $W(y_1,\ y_2)$ は

$$W(y_1, y_2) = \begin{vmatrix} \cos 2x & \sin 2x \\ -2\sin 2x & 2\cos 2x \end{vmatrix} = 2\cos^2 2x + 2\sin^2 2x = 2 \ (\neq 0)$$

よって，㋑の特殊解 y_0 は公式を用いて，

$$y_0 = -\underbrace{y_1}_{\cos 2x}\int \frac{\overset{\sin 2x}{y_2}\,\overset{\cos x}{R(x)}}{\underbrace{W(y_1,\ y_2)}_{2}}dx + \underbrace{y_2}_{\sin 2x}\int \frac{\overset{\cos 2x}{y_1}\,\overset{\cos x}{R(x)}}{\underbrace{W(y_1,\ y_2)}_{2}}dx$$

$$= -\frac{1}{2}\cos 2x\int \underbrace{\sin 2x \cdot \cos x}_{\frac{1}{2}(\sin 3x + \sin x)}dx + \frac{1}{2}\sin 2x\int \underbrace{\cos 2x \cdot \cos x}_{\frac{1}{2}(\cos 3x + \cos x)}dx$$

$\sin\alpha\cos\beta = \frac{1}{2}\{\sin(\alpha+\beta) + \sin(\alpha-\beta)\}$　$\cos\alpha\cos\beta = \frac{1}{2}\{\cos(\alpha+\beta) + \cos(\alpha-\beta)\}$

積→和の公式

$$= -\frac{1}{4}\cos 2x\int (\sin 3x + \sin x)\,dx + \frac{1}{4}\sin 2x\int (\cos 3x + \cos x)\,dx$$

$$= -\frac{1}{4}\cos 2x\left(-\frac{1}{3}\cos 3x - \cos x\right) + \frac{1}{4}\sin 2x\left(\frac{1}{3}\sin 3x + \sin x\right)$$

$$= \frac{1}{12}\underbrace{(\cos 3x \cdot \cos 2x + \sin 3x \cdot \sin 2x)}_{\cos(3x-2x) = \cos x} + \frac{1}{4}\underbrace{(\cos 2x \cdot \cos x + \sin 2x \cdot \sin x)}_{\cos(2x-x) = \cos x}$$

加法定理：$\cos\alpha\cos\beta + \sin\alpha\sin\beta = \cos(\alpha-\beta)$

$\therefore\ \underline{y_0} = \left(\frac{1}{12} + \frac{1}{4}\right)\cos x = \underline{\frac{1}{3}\cos x}$ となる。← P90で与えられた特殊解と同じものが導けた！

以上より，㋑の一般解は，

$$y = \underline{\frac{1}{3}\cos x} + \underline{\underline{C_1\cos 2x + C_2\sin 2x}} \quad \text{である。}$$

(3) $y'' - 4y' + 4y = \underset{R(x)}{\boxed{6xe^{2x}}}$ …㋒ の同伴方程式 : $y'' - 4y' + 4y = 0$ の特性方程式 :

$\lambda^2 - 4\lambda + 4 = 0$　　$(\lambda - 2)^2 = 0$ を解いて，$\lambda = 2$ (重解)

よって，この基本解は，$y_1 = e^{2x}$，$y_2 = xe^{2x}$ となるので，

㋒ の余関数 Y は，$Y = C_1e^{2x} + C_2xe^{2x} = (C_1 + C_2x)e^{2x}$ である。

ここで，y_1 と y_2 のロンスキアン $W(y_1,\ y_2)$ は，

$$W(y_1,\ y_2) = \begin{vmatrix} e^{2x} & xe^{2x} \\ 2e^{2x} & (1+2x)e^{2x} \end{vmatrix} = (1 + \cancel{2x})e^{4x} - \cancel{2xe^{4x}} = e^{4x}\quad (\neq 0)$$

よって，㋒ の特殊解 y_0 は公式を用いて，

$$y_0 = -\underset{e^{2x}}{y_1}\int\frac{\overset{xe^{2x}}{y_2}\overset{6xe^{2x}}{R(x)}}{\underset{e^{4x}}{W(y_1,\ y_2)}}dx + \underset{xe^{2x}}{y_2}\int\frac{\overset{e^{2x}}{y_1}\overset{6xe^{2x}}{R(x)}}{\underset{e^{4x}}{W(y_1,\ y_2)}}dx$$

$$= -e^{2x}\underbrace{\int\frac{x\cancel{e^{2x}}\cdot 6x\cancel{e^{2x}}}{\cancel{e^{4x}}}dx}_{\int 6x^2dx = 2x^3} + xe^{2x}\underbrace{\int\frac{\cancel{e^{2x}}\cdot 6x\cancel{e^{2x}}}{\cancel{e^{4x}}}dx}_{\int 6x\,dx = 3x^2}$$

$$= -2x^3e^{2x} + 3x^3e^{2x}$$

$\therefore\ y_0 = x^3e^{2x}$ となる。 ← **P98** で与えられた特殊解と同じものが導けた！

以上より，求める ㋒ の一般解は，

$y = x^3e^{2x} + (C_1 + C_2x)e^{2x}$　である。ずい分この解法にも慣れただろう？

(4) $y'' - 2y' + y = \underset{R(x)}{\boxed{e^x\cos x}}$ …㋓ の同伴方程式 : $y'' - 2y' + y = 0$ の特性方程式 :

$\lambda^2 - 2\lambda + 1 = 0$　　$(\lambda - 1)^2 = 0$ を解いて，$\lambda = 1$ (重解)

よって，この基本解は，$y_1 = e^x$，$y_2 = xe^x$ となるので，

㋓ の余関数 Y は，$Y = C_1e^x + C_2xe^x = (C_1 + C_2x)e^x$ である。

ここで，y_1 と y_2 のロンスキアン $W(y_1,\ y_2)$ は，

$$W(y_1,\ y_2) = \begin{vmatrix} e^x & xe^x \\ e^x & (1+x)e^x \end{vmatrix} = (1 + \cancel{x})e^{2x} - \cancel{xe^{2x}} = e^{2x}\quad (\neq 0)$$

よって，㋓ の特殊解 y_0 は公式を用いて，

$$y_0 = -\underset{e^x}{\boxed{y_1}}\int \frac{\overset{xe^x}{\boxed{y_2}}\overset{e^x\cos x}{\boxed{R(x)}}}{\underset{e^{2x}}{\boxed{W(y_1,\ y_2)}}}dx + \underset{xe^x}{\boxed{y_2}}\int \frac{\overset{e^x}{\boxed{y_1}}\overset{e^x\cos x}{\boxed{R(x)}}}{\underset{e^{2x}}{\boxed{W(y_1,\ y_2)}}}dx$$

$$= -e^x\int x\cos x\,dx + xe^x\int \cos x\,dx$$

$\int \cos x\,dx = \sin x$

$\int x(\sin x)'dx = x\sin x - \int 1\cdot\sin x dx = x\sin x + \cos x$

部分積分の公式：
$\int fg'\,dx = fg - \int f'g\,dx$

$$= -e^x(x\sin x + \cos x) + xe^x\sin x$$

$\therefore\ y_0 = -e^x\cos x$ となる。

P99 で与えられた特殊解と同じものが導けた！

以上より，求める㊁の一般解は，

$y = -e^x\cos x + (C_1 + C_2x)e^x$　である。

これで，"定数係数 2 階非同次微分方程式"を補助車輪なしにスイスイ解けるようになったはずだ！　よかったね (^_^)！

● 同伴方程式の 1 つの特殊解からでも一般解は求まる！

定数係数 2 階非同次微分方程式：$y'' + ay' + by = R(x)$ ……①について，もう 1 つ重要な解法を教えておこう。

これにより，①の同伴方程式：$y'' + ay' + by = 0$ ……②の基本解の 1 つ (特殊解) y_1 が与えられれば，それを基に①の一般解を求めることができる。これは公式として覚えるのではなく，解法のプロセスを覚えるといいんだよ。

y_1 から一般解 y を求める方法

$y'' + ay' + by = R(x)$ ……①について，

①の同伴方程式：$y'' + ay' + by = 0$ ……②の 1 つの基本解を $y_1 (\neq 0)$ とおく。このとき，非同次方程式①の一般解を

$y = u\cdot y_1$ ……③とおく。($u = u(x)$)　← x の関数

③の両辺を順に x で 2 階微分して，

$y' = u'y_1 + uy_1'$ ……………………④

$y'' = u''y_1 + 2u'y_1' + uy_1''$ ……⑤

③は①の解より，⑤，④，③を①に代入して，

$$u''y_1+2u'y_1'+\underline{uy_1''}+a(u'y_1+\underline{uy_1'})+\underline{buy_1}=R(x)$$

$$\underbrace{u(y_1''+ay_1'+by_1)}_{0\ (\because\ y_1\text{ は，②の解})}+y_1\cdot u''+(2y_1'+ay_1)u'=R(x)$$

ここで，y_1 は②の解より，$y_1''+ay_1'+by_1=0$ となる。よって，

$$y_1\cdot u''+(2y_1'+ay_1)u'=R(x)$$

両辺を y_1 ($\neq 0$) で割り，さらに $u'=p$ とおくと，$u''=p'$ より，

$\left(\dfrac{du}{dx}=p\right)$　$\left(\dfrac{d^2u}{dx^2}=\dfrac{dp}{dx}\right)$

$$p'+\underbrace{\left(\frac{2y_1'}{y_1}+a\right)}_{P_0(x)}p=\underbrace{\frac{R(x)}{y_1}}_{Q_0(x)}$$

ここで，$P_0(x)=\dfrac{2y_1'}{y_1}+a$，$Q_0(x)=\dfrac{R(x)}{y_1}$ とおくと，

$p'+P_0(x)\cdot p=Q_0(x)$ となるので，

これは，p についての 1 階線形微分方程式である。

よって，解の公式より，

$$p=\frac{du}{dx}=e^{-\int P_0dx}\left(\int Q_0e^{\int P_0dx}dx+C_1\right)$$ となる。

これをさらに x で積分して，$u=\dfrac{y}{y_1}$ を求め，これから一般解 y を導けばいいんだよ。

解法の手順は分かったと思うので，これについても，次の例題で実際に練習してみよう。これは例題 **23(P102)** の **(1)** と **(3)** の問題と同一問題だ。

例題 **24**　次の定数係数 2 階非同次微分方程式の一般解を求めよう。

(1) $y''-y'-2y=e^x$ …………㋐　←（例題 **20(2) (P89)**）

(2) $y''-4y'+4y=6xe^{2x}$ ……㋑　←（演習問題 **6 (P98)**）

(1) $y'' - y' - 2y = e^x$ ……㋐ の同伴方程式：$y'' - y' - 2y = 0$ の

特性方程式：$\lambda^2 - \lambda - 2 = 0$ を解いて，$(\lambda - 2)(\lambda + 1) = 0$ $\therefore \lambda = 2,\ -1$

よって，㋐の同伴方程式の基本解の 1 つは，$y_1 = e^{2x}$ である。

これから，非同次方程式㋐の一般解を，

$y = u(x) \cdot e^{2x}$ ……㋐′ とおく。 ← これも，$y = C_1 e^{2x}$ の C_1 を $u(x)$ とおく，"定数変化法" の 1 つだ。

㋐′ の両辺を順に x で 2 階微分すると，

$y' = u' \cdot e^{2x} + u \cdot 2e^{2x} = (u' + 2u)e^{2x}$ ……㋐″

$y'' = (u'' + 2u')e^{2x} + (u' + 2u) \cdot 2e^{2x}$

$= (u'' + 4u' + 4u)e^{2x}$ ……………………㋐‴

㋐′ は㋐の解より，㋐‴，㋐″，㋐′ を㋐に代入して，

$(u'' + 4u' + 4u)e^{2x} - (u' + 2u)e^{2x} - 2 \cdot ue^{2x} = e^x$

$(u'' + 3u')e^{2x} = e^x$ ← 必ず，u の項が消える！

$e^{2x} \neq 0$ より，両辺を e^{2x} で割って，

$\underset{p'}{u''} + 3\underset{p}{u'} = e^{-x}$ ここで $u' = p$ とおくと，$u'' = p'$ より，

$p' + \underset{P_0(x)}{3}p = \underset{Q_0(x)}{e^{-x}}$

これは p についての 1 階線形微分方程式なので，解の公式より，

1 階線形微分方程式：
$y' + P_0 y = Q_0$ の一般解は，
$y = e^{-\int P_0 dx}\left(\int Q_0 e^{\int P_0 dx} dx + C_1\right)$

$p = \underbrace{e^{-\int 3dx}}_{e^{-3x}}\left(\int e^{-x} \cdot e^{\int 3dx} dx + C_1'\right)$ （C_1'：任意定数）

$\int e^{-x} \cdot e^{3x} dx = \int e^{2x} dx = \frac{1}{2}e^{2x}$

$= e^{-3x}\left(\frac{1}{2}e^{2x} + C_1'\right)$

$\therefore p = \frac{du}{dx} = \frac{1}{2}e^{-x} + C_1' e^{-3x}$

この両辺をさらに x で積分して，

$u = \int \left(\frac{1}{2}e^{-x} + C_1' e^{-3x}\right)dx = -\frac{1}{2}e^{-x} - \underbrace{\frac{C_1'}{3}}_{C_1 \text{とおく}} e^{-3x} + C_2$ $\left[= \frac{y}{e^{2x}}\right]$

以上より，求める㋐の一般解は，

$$y = e^{2x}\left(-\frac{1}{2}e^{-x} + C_1 e^{-3x} + C_2\right) \quad \left(\text{ただし，} C_1 = -\frac{C_1'}{3}\right)$$

$\therefore\ y = -\frac{1}{2}e^{x} + C_1 e^{-x} + C_2 e^{2x}$ である。

これは，任意定数 C_1 と C_2 が逆なだけで，**P103** の結果とまったく同じものであることが分かるね。また，この問題では基本解の **1** つを $y_1 = e^{-x}$ として，一般解 $y = ue^{-x}$ として解いても，同じ結果が導ける。自分で確かめてみるといいよ。これも良い練習になるからね。

(2) $y'' - 4y' + 4y = 6xe^{2x}$ ……㋑ の同伴方程式：$y'' - 4y' + 4y = 0$ の特性方程式：$\lambda^2 - 4\lambda + 4 = 0$ を解いて，$(\lambda - 2)^2 = 0 \quad \therefore\ \lambda = 2$（重解）

よって，㋑ の同伴方程式の基本解の **1** つは，$y_1 = e^{2x}$ である。

これから，非同次方程式 ㋑ の一般解を，

$y = u(x)\cdot e^{2x}$ ……㋑′ とおいて，求める。

㋑′ の両辺を順に x で **2** 階微分して，

$$y' = u'e^{2x} + u\cdot 2e^{2x} = (u' + 2u)\cdot e^{2x} \quad \cdots\cdots ㋑''$$

$$y'' = (u'' + 2u')e^{2x} + (u' + 2u)\cdot 2e^{2x}$$

$$= (u'' + 4u' + 4u)e^{2x} \quad \cdots\cdots\cdots\cdots\cdots\cdots ㋑'''$$

㋑′ は ㋑ の解より，㋑‴，㋑″，㋑′ を ㋑ に代入して，

$$(u'' + 4u' + 4u)e^{2x} - 4(u' + 2u)e^{2x} + 4\cdot ue^{2x} = 6xe^{2x}$$

$$u''e^{2x} = 6xe^{2x}$$ ← アリャ，今回は u だけでなく，u' まで消えた！ ラッキー (^_^)!

両辺を e^{2x} で割って，

$u'' = 6x$ ← 2 階の直接積分形

この両辺を **2** 回，x で積分して，

$$u' = \int 6x\,dx = 3x^2 + C_1$$

$$u = \int (3x^2 + C_1)\,dx = x^3 + C_1 x + C_2 \quad \left[= \frac{y}{e^{2x}}\right]$$

以上より，求める ㋑ の一般解は，

$$y = e^{2x}(x^3 + C_1 x + C_2)$$

$\therefore\ y = x^3 e^{2x} + (C_1 x + C_2)e^{2x}$ である。

これも，**P105** の結果と本質的に同じものだね。納得いった？

● 一般の2階線形微分方程式にも応用しよう！

これまで解説してきた"定数係数2階非同次微分方程式"の2つの解法パターンは定数係数ではない一般の"2階線形微分方程式"：
$y''+P(x)y'+Q(x)y=R(x)$ ……①の解法にも利用できるんだよ。
この解法パターンを下にまとめて示そう。

2階線形微分方程式の2つの解法

2階線形微分方程式：
$y''+P(x)y'+Q(x)y=R(x)$ ……①と，この同伴方程式：
$y''+P(x)y'+Q(x)y=0$ …………②について，

(Ⅰ) 同伴方程式②の基本解 y_1，y_2 が分かっている場合，非同次方程式①の特殊解 y_0 は，

$$y_0=-y_1\int\frac{y_2\cdot R(x)}{W(y_1,\ y_2)}dx+y_2\int\frac{y_1\cdot R(x)}{W(y_1,\ y_2)}dx$$ となる。

よって，①の一般解は，$y=y_0+C_1y_1+C_2y_2$ である。

(Ⅱ) 同伴方程式②の基本解の1つ $y_1(\neq 0)$ が分かっている場合，
非同次方程式①の一般解 y を
$y=u\cdot y_1$ とおくと，
$y'=u'y_1+uy_1'$，$y''=u''y_1+2u'y_1'+uy_1''$ となる。
これらを①に代入してまとめると，

$$u''y_1+2u'y_1'+uy_1''+P(x)(u'y_1+uy_1')+Q(x)u\cdot y_1=R(x)$$
$$u\{y_1''+P(x)y_1'+Q(x)y_1\}+y_1u''+\{2y_1'+P(x)y_1\}u'=R(x)$$

0 ($\because$ y_1 は②の解) ← u の項は必ず消える。

$$u''+\left\{\frac{2y_1'}{y_1}+P(x)\right\}u'=\frac{R(x)}{y_1}\quad(\because\ y_1\neq 0)$$

ここで，$u'=p$ とおくと，これは p の1階線形微分方程式より，p を求めた後，u を求め，そして一般解 y を求める。

(Ⅰ) 同伴方程式②の基本解 y_1, y_2 が分かっている場合，①の特殊解 y_0 の導出の仕方は，定数係数2階非同次微分方程式のときとまったく同様だけれど，念のため，簡単に示しておこう。

余関数 $C_1y_1+C_2y_2$ の C_1, C_2 を共に x の関数 $C_1=C_1(x)$, $C_2=C_2(x)$ とおいて，これを特殊解 $y_0=C_1(x)\cdot y_1+C_2(x)\cdot y_2$ ……③とおけるものとする。これを微分して，

$$y_0'=\underbrace{C_1'y_1+C_2'y_2}_{0}+C_1y_1'+C_2y_2'$$

ここで，$C_1'y_1+C_2'y_2=0$ ……④とおくと，

$y_0'=C_1y_1'+C_2y_2'$ ……⑤　これをさらに微分して，

$y_0''=C_1y_1''+C_2y_2''+C_1'y_1'+C_2'y_2'$ ……⑥

⑥, ⑤, ③を①に代入してまとめると，

$$C_1\underbrace{\{y_1''+P(x)y_1'+Q(x)y_1\}}_{0\ (\because\ y_1\text{は②の解})}+C_2\underbrace{\{y_2''+P(x)y_2'+Q(x)y_2\}}_{0\ (\because\ y_2\text{は②の解})}+C_1'y_1'+C_2'y_2'=R(x)$$

$\therefore\ C_1'y_1'+C_2'y_2'=R(x)$ ……⑦

以上より，④, ⑦を併記して，

$$\begin{cases} y_1\cdot C_1'+y_2\cdot C_2'=0 \\ y_1'\cdot C_1'+y_2'\cdot C_2'=R(x) \end{cases}$$ よって，$$\begin{bmatrix} y_1 & y_2 \\ y_1' & y_2' \end{bmatrix}\begin{bmatrix} C_1' \\ C_2' \end{bmatrix}=\begin{bmatrix} 0 \\ R(x) \end{bmatrix}$$ となり，

定数係数の微分方程式のときとまったく同じ式が導けるんだね。

従って，同様に，

$$C_1'=-\frac{y_2\cdot R(x)}{W(y_1,\ y_2)},\quad C_2'=\frac{y_1\cdot R(x)}{W(y_1,\ y_2)}$$ より，

$$C_1=-\int\frac{y_2\cdot R(x)}{W(y_1,\ y_2)}dx,\quad C_2=\int\frac{y_1\cdot R(x)}{W(y_1,\ y_2)}dx$$

これを③に代入して，特殊解 y_0 を計算する公式が導けるんだね。

大丈夫だね。

(Ⅰ), (Ⅱ) はいずれも役に立つ解法パターンだから，シッカリ頭に入れておこう。特に (Ⅱ) の解法では，同伴方程式の基本解の 1 つさえ分かれば，一挙に非同次の微分方程式の一般解まで求まるので，より強力な解法と言えるんだね。

それでは次，基本解の 1 つ y_1 をどのように求めるかがポイントになるわけだけど，これが問題文で与えられている場合は，それを利用すればいい。もし，問題文に与えられていない場合は，y_1 の候補として，x, x^2, x^3, e^x, e^{-x}, e^{2x}, e^{-2x}… などを，同伴方程式の左辺 $y''+P(x)y'+Q(x)y$ に代入して，0 となるものを捜せばいいんだよ。

同伴方程式：

$$y'' + P(x)y' + Q(x)y = 0$$

の $P(x)$，$Q(x)$ の関係から，基本解の1つ y_1 がどのようなものになるのかを予め予測できる。その主なものを表1に示すので，参考にするといいよ。今はまだピンとこないかも知れないけれど，慣れるとこの表の意味もだんだんよく分かるようになると思う。

表1　同伴方程式の基本解の形

P，Q の条件	基本解の1つ
$P + xQ = 0$	$y_1 = x$
$\lambda(\lambda-1) + \lambda xP + x^2Q = 0$	$y_1 = x^{\lambda}$
$1 + P + Q = 0$	$y_1 = e^x$
$1 - P + Q = 0$	$y_1 = e^{-x}$
$\lambda^2 + \lambda P + Q = 0$	$y_1 = e^{\lambda x}$

（$P(x)$，$Q(x)$ をそれぞれ P，Q と略記した。）

例題25　2階線形微分方程式：

$y'' - \frac{3}{x}y' + \frac{3}{x^2}y = 2x^3$ ……① $(x > 0)$ の同伴方程式の基本解の1つが $y_1 = x$ であることを確認して，①の一般解を求めよう。

$y'' - \underbrace{\frac{3}{x}}_{P}y' + \underbrace{\frac{3}{x^2}}_{Q}y = 2x^3$ ……① $(x > 0)$ について，

$y_1 = x$ とおくと，$y_1' = 1$，$y_1'' = 0$ より，

これらを①の左辺に代入すると，

$0 - \frac{3}{x} \cdot 1 + \frac{3}{x^2} \cdot x = -\frac{3}{x} + \frac{3}{x} = 0$ となって，

$y_1 = x$ は①の同伴方程式：$y'' - \frac{3}{x}y' + \frac{3}{x^2}y = 0$ の基本解の1つであることが分かる。

注意

$P = -\frac{3}{x}$，$Q = \frac{3}{x^2}$ より，$P + xQ = -\frac{3}{x} + x \cdot \frac{3}{x^2} = 0$ となるので，表1からも，①の同伴方程式の基本解の1つ y_1 が $y_1 = x$ となることが分かる。

よって，①の一般解 y を

$y = u \cdot x$ ……②　とおくと，

一般解 $y = u \cdot y_1$ とおいて，$u = u(x)$ を求めればいいんだね

（Ⅱ）の解法パターンだ！

$y' = u'x + u$ ……③

$y'' = u''x + u' + u' = u''x + 2u'$ ……④

④，③，②を①に代入すると，

$$u''x + 2u' - \frac{3}{x}(u'x + u) + \frac{3}{x^2}u \cdot x = 2x^3$$

u の項が消える！

$xu'' - u' = 2x^3$　　$x > 0$ より，両辺を x で割って，

$$u'' - \frac{1}{x}u' = 2x^2$$

ここで，$u' = p$ とおくと，$u'' = p'$ より，

$p' - \frac{1}{x}p = 2x^2$　となる。

$P_0(x)$　$Q_0(x)$

1 階線形微分方程式：
$y' + P_0(x)y = Q_0(x)$
の解は，
$y = e^{-\int P_0 dx}\left(\int Q_0 e^{\int P_0 dx}dx + C_1\right)$
となる。

これは p についての 1 階線形微分方程式だから，解の公式より，

$$p = e^{\int \frac{1}{x}dx}\left(\int 2x^2 e^{-\int \frac{1}{x}dx}dx + C_1{}'\right)$$

$e^{\log x} = x$

$e^{-\log x} = e^{\log\frac{1}{x}} = \frac{1}{x}$

公式：$e^{\log\alpha} = \alpha$ を使った！

$$p = \frac{du}{dx} = x\left(\int 2x^2 \cdot \frac{1}{x}dx + C_1{}'\right) = x(x^2 + C_1{}') = x^3 + C_1{}'x$$

直接積分形

$\int 2x\,dx = x^2$

これを x で積分して，

$$u = \int (x^3 + C_1{}'x)\,dx = \frac{1}{4}x^4 + \frac{C_1{}'}{2}x^2 + C_2 \left[= \frac{y}{x}\right]$$

C_1 とおく。

以上より，求める 2 階線形微分方程式①の一般解は，

$y = \frac{1}{4}x^5 + C_1x^3 + C_2x$ となる。$\left(\text{ただし，} C_1 = \frac{C_1{}'}{2}\right)$

それではさらに，演習問題や実践問題で，2 階線形微分方程式を解いてみよう。

演習問題 7	●2階線形微分方程式●

2階線形微分方程式：$y'' - \frac{x+2}{x}y' + \frac{2}{x}y = x^2e^x$ ……①
の同伴方程式の基本解の1つが $y_1 = e^x$ であることを確認して，
①の一般解を求めよ。

ヒント！ $P = -\frac{x+2}{x}$，$Q = \frac{2}{x}$ より，$1+P+Q=0$ だから，①の同伴方程式の基本解の1つ y_1 は，$y_1 = e^x$ となるんだね。よって，①の一般解は $y = ue^x$ とおいて，u の方程式を導いて，求めればいいんだね。

解答＆解説

$$y'' - \left(1+\frac{2}{x}\right)y' + \frac{2}{x}y = x^2e^x \quad \cdots\cdots ①$$ について，

$y_1 = e^x$ とおくと，$y_1' = y_1'' = e^x$ となる。
これらを①の左辺に代入すると，

$$e^x - \left(1+\frac{2}{x}\right)e^x + \frac{2}{x}e^x$$
$$= \left(1-1-\frac{2}{x}+\frac{2}{x}\right)e^x = 0$$ となる。

（この式から，$1+P+Q=0$ ならば $y_1 = e^x$ となることが分かるはずだ。）

よって，$y_1 = e^x$ は①の同伴方程式：$y'' - \left(1+\frac{2}{x}\right)y' + \frac{2}{x}y = 0$ の基本解の1つである。←（これで確認終了だ！）

これから，①の一般解を

$$y = u \cdot e^x \quad \cdots\cdots ②$$ とおくと，

（①の一般解を $y = u \cdot y_1$ とおいて，$u = u(x)$ を求めればいい。）

$$y' = u'e^x + ue^x = (u'+u)e^x \quad \cdots\cdots ③$$
$$y'' = (u''+u')e^x + (u'+u)e^x = (u''+2u'+u)e^x \quad \cdots\cdots ④$$

④，③，②を①に代入して，

$$(u''+2u'+u)e^x - \left(1+\frac{2}{x}\right)(u'+u)e^x + \frac{2}{x}ue^x = x^2e^x$$

この両辺を e^x (>0) で割って，まとめると，

$$u''+2u'+u - \left(u'+u+\frac{2}{x}u'+\frac{2}{x}u\right) + \frac{2}{x}u = x^2$$ ←（u が消える！）

$$\underbrace{u''}_{p'}+\left(1-\frac{2}{x}\right)\underbrace{u'}_{p}=x^2$$ となる。

ここで，$u'=p$ とおくと，$u''=p'$ より，

$$p'+\underbrace{\left(1-\frac{2}{x}\right)}_{P_0(x)}p=\underbrace{x^2}_{Q_0(x)}$$ となる。

1 階線形微分方程式：
$y'+P_0(x)y=Q_0(x)$ の解は，
$y=e^{-\int P_0dx}\left(\int Q_0\cdot e^{\int P_0dx}dx+C_1\right)$
だね。

これは p についての 1 階線形微分方程式だから，解の公式より，

$$p=\underbrace{e^{\int\left(\frac{2}{x}-1\right)dx}}_{e^{2\log|x|-x}=e^{\log x^2}\cdot e^{-x}=x^2e^{-x}}\left\{x^2\cdot\underbrace{e^{\int\left(1-\frac{2}{x}\right)dx}}_{e^{x-2\log|x|}=e^x\cdot e^{\log\frac{1}{x^2}}=\frac{1}{x^2}e^x}dx+C_1\right\}$$

公式：
$e^{\log\alpha}=\alpha$

$$=x^2e^{-x}\left(\underbrace{\int e^xdx}_{e^x}+C_1\right)=x^2e^{-x}(e^x+C_1)$$

$\therefore\ p=x^2+C_1x^2e^{-x}\ [=u']$

よって，これを x で積分して，

$$u=\frac{y}{e^x}=\int(x^2+C_1x^2e^{-x})dx+C_2$$

$$=\underbrace{\int x^2dx}_{\frac{1}{3}x^3}+C_1\int x^2e^{-x}dx+C_2$$

部分積分の公式
$\int f\cdot g'dx=f\cdot g-\int f'\cdot gdx$
これの 2 連発だ！

$$\int x^2(-e^{-x})'dx=-x^2e^{-x}-\int 2x(-e^{-x})dx$$
$$=-x^2e^{-x}+2\int x(-e^{-x})'dx$$
$$=-x^2e^{-x}+2\left\{-xe^{-x}-\int(-e^{-x})dx\right\}$$
$$=-x^2e^{-x}-2xe^{-x}-2e^{-x}$$
$$=-(x^2+2x+2)e^{-x}$$

よって，求める①の一般解は，

$$y=e^x\left\{\frac{1}{3}x^3-C_1(x^2+2x+2)e^{-x}+C_2\right\}$$

$$=\frac{1}{3}x^3e^x-C_1(x^2+2x+2)+C_2e^x$$ である。

実践問題 7	●2階線形微分方程式●

2階線形微分方程式：$y'' - \dfrac{x+1}{x}y' + \dfrac{1}{x}y = xe^x$ ……①　$(x>0)$
の同伴方程式の基本解の1つが $y_1 = e^x$ であることを確認して，
①の一般解を求めよ。

ヒント！ $P = -\dfrac{x+1}{x}$，$Q = \dfrac{1}{x}$ より，これも $1+P+Q=0$ をみたすので，①の同伴方程式の基本解の1つが $y_1 = e^x$ となるはずだ。同様に解いてみよう。

解答＆解説

$y'' - \left(1+\dfrac{1}{x}\right)y' + \dfrac{1}{x}y = xe^x$ ……①　について，

$y_1 = e^x$ とおくと，$y_1' = y_1'' = e^x$ となる。
これを①の左辺に代入すると，

$$e^x - \left(1+\frac{1}{x}\right)e^x + \frac{1}{x}e^x$$
$$= \left(1 - 1 - \frac{1}{x} + \frac{1}{x}\right)e^x = \boxed{(ア)}$$ となる。

よって，$y_1 = e^x$ は①の同伴方程式：$y'' - \left(1+\dfrac{1}{x}\right)y' + \dfrac{1}{x}y = 0$ の基本解の1つである。
これから，①の一般解を

$y = u \cdot e^x$ ……②　とおくと，
$y' = u'e^x + ue^x = (u'+u)e^x$ ……………………………③
$y'' = (u''+u')e^x + (u'+u)e^x = (u''+2u'+u)e^x$ ……④

④，③，②を①に代入して，

$$(u''+2u'+u)e^x - \left(1+\frac{1}{x}\right)(u'+u)e^x + \frac{1}{x}ue^x = xe^x$$

この両辺を $e^x(>0)$ で割って，まとめると，

$$u'' + 2u' + u - \left(u' + u + \frac{1}{x}u' + \frac{1}{x}u\right) + \frac{1}{x}u = x$$

$\boxed{(イ)\qquad\qquad} = x$　　となる。

ここで，$u'=p$ とおくと，$u''=p'$ より，

$$p'+\left(1-\frac{1}{x}\right)p=x$$ となる。

これは p についての 1 階線形微分方程式だから，解の公式より，

$$p=\underbrace{e^{\int\left(\frac{1}{x}-1\right)dx}}_{e^{\log x-x}=e^{\log x}\cdot e^{-x}=x\cdot e^{-x}}\left\{\int \boxed{(ウ)}\cdot\underbrace{e^{\int\left(1-\frac{1}{x}\right)dx}}_{e^{x-\log x}=e^{x}\cdot e^{\log\frac{1}{x}}=\frac{1}{x}e^{x}}dx+C_1'\right\}$$

$$=x\cdot e^{-x}\left(\int e^{x}dx+C_1'\right)$$

$$=xe^{-x}(e^{x}+C_1')$$

$$\therefore\ p=\boxed{(エ)\qquad\qquad}\ [=u']$$

よって，これを x で積分して，

$$u=\frac{y}{e^{x}}=\int(x+C_1'xe^{-x})\,dx+C_2$$

$$=\underbrace{\int x\,dx}_{\frac{1}{2}x^2}+C_1'\underbrace{\int xe^{-x}dx}+C_2$$

部分積分

$$\int x(-e^{-x})'dx=-xe^{-x}-\int 1\cdot(-e^{-x})\,dx$$
$$=-xe^{-x}+\int e^{-x}dx=-xe^{-x}-e^{-x}$$
$$=-(x+1)e^{-x}$$

よって，求める①の一般解は，

$$y=e^{x}\left\{\boxed{(オ)\qquad\qquad\qquad\qquad}\right\}$$

$$=\frac{1}{2}x^2e^{x}+C_1(x+1)+C_2e^{x}$$ である。$(C_1=-C_1')$

解答　(ア) 0　(イ) $u''+\left(1-\frac{1}{x}\right)u'$　(ウ) x

(エ) $x+C_1'xe^{-x}$　(オ) $\frac{1}{2}x^2-C_1'(x+1)e^{-x}+C_2$

§3. 2階線形微分方程式(Ⅲ)

さァ，今回で“**2階線形微分方程式**”の講義もファイナル・ステージに入るよ。ここではまず，“**2階オイラーの方程式**”について解説しよう。これは2階の同次方程式だけど，“**特性方程式**”を利用すれば，その一般解を確実に求めることができる。さらに，非同次の2階線形微分方程式を“**標準形**”に変換して解く手法についても教えるつもりだ。頑張ろう！

● 2階オイラーの方程式もマスターしよう！

それでは，**2階の“オイラーの方程式”**(*Euler's equation*)とその解法について，解説しよう。$x^2y''+axy'+by=0$ …① $(x>0)$ $(a,\ b$：定数$)$の

$x^2\cdot\lambda(\lambda-1)x^{\lambda-2}$　$x\cdot\lambda x^{\lambda-1}$　x^{λ}

形の同次方程式を，“**2階オイラーの方程式**”と呼ぼう。

勘のいい人は $y=x^{\lambda}$ (λ：定数)とおけば，$y'=\lambda x^{\lambda-1}$，$y''=\lambda(\lambda-1)x^{\lambda-2}$ となるので，①の左辺の3つの項がすべて x^{λ} の項として揃うことに気付くはずだ。実際にこれらを①に代入すると，

$x^2\cdot\lambda(\lambda-1)x^{\lambda-2}+ax\cdot\lambda x^{\lambda-1}+bx^{\lambda}=0$,　　$\lambda(\lambda-1)x^{\lambda}+a\lambda x^{\lambda}+bx^{\lambda}=0$

$\{\lambda^2+(a-1)\lambda+b\}x^{\lambda}=0$　　ここで，両辺を x^{λ} $(\neq 0)$ で割ると，

$\lambda^2+(a-1)\lambda+b=0$ …② となる。

②は，指数 λ を求めるための“**特性方程式**”で，これが，(i) 異なる2実数解，(ii) 重解，(iii) 異なる共役な虚数解をもつ3つの場合に分けて考えてみよう。

(i) 相異なる2実数解 λ_1，λ_2 をもつ場合，

①の基本解は $y_1=x^{\lambda_1}$，$y_2=x^{\lambda_2}$ となる。なぜなら，このロンスキアンが

$$W(y_1,\ y_2)=\begin{vmatrix} x^{\lambda_1} & x^{\lambda_2} \\ \lambda_1x^{\lambda_1-1} & \lambda_2x^{\lambda_2-1} \end{vmatrix}=\lambda_2x^{\lambda_1+\lambda_2-1}-\lambda_1x^{\lambda_1+\lambda_2-1}$$

$$=(\lambda_2-\lambda_1)x^{\lambda_1+\lambda_2-1}\neq 0$$ となるからだ。

($\lambda_2-\lambda_1\neq 0$)

よって，このときのオイラーの方程式①の一般解 y は，

$y=C_1x^{\lambda_1}+C_2x^{\lambda_2}$　である。

(ii) 重解 λ_1 をもつ場合，

$x^2y'' + axy' + by = 0$ …① の基本解は，$y_1 = x^{\lambda_1}$，$y_2 = x^{\lambda_1} \cdot \log x$ となる。

$y_2 = u(x)y_1 = ux^{\lambda_1}$ とおくと，

$y_2' = u'x^{\lambda_1} + \lambda_1 ux^{\lambda_1 - 1}$，　$y_2'' = u''x^{\lambda_1} + 2\lambda_1 u'x^{\lambda_1 - 1} + \lambda_1(\lambda_1 - 1)ux^{\lambda_1 - 2}$

以上を①に代入してまとめると，

$$\underbrace{\{\lambda_1(\lambda_1 - 1) + a\lambda_1 + b\}}_{0}u \cdot x^{\lambda_1} + u'' \cdot x^{\lambda_1 + 2} + \underbrace{(2\lambda_1 + a)}_{1}u'x^{\lambda_1 + 1} = 0$$

0 ($\because \lambda_1$ は特性方程式の解)　　1 $\left(\because \lambda_1 = -\frac{a-1}{2}\ (\text{重解})\right)$

両辺を $x^{\lambda_1 + 1}\ (\neq 0)$ で割って，

$u'' \cdot x + u' = 0$　　ここで，$u' = p$ とおくと，$\frac{dp}{dx} = -\frac{1}{x}p$ ← 変数分離形

$\int \frac{1}{p}dp = -\int \frac{1}{x}dx$　　$\log|p| = -\log x + C_1$　　$\log|p| = \log \frac{C_2'}{x}$　$(C_2' = e^{C_1})$

$p = \frac{du}{dx} = \pm \frac{C_2'}{x}$ より，　$u = C_2\int \frac{1}{x}dx = C_2\log x + C_3$　$(C_2 = \pm C_2')$ ← 直接積分形

u は特殊解の 1 つでいいので，$C_2 = 1$，$C_3 = 0$ として，$u = \log x$

∴もう 1 つの基本解 y_2 は，$y_2 = x^{\lambda_1}\log x$ となる。

なぜなら，このロンスキアン $W(y_1,\ y_2)$ が，

$$W(y_1,\ y_2) = \begin{vmatrix} x^{\lambda_1} & x^{\lambda_1}\log x \\ \lambda_1 x^{\lambda_1 - 1} & (\lambda_1\log x + 1)x^{\lambda_1 - 1} \end{vmatrix}$$

$= (\cancel{\lambda_1\log x} + 1)x^{2\lambda_1 - 1} - \cancel{\lambda_1 \cdot x^{2\lambda_1 - 1} \cdot \log x} = x^{2\lambda_1 - 1} \neq 0$ となるからだ。

よって，①の一般解 y は，

$y = C_1x^{\lambda_1} + C_2x^{\lambda_1}\log x = (C_1 + C_2\log x)x^{\lambda_1}$ である。

(iii) 相異なる共役な虚数解 λ_1，λ_2 をもつ場合，

$\lambda_1 = \alpha + i\beta$，$\lambda_2 = \alpha - i\beta$　(α，$\beta\ (\neq 0)$：実数，i：虚数単位) とおくと，

・$x^{\lambda_1} = x^{\alpha + i\beta} = x^\alpha \cdot x^{i\beta} = x^\alpha \cdot e^{i\beta\log x}$

$= x^\alpha \cdot \{\cos(\beta\log x) + i\sin(\beta\log x)\}$

複素ベキ関数の定義：$x^{i\beta} = e^{i\beta\log x}$ と定義するんだ。

オイラーの公式：$e^{i\theta} = \cos\theta + i\sin\theta$

・$x^{\lambda_2} = x^{\alpha - i\beta} = x^\alpha \cdot x^{-i\beta} = x^\alpha \cdot e^{-i\beta\log x}$

$= x^\alpha \cdot \{\underbrace{\cos(\beta\log x)}_{\cos(-\beta\log x)} \underbrace{- i\sin(\beta\log x)}_{i\sin(-\beta\log x)}\}$　となる。

よって，①の基本解として，新たに

$$y_1=\frac{1}{2}(x^{\lambda_1}+x^{\lambda_2})=x^{\alpha}\cdot\cos(\beta\log x),\ y_2=\frac{1}{2i}(x^{\lambda_1}-x^{\lambda_2})=x^{\alpha}\cdot\sin(\beta\log x)$$

をとる。（∵ロンスキアン $W(y_1,\ y_2)=\beta x^{2\alpha-1}\neq 0$ （∵ $\beta\neq 0$））

（これは自分で確かめてごらん。）

よって，①の一般解 y は，

$$y=C_1x^{\alpha}\cos(\beta\log x)+C_2x^{\alpha}\sin(\beta\log x)$$

$$=x^{\alpha}\{C_1\cos(\beta\log x)+C_2\sin(\beta\log x)\}$$ である。

それでは，以上のことをまとめて下に示そう。

2階オイラーの方程式の解法

2階オイラーの方程式：

$x^2y''+axy'+by=0$ $(x>0)$ $(a,\ b$：定数$)$ の一般解は，次のように求める。

$y=x^{\lambda}$ とおいてできる，この特性方程式：

$\lambda^2+(a-1)\lambda+b=0$ の2つの解 $\lambda_1,\ \lambda_2$ について，

(i) $\lambda_1,\ \lambda_2$ が相異なる2実数解であるとき，

- 基本解は，$x^{\lambda_1},\ x^{\lambda_2}$ であり，
- 一般解は，$C_1x^{\lambda_1}+C_2x^{\lambda_2}$ である。

(ii) $\lambda_1=\lambda_2$ の重解であるとき，

- 基本解は，$x^{\lambda_1},\ x^{\lambda_1}\log x$ であり，
- 一般解は，$C_1x^{\lambda_1}+C_2x^{\lambda_1}\log x=(C_1+C_2\log x)x^{\lambda_1}$ である。

(iii) $\lambda_1,\ \lambda_2$ が相異なる共役な虚数解であるとき，

$\lambda_1=\alpha+i\beta,\ \lambda_2=\alpha-i\beta$ $(\alpha,\ \beta$：実数，i：虚数単位$)$ とおくと，

- 基本解は，$x^{\alpha}\cdot\cos(\beta\log x),\ x^{\alpha}\cdot\sin(\beta\log x)$ であり，
- 一般解は，$C_1x^{\alpha}\cos(\beta\log x)+C_2x^{\alpha}\sin(\beta\log x)$
  $=x^{\alpha}\{C_1\cos(\beta\log x)+C_2\sin(\beta\log x)\}$ である。

それでは，例題をいくつか解くことにより，この“2階オイラーの方程式”にも慣れていくことにしよう。

例題 25 (P112) の 2 階線形微分方程式：

$y'' - \frac{3}{x}y' + \frac{3}{x^2}y = 2x^3$ …① $(x > 0)$ の同伴方程式 (同次方程式)：

$y'' - \frac{3}{x}y' + \frac{3}{x^2}y = 0$ は，両辺に x^2 をかけると，

$x^2y'' \underset{a}{\underline{-3}}x \cdot y' + \underset{b}{\underline{3}}y = 0$ となって，“2 階オイラーの方程式” になっていることが分かるね。　$\lambda^2 + (a-1)\lambda + b = 0$

ここで，$y = x^\lambda$ とおいてできる特性方程式：

$\lambda^2 + (-3-1)\lambda + 3 = 0$　を解いて，

$\lambda^2 - 4\lambda + 3 = 0$　　$(\lambda - 1)(\lambda - 3) = 0$　　$\therefore \lambda = 1,\ 3$

よって，基本解 $y_1 = x^1$，$y_2 = x^3$ より，

同伴方程式の一般解 (①の方程式の余関数) は，

$C_1x + C_2x^3$　であることが分かるんだね。

エッ，では①の特殊解 y_0 はどう求めるかって？ それは，基本解 y_1，y_2 が分かったので，まず，ロンスキアン $W(y_1,\ y_2)$ を求めて，y_0 を求める公式：

$y_0 = -y_1\int\frac{y_2 \cdot 2x^3}{W(y_1,\ y_2)}dx + y_2\int\frac{y_1 \cdot 2x^3}{W(y_1,\ y_2)}dx$ を使って求めればいいんだね。

納得いった？

理解が進むと，様々なことが見えてきて，面白くなってきただろう？

それでは，“2 階オイラーの方程式” を，次の例題でさらに練習しておこう。

例題 26　次の 2 階オイラーの方程式の一般解を求めよう。

(1) $x^2y'' + 2xy' - 2y = 0$ ……①

(2) $x^2y'' - 5xy' + 9y = 0$ ……②

(3) $x^2y'' - xy' + 4y = 0$　……③

(1) 2 階オイラーの方程式：$x^2y'' \underset{a}{\underline{+2}}xy' \underset{b}{\underline{-2}}y=0$ …① について，

$\lambda^2+(a-1)\lambda+b=0$

$y=x^\lambda$ とおいてできる特性方程式：$\lambda^2+\lambda-2=0$ を解いて，

$(\lambda-1)(\lambda+2)=0 \qquad \therefore \lambda=1,\ -2$

よって，この基本解は，$y_1=x$，$y_2=x^{-2}$

$$W(y_1,\ y_2)=\begin{vmatrix} x & x^{-2} \\ 1 & -2x^{-3} \end{vmatrix} = -2x^{-2}-x^{-2} = -3x^{-2} \neq 0$$

ゆえに，求める①の一般解は，

$y=C_1x+\dfrac{C_2}{x^2}$ である。

(2) 2 階オイラーの方程式：$x^2y'' \underset{a}{\underline{-5}}xy' + \underset{b}{\underline{9}}y=0$ …② について，

$\lambda^2+(a-1)\lambda+b=0$

$y=x^\lambda$ とおいてできる特性方程式：$\lambda^2-6\lambda+9=0$ を解いて，

$(\lambda-3)^2=0 \qquad \therefore \lambda=3$ （重解）

よって，この基本解は，$y_1=x^3$，$y_2=x^3\log x$

ゆえに，求める②の一般解は，

$y=C_1x^3+C_2x^3\log x=(C_1+C_2\log x)x^3$ である。

(3) 2 階オイラーの方程式：$x^2y'' \underset{a}{\underline{-1}}\cdot xy' + \underset{b}{\underline{4}}y=0$ …③ について，

$\lambda^2+(a-1)\lambda+b=0$

$y=x^\lambda$ とおいてできる特性方程式：$\lambda^2-2\lambda+4=0$ を解いて，

$\lambda=1\pm\sqrt{(-1)^2-4}=1\pm\sqrt{3}i$

よって，この基本解は，$y_1=x\cdot\cos(\sqrt{3}\log x)$，$y_2=x\cdot\sin(\sqrt{3}\log x)$

$\lambda=\alpha\pm\beta i$ のとき，$y_1=x^\alpha\cdot\cos(\beta\log x)$，$y_2=x^\alpha\cdot\sin(\beta\log x)$ だね。

ゆえに，求める③の一般解は，

$$y=C_1x\cdot\cos(\sqrt{3}\log x)+C_2x\cdot\sin(\sqrt{3}\log x)$$
$$=x\{C_1\cos(\sqrt{3}\log x)+C_2\sin(\sqrt{3}\log x)\}$$ である。

これで，2 階オイラーの方程式の解法にも慣れただろう。

それでは最後に，一般の 2 階非同次線形微分方程式を“**標準形**（ひょうじゅんけい）”に変換して解く手法についても解説しよう。

● 標準形 $u'' + Iu = J$ の形に変換しよう！

2 階線形微分方程式：$y'' + P(x)y' + Q(x)y = R(x)$ …①

の解 y が $u(x)$ と $v(x)$ の 2 つの関数の積で表される，すなわち，

$y = u(x) \cdot v(x)$ …② $(v(x) > 0$ とする$)$ で表されるものとしよう。

②を順に x で 2 階微分すると，

$y' = (uv)' = u'v + uv'$ ……③

$y'' = (u'v + uv')' = u''v + u'v' + u'v' + uv'' = u''v + 2u'v' + uv''$ …④

ここで，④，③，②を①に代入して，u でまとめると

$u''v + 2u'v' + uv'' + P(u'v + uv') + Quv = R$

（すべて x の関数だけど，u, v, P, Q, R と略記している。）

$vu'' + (2v' + Pv)u' + (v'' + Pv' + Qv)u = R$ …⑤ となる。

（$2v' + Pv$：0 となるように，v を決める。）（$v'' + Pv' + Qv$：するとこれは，$\left(Q - \frac{1}{2}P' - \frac{1}{4}P^2\right)v$ になる。）

ここで，$2v' + Pv = 0$ …⑥ としよう。つまり，

$v' = -\frac{1}{2}Pv$ …⑥′ となるような関数 $v(x)$ を求めると，

⑥′ は変数分離形の 1 階の微分方程式より，

$\int \frac{1}{v}dv = -\frac{1}{2}\int P dx$ ここで，$v > 0$ としているので，

$\log v = -\frac{1}{2}\int P dx$ $\therefore v(x) = e^{-\frac{1}{2}\int P(x)dx}$ となる。

（$v(x)$ は 1 つ決まればいいので，任意定数は略す。）

次に，⑥′ の両辺を x で微分して

$v'' = -\frac{1}{2}(P'v + Pv')$ ……⑦

ここで，⑤の u の係数 $v'' + Pv' + Qv$ を⑥′，⑦を使って，v の式でまとめると，

$v'' + Pv' + Qv = -\frac{1}{2}(P'v + Pv') + Pv' + Qv$

（$v'' = -\frac{1}{2}(P'v + Pv')$（⑦より））

$= -\frac{1}{2}P'v + \frac{1}{2}Pv' + Qv = -\frac{1}{2}P'v - \frac{1}{4}P^2v + Qv$

（$v' = -\frac{1}{2}Pv$（⑥′ より））

$= \left(Q - \frac{1}{2}P' - \frac{1}{4}P^2\right)v$ …⑧ となる。

ここで，$v \cdot u'' + \underline{(2v' + Pv)}u' + (\underline{v'' + Pv' + Qv})u = R$ …⑤に

$\underline{2v' + Pv} = \underline{0}$ …⑥　と　$\underline{v'' + Pv' + Qv} = \underline{\left(Q - \frac{1}{2}P' - \frac{1}{4}P^2\right)v}$ …⑧

を代入すると，

$$vu'' + \left(Q - \frac{1}{2}P' - \frac{1}{4}P^2\right)v \cdot u = R$$

$v > 0$ より，この両辺を v で割ると，

$$u'' + \underbrace{\left(Q - \frac{1}{2}P' - \frac{1}{4}P^2\right)}_{I(x)}u = \underbrace{\frac{R}{v}}_{J(x)}$$ となる。

ここで，$Q(x) - \frac{1}{2}P'(x) - \frac{1}{4}\{P(x)\}^2 = I(x)$，$\frac{R(x)}{v(x)} = J(x)$ とおくと，

$$u'' + I \cdot u = J \quad \cdots ⑨$$ ← すべて x の関数だけど，u，I，J と略記した。

の形の u の微分方程式が導ける。これを，**2** 階線形微分方程式の **"標準形**(ひょうじゅんけい)**"** と呼ぶ。⑨の標準形の形にすることにより，u の解は比較的解きやすくなるので，①の一般解 $y = u \cdot v$ を求められる場合も出てくるんだよ。

それでは，この標準形に変換する **2** 階線形微分方程式の解法をもう **1** 度まとめて下に示そう。

標準形に変換する解法

2 階線形微分方程式：$y'' + Py' + Qy = R$ …① について，

この解を $y = u \cdot v$ とおき，

$v = e^{-\frac{1}{2}\int P dx}$，$I = Q - \frac{1}{2}P' - \frac{1}{4}P^2$，$J = \frac{R}{v}$ とおくと，

u は，標準形の微分方程式 $u'' + Iu = J$ をみたす。

これを解いて u を求め，v との積を求めれば，

①の一般解 $y = u \cdot v$ が導ける。

まだ，ピンとこないって？　当然だね。早速，例題で実際に，この標準形に変換する解法パターンを利用してみよう。

例題 27　2 階線形微分方程式：$y'' - \frac{2}{x}y' + \left(\frac{2}{x^2} + 4\right)y = 4x$ …①　$(x > 0)$
を標準形に変換することにより，この一般解を求めてみよう。

$y'' - \frac{2}{x}y' + \left(\frac{2}{x^2} + 4\right)y = 4x$ …①　$(x > 0)$ について，
（$-\frac{2}{x}$ が P，$\frac{2}{x^2}+4$ が Q，$4x$ が R）

$P = -\frac{2}{x}$，$Q = \frac{2}{x^2} + 4$，$R = 4x$ だね。

ここで，①の一般解を $y = uv$ …②とおき，

$$\begin{cases} v = e^{-\frac{1}{2}\int P dx} = e^{\int \frac{1}{x} dx} = e^{\log x} = x \quad \cdots ③ \\ I = Q - \frac{1}{2}P' - \frac{1}{4}P^2 = \frac{2}{x^2} + 4 - \frac{1}{x^2} - \frac{1}{x^2} = 4 \\ J = \frac{R}{v} = \frac{4x}{x} = 4 \end{cases}$$

$Q = \frac{2}{x^2}+4$，$\left(-\frac{2}{x}\right)' = \frac{2}{x^2}$，$\left(-\frac{2}{x}\right)^2 = \frac{4}{x^2}$

とおく。

$\begin{cases} v = e^{-\frac{1}{2}\int P dx}, \\ I = Q - \frac{1}{2}P' - \frac{1}{4}P^2, \\ J = \frac{R}{v} \end{cases}$
は，この標準形の解法の 3 点セットだ。シッカリ覚えよう！

すると，u は，標準形の微分方程式：$u'' + Iu = J$，すなわち
$u'' + 4u = 4$ …④をみたす。← これはすぐ解けるね。

④の同伴方程式：$u'' + 4u = 0$ …⑤は，← これは例題 22 (3) (P94) と同じ問題
定数係数 2 階同次微分方程式なので，
この特性方程式 $\lambda^2 + 4 = 0$ を解いて，$\lambda = \pm 2i$ となる。
よって，⑤の基本解は，$u_1 = \cos 2x$，$u_2 = \sin 2x$
∴⑤の一般解は，$C_1\cos 2x + C_2\sin 2x$ となる。
（④の余関数）

また，④の特殊解 u_0 は，$u_0 = 1$ であることがスグ分かるだろう。
$u_0 = 1$ のとき，$u_0'' = 0$ より，$u_0'' + 4u_0 = 0 + 4\cdot 1 = 4$ と，④をみたすからだ。

（このように，特殊解を直感的に求めてもかまわない。勘が働かなかった人は公式：$u_0 = -u_1\int \frac{4\cdot u_2}{W(u_1,\ u_2)}dx + u_2\int \frac{4\cdot u_1}{W(u_1,\ u_2)}dx$ で求めればいいよ。）

以上より，④の一般解は $u = 1 + C_1\cos 2x + C_2\sin 2x$ となるので，②，③より，①の一般解 y は，$y = uv = x\cdot(1 + C_1\cos 2x + C_2\sin 2x)$ である。

それではもう **1** 題，例題で練習しておこう。

> 例題 28　2 階線形微分方程式：$y'' - 4xy' + (4x^2 - 6)y = 4e^{x^2+x}$ …①
> を標準形に変換することにより，この一般解を求めてみよう。

$y'' \underbrace{-4x}_{P}y' + \underbrace{(4x^2-6)}_{Q}y = \underbrace{4e^{x^2+x}}_{R}$ …①　について，

$P = -4x$，$Q = 4x^2 - 6$，$R = 4e^{x^2+x}$ となる。

ここで，①の一般解を $y = uv$ …②とおき，

$$\begin{cases} v = e^{-\frac{1}{2}\int P\,dx} = e^{\int 2x\,dx} = e^{x^2} \quad \cdots ③ \\ I = \underbrace{Q}_{4x^2-6} - \frac{1}{2}\underbrace{P'}_{(-4x)'=-4} - \frac{1}{4}\underbrace{P^2}_{(-4x)^2=16x^2} = 4x^2 - 6 + 2 - 4x^2 = -4 \\ J = \dfrac{R}{v} = \dfrac{4e^{x^2+x}}{e^{x^2}} = \dfrac{4e^{x^2}\cdot e^x}{e^{x^2}} = 4e^x \end{cases}$$ とおく。

v, I, J は，**3** 点セットで求めよう！

すると，u は標準形の微分方程式：$u'' + Iu = J$，すなわち

$u'' - 4u = 4e^x$ …④ をみたす。

④の同伴方程式：$u'' - 4u = 0$ …⑤ は，

定数係数 **2** 階同次微分方程式なので，

この特性方程式 $\lambda^2 - 4 = 0$ を解いて，$\lambda = \pm 2$ となる。

よって，⑤の基本解は，$u_1 = e^{2x}$，$u_2 = e^{-2x}$

∴⑤の一般解（④の余関数）は，$C_1e^{2x} + C_2e^{-2x}$ となる。

次に，④の特殊解 u_0 を求めてみよう。

まず，u_1 と u_2 のロンスキアン $W(u_1, u_2)$ は，

$$W(u_1, u_2) = \begin{vmatrix} u_1 & u_2 \\ u_1' & u_2' \end{vmatrix} = \begin{vmatrix} e^{2x} & e^{-2x} \\ 2e^{2x} & -2e^{-2x} \end{vmatrix}$$

$$= e^{2x}\cdot(-2e^{-2x}) - 2e^{2x}\cdot e^{-2x}$$

$$= -2 - 2 = -4$$ となる。

$$\therefore\ u_0 = -\underset{e^{2x}}{\underline{u_1}}\int \frac{\overset{e^{-2x}}{u_2}\cdot 4e^x}{\underset{-4}{W(u_1,\ u_2)}}\,dx + \underset{e^{-2x}}{\underline{u_2}}\int \frac{\overset{e^{2x}}{u_1}\cdot 4e^x}{\underset{-4}{W(u_1,\ u_2)}}\,dx$$

$$= -e^{2x}\int \frac{e^{-2x}\cdot 4e^x}{-4}\,dx + e^{-2x}\int \frac{e^{2x}\cdot 4e^x}{-4}\,dx$$

$$= \underbrace{e^{2x}\int e^{-x}dx}_{-e^{-x}} - \underbrace{e^{-2x}\int e^{3x}dx}_{\frac{1}{3}e^{3x}}$$

$= e^{2x}\cdot(-e^{-x}) - e^{-2x}\cdot\frac{1}{3}e^{3x} = -e^x - \frac{1}{3}e^x = -\frac{4}{3}e^x$ となる。

参考

$u'' - 4u = 4e^x$ …④の特殊解 u_0 を，$u_0 = Ae^x$ (A：定数) と見当をつけて解いてもいい。この場合 $u_0'' = Ae^x$ より，これらを④に代入して，

$\underbrace{Ae^x}_{u''} - 4\cdot\underbrace{Ae^x}_{u} = 4e^x$　　両辺を e^x (>0) で割って，

$-3A = 4$　　$\therefore\ A = -\frac{4}{3}$ となるので，$u_0 = -\frac{4}{3}e^x$ が，スグ求まる。

このやり方で，u_0 を求めてもかまわないよ。

以上より，④の一般解 u は，$u = \underbrace{-\frac{4}{3}e^x}_{\text{特殊解}} + \underbrace{C_1e^{2x} + C_2e^{-2x}}_{\text{余関数}}$ となる。

よって，②，③より①の一般解 y は，

$y = u\cdot\underbrace{v}_{e^{x^2}} = e^{x^2}\cdot\left(-\frac{4}{3}e^x + C_1e^{2x} + C_2e^{-2x}\right)$ である。

以上で，**2** 階線形微分方程式の解法はすべて終了です。みんな，よく頑張ったね！　この **2** 階線形微分方程式は，常微分方程式の解法の中でもメインとなるものだから，この章を繰り返し練習しておくことだ。微分方程式の実力がスバラシクアップすると思うよ。

演習問題 8	● 2 階オイラーの方程式の応用 ●

2 階線形微分方程式：$y'' - \frac{6}{x}y' + \frac{12}{x^2}y = x^3\cos x$ …①

の一般解を求めよ。

ヒント！ ①の同伴方程式が，2 階オイラーの方程式になっていることに気付けば，話は早いと思うよ。

解答＆解説

①の同伴方程式は，$y'' - \frac{6}{x}y' + \frac{12}{x^2}y = 0$ …②より，両辺に x^2 をかけて

$x^2y'' \underset{a}{\underline{-6}}xy' + \underset{b}{\underline{12}}y = 0$　となる。これは 2 階オイラーの方程式である。

よって，この特性方程式：$\lambda^2 - 7\lambda + 12 = 0$ ← $\lambda^2 + (a-1)\lambda + b = 0$ $(a = -6,\ b = 12)$

を解いて，$(\lambda - 3)(\lambda - 4) = 0$　　$\therefore \lambda = 3,\ 4$

これから②の基本解は，$y_1 = x^3$，$y_2 = x^4$

∴②の一般解（①の余関数）は，$C_1x^3 + C_2x^4$ である。

ここで，y_1 と y_2 のロンスキアン $W(y_1, y_2)$ は，

$$W(y_1, y_2) = \begin{vmatrix} y_1 & y_2 \\ y_1' & y_2' \end{vmatrix} = \begin{vmatrix} x^3 & x^4 \\ 3x^2 & 4x^3 \end{vmatrix} = 4x^6 - 3x^6 = x^6$$

よって，①の特殊解 y_0 は，

$$y_0 = -x^3\int\frac{x^4\cdot x^3\cos x}{x^6}dx + x^4\int\frac{x^3\cdot x^3\cos x}{x^6}dx$$

← $y'' + Py' + Qy = 0$ の基本解が y_1, y_2 のとき，$y'' + Py' + Qy = R$ の特殊解 y_0 は，$y_0 = -y_1\int\frac{y_2\cdot R}{W}dx + y_2\int\frac{y_1\cdot R}{W}dx$

$$= -x^3\underbrace{\int x\cdot\cos x\,dx}_{} + x^4\underbrace{\int\cos x\,dx}_{\sin x}$$

$\int x\cdot(\sin x)'dx = x\sin x - \int\sin x dx = x\sin x + \cos x$

$$= -x^3(x\sin x + \cos x) + x^4\sin x = -x^3\cos x$$　となる。

∴求める①の一般解は，$y = \underbrace{-x^3\cos x}_{\text{特殊解}} + \underbrace{C_1x^3 + C_2x^4}_{\text{余関数}}$　である。

実践問題 8　● 2 階オイラーの方程式の応用 ●

2 階線形微分方程式：$y'' - \frac{4}{x}y' + \frac{6}{x^2}y = x^2e^{-x}$ …①

の一般解を求めよ。

ヒント！ これも，同伴方程式が 2 階オイラーの方程式になっているんだね。

解答＆解説

①の同伴方程式は，$y'' - \frac{4}{x}y' + \frac{6}{x^2}y =$ (ア) …②より，両辺に x^2 をかけて

$x^2y'' \underbrace{-4}_{a}xy' + \underbrace{6}_{b}y = 0$　となる。これは 2 階オイラーの方程式である。

よって，この特性方程式：(イ) $= 0$ ← $\lambda^2 + (a-1)\lambda + b = 0$ $(a = -4,\ b = 6)$

を解いて，$(\lambda - 2)(\lambda - 3) = 0$　$\therefore \lambda = 2,\ 3$

これから②の基本解は，$y_1 = x^2$，$y_2 = x^3$

∴②の一般解（①の余関数）は，(ウ) である。

ここで，y_1 と y_2 のロンスキアン $W(y_1,\ y_2)$ は，

$$W(y_1,\ y_2) = \begin{vmatrix} y_1 & y_2 \\ y_1' & y_2' \end{vmatrix} = \begin{vmatrix} x^2 & x^3 \\ 2x & 3x^2 \end{vmatrix} = \text{(エ)}$$

よって，①の特殊解 y_0 は，

$$y_0 = -x^2\int \frac{x^3 \cdot x^2e^{-x}}{x^4}dx + x^3\int \frac{x^2 \cdot x^2e^{-x}}{x^4}dx$$

$$= -x^2\int xe^{-x}dx + x^3\int e^{-x}dx$$

$$= x^2(\cancel{x}+1)e^{-x} - \cancel{x^3e^{-x}} = \text{(オ)}$$ となる。

∴求める①の一般解は，$y =$ (オ) $+ C_1x^2 + C_2x^3$ である。

解答　(ア) 0　(イ) $\lambda^2 - 5\lambda + 6$　(ウ) $C_1x^2 + C_2x^3$
(エ) $3x^4 - 2x^4 = x^4$　(オ) x^2e^{-x}

講義3 ● 2階線形微分方程式　公式エッセンス

1. 2階線形微分方程式の解

$y'' + P(x)y' + Q(x)y = R(x)$ …① $(R(x) \neq 0)$ の一般解 y は，①の同伴方程式の一般解 $C_1y_1 + C_2y_2$ (ただし，$W(y_1, y_2) \neq 0$) と①の特殊解 y_0 との和となる。

2. 定数係数2階同次微分方程式の解法

$y'' + ay' + by = 0$ (a，b：定数) の一般解 y は，

特性方程式：$\lambda^2 + a\lambda + b = 0$ の2解 λ_1，λ_2 が

(i) 相異なる2実数解のとき，$y = C_1e^{\lambda_1 x} + C_2e^{\lambda_2 x}$

(ii) $\lambda_1 = \lambda_2$ の重解のとき，$y = (C_1 + C_2x)e^{\lambda_1 x}$

(iii) $\lambda_1 = \alpha + \beta i$，$\lambda_2 = \alpha - \beta i$ (α，β $(\neq 0)$：実数) のとき，

$y = e^{\alpha x}(C_1\cos\beta x + C_2\sin\beta x)$

3. 一般の2階線形微分方程式の解法

$y'' + P(x)y' + Q(x)y = R(x)$ …①の一般解 y について，

(i) ①の同伴方程式 …②の基本解 y_1，y_2 が分かっているとき，

①の特殊解 $y_0 = -y_1\int \frac{y_2 \cdot R(x)}{W(y_1, y_2)}dx + y_2\int \frac{y_1 \cdot R(x)}{W(y_1, y_2)}dx$

(ii) ②の基本解の1つ y_1 が既知のとき，$y = uy_1$ とおいて，解く。

4. 2階オイラーの方程式の解法

$x^2y'' + axy' + by = 0$ $(x > 0)$ (a，b：定数) の一般解 y は，

特性方程式：$\lambda^2 + (a-1)\lambda + b = 0$ の2解 λ_1，λ_2 が

(i) 相異なる2実数解のとき，$y = C_1x^{\lambda_1} + C_2x^{\lambda_2}$

(ii) $\lambda_1 = \lambda_2$ の重解のとき，$y = (C_1 + C_2\log x)x^{\lambda_1}$

(iii) $\lambda_1 = \alpha + \beta i$，$\lambda_2 = \alpha - \beta i$ (α，β $(\neq 0)$：実数) のとき，

$y = x^{\alpha}\{C_1\cos(\beta\log x) + C_2\sin(\beta\log x)\}$

5. 2階線形微分方程式を標準形に変換する解法

$y'' + Py' + Qy = R$ の解 y を $y = u \cdot v$ とおくと，$u'' + Iu = J$ にもち込める。

$\left(\text{ただし，} v = e^{-\frac{1}{2}\int P dx}，I = Q - \frac{1}{2}P' - \frac{1}{4}P^2，J = \frac{R}{v}\right)$

高階微分方程式

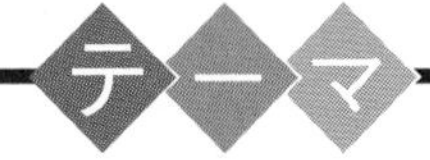

- ▶ 高階完全微分方程式
- ▶ 定数係数高階同次微分方程式
- ▶ オイラーの方程式

§1. 高階完全微分方程式

それでは，これから“高階微分方程式(こうかい)”の解説に入ろう。“高階”というのは，2階以上のことだ。“2階線形微分方程式”については前章で詳しく解説したので，ここでは主に3階以上の線形微分方程式を中心に解説していこうと思う。

3階以上の微分方程式になると，一般にはほとんど解けなくなるのだけれど，これから“解ける形”の高階微分方程式について教えていくつもりだ。そしてさらに，高階の“完全微分方程式(かんぜんびぶんほうていしき)”についても，その解法パターンを詳しく解説しよう。

● まず，簡単な高階微分方程式を解いてみよう！

3階以上の高階微分方程式といっても，すべてが難しいわけではないよ。次の例題のように，これまでの知識だけで簡単に解けるものもあるからだ。

例題29　次の高階微分方程式の一般解を求めよう。

(1) $x^2y''' = -1$ ……㋐　$(x>0)$ ← 3階常微分方程式

(2) $y^{(4)} - 4y'' = 0$ ……㋑ ← 4階常微分方程式

(1) ㋐より，$y''' = -\frac{1}{x^2}$ ……㋐′ $(x>0)$ ← 直接積分形

と変形すると，㋐′は3階の微分方程式ではあるけれど“直接積分形”なので，不定積分を3回行えば，一般解が求まることが分かると思う。

まず，㋐′の両辺をxで1回積分して，

$$y'' = \int\left(-\frac{1}{x^2}\right)dx = \frac{1}{x} + C_1'$$

もう1回積分して，

$$y' = \int\left(\frac{1}{x} + C_1'\right)dx = \log x + C_1'x + C_2'$$

さらに積分して，まとめたものが㋐の一般解だ。

$\int \log x\,dx = \int x' \cdot \log x\,dx$
$= x\log x - \int x \cdot \frac{1}{x}dx$
$= x\log x - x$
となる。

$$y = \int(\log x + C_1'x + C_2')dx = x\log x - x + \frac{C_1'}{2}x^2 + C_2'x + C_3$$

∴ ㋐ の一般解は，$y = x\log x + C_1x^2 + C_2x + C_3$ である。

$\left(ただし，C_1 = \frac{C_1'}{2},\ C_2 = C_2' - 1\right)$

3 階常微分方程式の一般解には，C_1，C_2，C_3 の 3 つの任意定数が含まれる！

(2) $y^{(4)} - 4y'' = 0$ ……㋑ については，$y'' = p$ とおくと，$y^{(4)} = (y'')'' = p''$

y'''' (4 階微分のこと)

よって，㋑は，$p'' - 4p = 0$ ……㋑′ となって，p の定数係数 2 階同次微分方程式になる。特性方程式：$\lambda^2 - 4 = 0$ を解いて，

$\lambda = \pm 2$ より，p の基本解は，$p_1 = e^{2x}$，$p_2 = e^{-2x}$

∴ $p = C_1'e^{2x} + C_2'e^{-2x}$ となる。

ここで，$p = y''$ より，$y'' = C_1'e^{2x} + C_2'e^{-2x}$ ← 直接積分形

これは直接積分形なので，この両辺を x で 2 回積分して，

$$y' = \int (C_1'e^{2x} + C_2'e^{-2x})dx = \frac{C_1'}{2}e^{2x} - \frac{C_2'}{2}e^{-2x} + C_3$$

$$y = \int \left(\frac{C_1'}{2}e^{2x} - \frac{C_2'}{2}e^{-2x} + C_3\right)dx = \underbrace{\frac{C_1'}{4}}_{C_1}e^{2x} + \underbrace{\frac{C_2'}{4}}_{C_2}e^{-2x} + C_3x + C_4$$

∴求める㋑の一般解は，

$y = C_1e^{2x} + C_2e^{-2x} + C_3x + C_4$ である。

$\left(ただし，C_1 = \frac{C_1'}{4},\ C_2 = \frac{C_2'}{4}\right)$

4 階常微分方程式の一般解には，C_1，C_2，C_3，C_4 の 4 つの任意定数が含まれる。

どう？ 高階微分方程式でも簡単に解けるものがあることが分かっただろう。先入観を持たず，これまでの知識で解けるものは積極的に解いていくこと。この姿勢が大事なんだ。

でも，たとえば，"次の 3 階の非同次線形微分方程式：

$$(x^4 + 1)y''' + 12x^3y'' + 36x^2y' + 24xy = \frac{2}{x^3} \quad \cdots\cdots ① \quad (x > 0)$$

の一般解が $(x^4 + 1)y = \log x + C_1x^2 + C_2x + C_3$ である" と言われても，今の時点ではチンプンカンプンだろうね。この①は実は "**完全微分方程式**" なので，上記のような一般解が求まるんだ。これから詳しく解説していこう！

● 高階完全微分方程式の解法をマスターしよう！

n 階の常微分方程式は一般に

$F(x, y, y', \cdots\cdots, y^{(n-1)}, y^{(n)}) = 0$ …① の形で表される。

ここで，この①の左辺 $F(x, y, y', \cdots\cdots, y^{(n-1)}, y^{(n)})$ に対して，

$$\frac{d}{dx}f(x, y, y', y'', \cdots\cdots, y^{(n-1)}) = F(x, y, y', \cdots\cdots, y^{(n-1)}, y^{(n)})$$

をみたす $f(x, y, y', y'', \cdots\cdots, y^{(n-1)})$ が存在するとき，①の微分方程式のことを "**完全微分方程式**" と呼ぶ。

つまり①が完全微分方程式であるならば，次の図 **1** に示すような模式図が成り立つんだよ。

図 **1** 完全微分方程式

完全微分方程式 (両辺を積分→) 第 **1** 積分

$F(x, y, y', \cdots\cdots, y^{(n-1)}, y^{(n)}) = 0$ ⇄ $f(x, y, y', y'', \cdots\cdots, y^{(n-1)}) = C$

n 階の微分方程式 (←両辺を微分) $(n-1)$ 階の微分方程式

このように n 階の微分方程式①が完全微分方程式であるならば両辺を x で積分して，$n-1$ 階の微分方程式：

$f(x, y, y', y'', \cdots\cdots, y^{(n-1)}) = C$ ……② にもち込むことができる。この②を①の "**第 1 積分**" と呼ぶことも覚えておこう。

それでは，非同次の n 階線形微分方程式：

$$P_0(x)y^{(n)} + P_1(x)y^{(n-1)} + P_2(x)y^{(n-2)} + \cdots + P_{n-1}(x)y' + P_n(x)y = R(x) \quad \cdots③$$

今後これは，$P_0y^{(n)} + P_1y^{(n-1)} + P_2y^{(n-2)} + \cdots + P_{n-1}y' + P_ny = R$ などと略記して示すこともある。その場合，P_0, P_1, …, P_n, R はすべて x の関数であることに注意しよう！

について，これが "完全微分方程式" であるための必要十分条件と，そのとき，③の両辺を x で積分した "第 **1** 積分" がどのようなものになるか，まとめて示そう。

注意 **P52** でも "完全微分方程式" について解説したけれど，これは **1** 階の微分方程式で，しかも非線形の微分方程式も含むものだったんだ。
今回の "完全微分方程式" の解説の対象は高階の線形微分方程式についてなんだ。
シッカリ区別して，解説を聞いてくれ。

高階線形完全微分方程式

n 階非同次線形微分方程式：

$$P_0y^{(n)}+P_1y^{(n-1)}+P_2y^{(n-2)}+\cdots+P_{n-1}y'+P_ny=R \quad \cdots\cdots㋐$$

が，完全微分方程式であるための必要十分条件は，

$$P_n-P_{n-1}'+P_{n-2}''-P_{n-3}'''+\cdots+(-1)^nP_0^{(n)}=0$$

このとき，㋐の両辺を x で積分してできる第 1 積分は，

$$q_0y^{(n-1)}+q_1y^{(n-2)}+q_2y^{(n-3)}+\cdots+q_{n-2}y'+q_{n-1}y=\int Rdx+C \quad \cdots\cdots㋑$$ となる。

（ただし，$q_0=P_0$，$q_1=P_1-P_0'$，$q_2=P_2-P_1'+P_0''$，$q_3=P_3-P_2'+P_1''-P_0'''$，$\cdots$，
$q_{n-1}=P_{n-1}-P_{n-2}'+P_{n-3}''-\cdots+(-1)^{n-1}P_0^{(n-1)}$ である。）

（また，㋐の P_0，P_1，P_2，$\cdots$，P_n と R，㋑の q_0，q_1，q_2，$\cdots$，q_{n-1} はすべて x の関数である。）

これだけでは何のことかサッパリ分からないって？ 当然だ！ これから具体的に例を示しながら，解説していくことにしよう。たとえば，

等式：$x^2y=C_1x+C_2$ ……① について，

この両辺を x で微分すると，

$$\underline{(x^2y)'}=(C_1x+C_2)'$$

$\| \; x^2\cdot y'+(x^2)'\cdot y$

$x^2y'+2xy=C_1$ ……② となる。

この両辺をさらに x で微分すると，

$$\underline{(x^2y'+2xy)'}=C_1'$$

$\| \; (x^2y')'+(2xy)'=x^2\cdot y''+\underline{(x^2)'\cdot y'+2x\cdot y'}+\underline{(2x)'}\cdot y$ （$(x^2)'\cdot y'+2x\cdot y'=4xy'$，$(2x)'=2$）

$x^2y''+4xy'+2y=0$ ……③ となるのもいいね。

図 2　完全微分方程式と第 1 積分

(i) 完全微分方程式
$x^2y''+4xy'+2y=0$ …③
↓
第 1 積分
$x^2y'+2xy=C_1$ …………②
↓
(ii) 完全微分方程式
$x^2y'+2xy=C_1$ …………②
↓
第 1 積分
$x^2y=C_1x+C_2$ …………①

①は，微分方程式③の一般解といえる！

実は，図 2 に示すように，この逆の変形（③→②，②→①）が完全微分方程式を解いて第 1 積分を求める操作を表しているんだよ。すなわち，

(i) 完全微分方程式③の両辺を x で積分して，②の第 1 積分が得られ，

(ii) さらに，②も完全微分方程式なので，これを x で積分して①の第 1 積分が得られることになるんだね。

それでは，どのような方程式が完全微分方程式となるのか？ 具体的に調べていくことにしよう。

(Ⅰ) 1 階線形微分方程式：$P_0y' + P_1y = R$ ……㋐ について，
これが，完全微分方程式となる場合を考えよう。
㋐の第 1 積分を求めるために㋐の両辺を x で積分して，

$$\int (P_0y' + P_1y)dx = \int Rdx + C$$

この右辺は単なる $R(x)$ の積分なので問題ない。ポイントは，左辺を変形して，第 1 積分の形になるための条件を求めることなんだ。

$$\int P_0y'dx + \int P_1ydx = \int Rdx + C$$

$\int P_0y'dx = P_0y - \int P_0'ydx$ ←部分積分

$$P_0y - \int P_0'ydx + \int P_1ydx = \int Rdx + C$$

$$P_0y + \int (P_1 - P_0')ydx = \int Rdx + C$$

P_0y：q_0 とおく，$P_1 - P_0'$：0

この左辺が 0 階，すなわち，x と y の関係式(第 1 積分)となるためには，左辺第 2 項の積分項が 0 となればいい。つまり，被積分関数の y の係数 $P_1 - P_0'$ が 0 となればいい。
∴㋐が完全微分方程式となるための条件は，

$P_1 - P_0' = 0$ ……㋐′ であり，

㋐の第 1 積分は，

$q_0y = \int Rdx + C$ ……㋐″ (ただし，$q_0 = P_0$) である。

(Ⅱ) 2 階線形微分方程式：$P_0y'' + P_1y' + P_2y = R$ ……㋑ について，
これが，完全微分方程式となる場合を考えよう。
㋑の両辺を x で積分して，第 1 積分(1 階の方程式)の形にもち込もう。

$$\int P_0y''dx + \int P_1y'dx + \int P_2ydx = \int Rdx + C$$

$\int P_1y'dx = P_1y - \int P_1'ydx$

部分積分の 2 連発

$$\int P_0(y')'dx = P_0y' - \int P_0'y'dx = P_0y' - \left(P_0'y - \int P_0''ydx\right)$$
$$= P_0y' - P_0'y + \int P_0''ydx$$

$$P_0y' - P_0'y + P_1y + \int P_0''ydx - \int P_1'ydx + \int P_2ydx = \int Rdx + C$$

$$\underbrace{P_0}_{q_0}y' + (\underbrace{P_1 - P_0'}_{q_1 とおく})y + \int (\underbrace{P_2 - P_1' + P_0''}_{0})ydx = \int Rdx + C$$

0 ← これが0となれば，第1積分の形になる。（第1積分：x と y と y' の関係式）

∴ ㋑が完全微分方程式となるための条件は，

$P_2 - P_1' + P_0'' = 0$ ……㋑′　であり，

㋑の第1積分は，

$q_0y' + q_1y = \int Rdx + C$ ……㋑″（ただし，$q_0 = P_0$，$q_1 = P_1 - P_0'$）である。

(Ⅲ) 3階線形微分方程式：$P_0y''' + P_1y'' + P_2y' + P_3y = R$ ……㋒ について，これが，完全微分方程式となる場合について考えよう。

㋒の両辺を x で積分して，第1積分(2階の方程式)の形にもち込むよ。

$$\int P_0y'''dx + \int P_1y''dx + \int P_2y'dx + \int P_3ydx = \int Rdx + C$$

$\int P_2y'dx = P_2y - \int P_2'ydx$

$$\int P_1(y')'dx = P_1y' - \int P_1'y'dx = P_1y' - \left(P_1'y - \int P_1''ydx\right) = P_1y' - P_1'y + \int P_1''ydx$$

$$\int P_0(y'')'dx = P_0y'' - \int P_0'y''dx = P_0y'' - \int P_0'(y')'dx = P_0y'' - \left(P_0'y' - \int P_0''y'dx\right) = P_0y'' - P_0'y' + P_0''y - \int P_0'''ydx$$

$$P_0y'' - P_0'y' + P_0''y + P_1y' - P_1'y + P_2y$$
$$- \int P_0'''ydx + \int P_1''ydx - \int P_2'ydx + \int P_3ydx = \int Rdx + C$$

$$\underbrace{P_0}_{q_0}y'' + (\underbrace{P_1 - P_0'}_{q_1})y' + (\underbrace{P_2 - P_1' + P_0''}_{q_2 とおく})y + \int (\underbrace{P_3 - P_2' + P_1'' - P_0'''}_{0})ydx = \int Rdx + C$$

0 ← これが0となれば，第1積分の形になる。（第1積分：x と y と y' と y'' の関係式）

∴ ㋒が完全微分方程式となるための条件は，

$P_3 - P_2' + P_1'' - P_0''' = 0$ ……㋒′　であり，

㋒の第1積分は，

$q_0y'' + q_1y' + q_2y = \int Rdx + C$ ……㋒″

（ただし，$q_0 = P_0$，$q_1 = P_1 - P_0'$，$q_2 = P_2 - P_1' + P_0''$）である。

このように，具体的に計算することにより，一般の n 階非同次線形微分方程式：

$$P_0y^{(n)}+P_1y^{(n-1)}+P_2y^{(n-2)}+\cdots+P_{n-1}y'+P_ny=R \quad \cdots\cdots ㋐$$

が完全微分方程式となるための条件が，

$P_n-P_{n-1}'+P_{n-2}''-P_{n-3}'''+\cdots+(-1)^nP_0^{(n)}=0$ となること，

そして，㋐の第 1 積分が，

$$q_0y^{(n-1)}+q_1y^{(n-2)}+q_2y^{(n-3)}+\cdots+q_{n-1}y=\int Rdx+C$$

（ただし，$q_0=P_0$，　$q_1=P_1-P_0'$，　$q_2=P_2-P_1'+P_0''$，　$\cdots$，
$q_{n-1}=P_{n-1}-P_{n-2}'+P_{n-3}''-\cdots+(-1)^{n-1}P_0^{(n-1)}$）

となることも，理解できると思う。

それでは，この完全微分方程式の解法パターンを使って，実際に，先程の例の 2 階線形微分方程式：

$\underset{P_0}{x^2}y''+\underset{P_1}{4x}y'+\underset{P_2}{2}y=\underset{R}{0}$ ……③ (P135)　を解いてみよう。

(i) $P_0=x^2$，$P_1=4x$，$P_2=2$ とおくと，

$P_2-P_1'+P_0''=2-(4x)'+(x^2)''$
$=2-4+2=0$ となるので，

③は完全微分方程式である。

よって，$q_0=P_0=x^2$
$q_1=P_1-P_0'=4x-(x^2)'=2x$ より，③の第 1 積分は，

$\underset{q_0}{x^2}y'+\underset{q_1}{2x}y=C_1$ ……②　となる。

右辺は，0 を x で積分して，定数 C_1 になった！

この完全微分方程式の解法は，実は，
$x^2y=C_1x+C_2$ ……①
$(x^2y)'=C_1$ …………②
$(x^2y)''=0$ …………③
の微分の流れを逆にたどっていってるだけだ！（微分↓，解法↑）

(ii) ここで，$\underset{P_0}{x^2}y'+\underset{P_1}{2x}y=C_1$ ……② について，新たに $P_0=x^2$，$P_1=2x$ とおくと，$P_1-P_0'=2x-(x^2)'=0$ となるので，②は完全微分方程式である。

よって，$q_0=P_0=x^2$ より，②の第 1 積分は，← これを③の第 2 積分といってもいい。

$\underset{q_0}{x^2}y=\int C_1dx+C_2$　　$\therefore\ x^2y=C_1x+C_2$ ……① となり，

この①が，③の微分方程式の解である。

それでは，**P133** で示した問題の種明かしをするときが来た！ 次の完全微分方程式の例題を解いてみよう。

> 例題 30　次の微分方程式を，完全微分方程式の解法に従って解いてみよう。
>
> $$(x^4+1)y'''+12x^3y''+36x^2y'+24xy=\frac{2}{x^3}\ \cdots\cdots①\quad (x>0)$$

(i) $(\underbrace{x^4+1}_{P_0})y'''+\underbrace{12x^3}_{P_1}y''+\underbrace{36x^2}_{P_2}y'+\underbrace{24x}_{P_3}y=\frac{2}{x^3}\ \cdots\cdots①\ (x>0)$ について，

$P_0=x^4+1$，$P_1=12x^3$，$P_2=36x^2$，$P_3=24x$ とおくと，

$$P_3-P_2'+P_1''-P_0'''=24x-\underbrace{(36x^2)'}_{72x}+\underbrace{(12x^3)''}_{(36x^2)'=72x}-\underbrace{(x^4+1)'''}_{(4x^3)''=(12x^2)'=24x}$$

$=24x-72x+72x-24x=0$ となるので，

①は完全微分方程式である。

ここで，$q_0=P_0=x^4+1$

$q_1=P_1-P_0'=12x^3-(x^4+1)'=12x^3-4x^3=8x^3$

$q_2=P_2-P_1'+P_0''=36x^2-\underbrace{(12x^3)'}_{36x^2}+\underbrace{(x^4+1)''}_{12x^2}=12x^2$ より，

①の第 1 積分は，

$$(\underbrace{x^4+1}_{q_0})y''+\underbrace{8x^3}_{q_1}y'+\underbrace{12x^2}_{q_2}y=\underbrace{\int 2x^{-3}dx}_{-x^{-2}}+C_1'\ \cdots\cdots②$$ となる。

(ii) $(\underbrace{x^4+1}_{P_0})y''+\underbrace{8x^3}_{P_1}y'+\underbrace{12x^2}_{P_2}y=-x^{-2}+C_1'\ \cdots\cdots②\ (x>0)$ について，

新たに，$P_0=x^4+1$，$P_1=8x^3$，$P_2=12x^2$ とおくと，

$P_2-P_1'+P_0''=12x^2-(8x^3)'+(x^4+1)''=12x^2-24x^2+12x^2=0$

となるので，②は完全微分方程式である。

ここで，$q_0=P_0=x^4+1$，$q_1=P_1-P_0'=8x^3-(x^4+1)'=4x^3$ より，

②の第 1 積分は，（①の第 2 積分）

$$(\underbrace{x^4+1}_{q_0})y'+\underbrace{4x^3}_{q_1}y=\underbrace{\int(-x^{-2}+C_1')dx}_{x^{-1}+C_1'x}+C_2\ \cdots\cdots③$$ となる。

(iii) $\underset{P_0}{\underline{(x^4+1)}}y'+\underset{P_1}{\underline{4x^3}}y=x^{-1}+C_1'x+C_2$ ……③ $(x>0)$ について，

新たに，$P_0=x^4+1$，$P_1=4x^3$ とおくと，

$P_1-P_0'=4x^3-(x^4+1)'=4x^3-4x^3=0$ となって，

③は完全微分方程式である。

ここで，$q_0=P_0=x^4+1$ より，③の第1積分は，（①の第3積分）

$$\underset{q_0}{\underline{(x^4+1)}}y=\int(x^{-1}+C_1'x+C_2)dx+C_3$$

$$(x^4+1)y=\log x+\boxed{\frac{C_1'}{2}}x^2+C_2x+C_3 \quad (C_1 \text{とおく})$$

以上(i)(ii)(iii)より，完全微分方程式①の一般解は，

$$(x^4+1)y=\log x+C_1x^2+C_2x+C_3 \quad \left(C_1=\frac{C_1'}{2}\right)$$ となるんだね。

大丈夫？

それでは，もう1題解いておこう。

> 例題31　次の微分方程式を，完全微分方程式の解法に従って解いてみよう。
> $(\sin x)\cdot y'''+3\cdot(\cos x)\cdot y''-3\cdot(\sin x)\cdot y'-(\cos x)y=6x$ …①

(i) $\underset{P_0}{\underline{(\sin x)}}\cdot y'''+\underset{P_1}{\underline{3\cdot(\cos x)}}\cdot y''\underset{P_2}{\underline{-3\cdot(\sin x)}}\cdot y'\underset{P_3}{\underline{-(\cos x)}}y=6x$ …① について，

$P_0=\sin x$，$P_1=3\cos x$，$P_2=-3\sin x$，$P_3=-\cos x$ とおくと，

$P_3-P_2'+P_1''-P_0'''=-\cos x-\underset{-3\cos x}{\underline{(-3\sin x)'}}+\underset{3\cdot(-\sin x)'=-3\cos x}{\underline{(3\cos x)''}}-\underset{(\cos x)''=(-\sin x)'=-\cos x}{\underline{(\sin x)'''}}$

$=-\cos x+3\cos x-3\cos x+\cos x=0$ となるので，

①は完全微分方程式である。

ここで，$q_0=P_0=\sin x$

$q_1=P_1-P_0'=3\cos x-(\sin x)'=3\cos x-\cos x=2\cos x$

$q_2=P_2-P_1'+P_0''=-3\sin x-(3\cos x)'+(\sin x)''$

$=-3\sin x+3\sin x-\sin x=-\sin x$ 　　より，

①の第1積分は，

$$\underbrace{(\sin x)}_{q_0}\cdot y''+\underbrace{2\cdot(\cos x)}_{q_1}\cdot y'\underbrace{-(\sin x)}_{q_2}\cdot y=\underbrace{\int 6x\,dx}_{3x^2}+C_1'$$ となる。

(ⅱ) $\underbrace{(\sin x)}_{P_0}\cdot y''+\underbrace{2\cdot(\cos x)}_{P_1}\cdot y'\underbrace{-(\sin x)}_{P_2}\cdot y=3x^2+C_1'$ ……② について，

新たに，$P_0=\sin x$，$P_1=2\cos x$，$P_2=-\sin x$ とおくと，

$$P_2-P_1'+P_0''=-\sin x-(2\cos x)'+(\sin x)''$$
$$=-\sin x+2\sin x-\sin x=0$$ となるので，

②は完全微分方程式である。

ここで，$q_0=P_0=\sin x$

$q_1=P_1-P_0'=2\cos x-(\sin x)'$

$=2\cos x-\cos x=\cos x$ より，

②の第1積分は，←(①の第2積分といってもいい。)

$$\underbrace{(\sin x)}_{q_0}y'+\underbrace{(\cos x)}_{q_1}y=\underbrace{\int(3x^2+C_1')dx}_{x^3+C_1'x}+C_2$$

(ⅲ) $\underbrace{(\sin x)}_{P_0}\cdot y'+\underbrace{(\cos x)}_{P_1}\cdot y=x^3+C_1'x+C_2$ ……③ について，

新たに，$P_0=\sin x$，$P_1=\cos x$ とおくと，

$P_1-P_0'=\cos x-(\sin x)'=\cos x-\cos x=0$ となるので，

③は完全微分方程式である。

ここで，$q_0=P_0=\sin x$ より，

③の第1積分，すなわち①の一般解は，

$$\underbrace{(\sin x)}_{q_0}y=\underbrace{\int(x^3+C_1'x+C_2)dx}_{\frac{1}{4}x^4+\frac{C_1'}{2}x^2+C_2x}+C_3$$ より，

$y\cdot\sin x=\dfrac{1}{4}x^4+C_1x^2+C_2x+C_3$ である。$\left(C_1=\dfrac{C_1'}{2}\right)$

これで，高階完全微分方程式の解法にも，自信がついただろう。
次の演習問題で，さらに腕に磨きをかけてくれ！

演習問題 9	● 完全微分方程式の応用 ●

次の微分方程式を，完全微分方程式の解法に従って解け。

$(x^3-x)y''+(5x^2-3)y'+4xy=0$ ……① （ただし，$x>0$ かつ $x\neq 1$）

ヒント！ $P_0=x^3-x$，$P_1=5x^2-3$，$P_2=4x$ とおくと，$P_2-P_1'+P_0''=0$ となるので，①は完全微分方程式であることが分かる。でも，①の第 1 積分は完全微分方程式ではないんだよ。だから，これは 1 階線形微分方程式の一般解の公式を使って解くことになる。

解答＆解説

$\underbrace{(x^3-x)}_{P_0}y''+\underbrace{(5x^2-3)}_{P_1}y'+\underbrace{4x}_{P_2}y=0$ …① （ただし，$x>0$ かつ $x\neq 1$）について，

$P_0=x^3-x$，$P_1=5x^2-3$，$P_2=4x$ とおくと，

$$P_2-P_1'+P_0''=4x-\underbrace{(5x^2-3)'}_{10x}+\underbrace{(x^3-x)''}_{(3x^2-1)'=6x}$$

$$=4x-10x+6x=0 \text{ となるので，}$$

①は完全微分方程式である。

ここで，$q_0=P_0=x^3-x=x(x^2-1)$

$q_1=P_1-P_0'=5x^2-3-(x^3-x)'$

$=5x^2-3-(3x^2-1)=2x^2-2=2(x^2-1)$ より，

①の第 1 積分は，

$x(x^2-1)y'+2(x^2-1)y=C_1'$ ……② $(x>0,\ x\neq 1)$ となる。

注意

②について，新たに $P_0=x(x^2-1)$，$P_1=2(x^2-1)$ とおいて，

P_1-P_0' を調べると，

$P_1-P_0'=2x^2-2-(3x^2-1)=-x^2-1\neq 0$ （恒等的に 0 ではないという意味）

となるので，②は完全微分方程式ではない。

よって，今回は②を 1 階線形微分方程式：

$y'+P(x)y=Q(x)$ の形にもち込み，一般解の公式

$y=e^{-\int P(x)dx}\left\{\int Q(x)e^{\int P(x)dx}dx+C\right\}$ を使って解けばいいんだね。

②は完全微分方程式ではない。

ここで，$x>0$ かつ $x \neq 1$ より，$x(x^2-1) \neq 0$

よって，②の両辺を $x(x^2-1)$ で割ると，

$$y' + \underbrace{\frac{2}{x}}_{P(x)} \cdot y = \underbrace{\frac{C_1'}{x(x^2-1)}}_{Q(x)}$$ となる。

解の公式
$y = e^{-\int Pdx}\left\{\int Q \cdot e^{\int Pdx}dx + C\right\}$

これは，1階線形微分方程式なので，

この一般解の公式を使うと，

$$y = e^{-\int \frac{2}{x}dx}\left\{\int \frac{C_1'}{x(x^2-1)} \cdot e^{\int \frac{2}{x}dx}dx + C_2\right\}$$

$e^{-2\log x} = e^{\log x^{-2}} = \frac{1}{x^2}$

$e^{2\log x} = e^{\log x^2} = x^2$

公式
$e^{\log \alpha} = \alpha$ を使った！

$$= \frac{1}{x^2}\left\{\int \frac{C_1' x^2}{x(x^2-1)}dx + C_2\right\}$$

$\frac{C_1'}{2}\int \frac{2x}{x^2-1}dx = C_1 \log|x^2-1|$

$$= \frac{1}{x^2}(C_1 \log|x^2-1| + C_2) \qquad \left(C_1 = \frac{C_1'}{2}\right)$$

以上より，①の一般解は，

$$y = \frac{C_1 \log|x^2-1|}{x^2} + \frac{C_2}{x^2} \qquad (x>0,\ x \neq 1)$$ である。

今回は，実践問題を省くけれど，“高階完全微分方程式”もこれだけ練習すれば十分だろうと思う。よ～く復習してくれ！

§2. 定数係数高階同次微分方程式

それでは，これから，**“高階線形微分方程式”** の解の構造について解説しよう。そして，高階微分方程式のなかでも最も基本となる **“定数係数高階同次微分方程式”** について，その解法を詳しく解説するつもりだ。これらの雛形（プロトタイプ）である“2 階線形微分方程式”や“定数係数 2 階同次微分方程式”については，既に詳しく解説した。だから，高階のものは 2 階のものの拡張であると考えればいいんだよ。

ここではさらに，**“高階オイラーの方程式”** についても教える。そして，これと“定数係数高階同次微分方程式”が，変数変換を行えば，本質的に同じ方程式であることも示そうと思う。

● まず，高階線形微分方程式の解の構造を押さえよう！

一般に n 階，すなわち高階の常微分方程式は，x，y，y'，…，$y^{(n)}$ の関係式として，$F(x, y, y', \cdots, y^{(n)})=0$ の形で表されるんだけれど，この中でも特に，

$$y^{(n)}+P_1(x)y^{(n-1)}+P_2(x)y^{(n-2)}+\cdots+P_{n-1}(x)y'+P_n(x)y=R(x) \quad \cdots\cdots ①$$

の形の微分方程式を **“高階（こうかい）線形微分方程式”** と呼ぶ。ここで，$R(x) \neq 0$ の

（これは，すべての x に対して $R(x)$ が恒等的に 0 ではないという意味だ。）

とき，**“非同次方程式”** といい，すべての x に対して恒等的に $R(x)=0$ のとき，すなわち，

$$y^{(n)}+P_1(x)y^{(n-1)}+P_2(x)y^{(n-2)}+\cdots+P_{n-1}(x)y'+P_n(x)y=0 \quad \cdots\cdots ②$$

を **“同次方程式”** という。そして，②は①の **“同伴方程式”** と呼ぶ。

以上をまとめて，下に示そう。

高階線形微分方程式

高階線形微分方程式：（非同次方程式）

$$y^{(n)}+P_1(x)y^{(n-1)}+\cdots+P_{n-1}(x)y'+P_n(x)y=R(x) \quad \cdots ① \ (R(x) \neq 0)$$

の同伴方程式は，（同次方程式）

$$y^{(n)}+P_1(x)y^{(n-1)}+\cdots+P_{n-1}(x)y'+P_n(x)y=0 \quad \cdots\cdots ②$$

である。

以上の解説は，2階線形微分方程式のものとまったく同じだね。そして，これから話す，高階線形微分方程式の一般解の構造も，2階のものとまったく同様の構造だから，すぐに理解できるはずだ。

①の高階線形微分方程式の一般解 y は，

・①の特殊解 y_0 と，
・同伴方程式②の一般解 Y との和，すなわち，

$y = y_0 + Y$ ……③ の形で表される。そして，②の一般解 Y は①の"**余関数**"とも呼ぶ。

（①の特殊解）（①の余関数）

そして，n 階の同伴方程式②の解全体の集合を U とおくと，2階のときと同様に，U は線形空間をなす。よって，②の一般解 Y は，1次独立（線形独立）な n 個の解 y_1，y_2，…，y_n の1次結合，すなわち，

$Y = C_1y_1 + C_2y_2 + \cdots + C_ny_n$ ……④ （C_k：任意定数，$k = 1, 2, \cdots, n$）

で表される。また，y_1，y_2，…，y_n を1組の"**基本解**"と呼ぶ。そして，y_1，y_2，…，y_n が，1次独立な解であることを確かめる手段として，次の"**ロンスキアン**"または"**ロンスキー行列式**" $W(y_1, y_2, \cdots, y_n)$ を用いる。

$$W(y_1, y_2, \cdots, y_n) = \begin{vmatrix} y_1 & y_2 & \cdots & y_n \\ y_1' & y_2' & \cdots & y_n' \\ \cdots & \cdots & \cdots & \cdots \\ y_1^{(n-1)} & y_2^{(n-1)} & \cdots & y_n^{(n-1)} \end{vmatrix} \cdots\cdots⑤$$

「ロンスキアン $W(y_1, y_2, \cdots, y_n) \neq 0$ のとき，y_1，y_2，…，y_n は1次独立な解である。」と言えるので，y_1，y_2，…，y_n は基本解と言えるんだね。

（これは，恒等的に0ではないという意味。）

以上から，④を③に代入して，①の一般解 y は，

$y = y_0 + Y = y_0 + C_1y_1 + C_2y_2 + \cdots + C_ny_n$ と表される。大丈夫だね。

（特殊解）（余関数）

どう？ 2階線形微分方程式のときとまったく同様な解の構造になっているのが分かっただろう。高階線形微分方程式の場合，⑤のロンスキアンの計算が大変になるけれど，"線形代数"で学習した，"行列式"の計算手法で計算していけばいいんだよ。それでは，以上をまとめて示しておこう。

高階線形微分方程式の解

高階線形微分方程式：（非同次方程式）

$$y^{(n)}+P_1(x)y^{(n-1)}+\cdots+P_{n-1}(x)y'+P_n(x)y=R(x)\ \cdots ① \ (R(x)\neq 0)$$

の特殊解を y_0 とおく。また，①の同伴方程式：（同次方程式）

$$y^{(n)}+P_1(x)y^{(n-1)}+\cdots+P_{n-1}(x)y'+P_n(x)y=0\ \cdots\cdots ②$$

の一般解を，$Y=C_1y_1+C_2y_2+\cdots+C_ny_n\ \left(W(y_1,\ y_2,\ \cdots,\ y_n)\neq 0\right)$

とおくと，①の一般解 y は，$y=y_0+Y$ より，

$$y=y_0+C_1y_1+C_2y_2+\cdots+C_ny_n\ \ (C_k\text{:任意定数},\ k=1,\ 2,\ \cdots,\ n)$$

（y_0：特殊解，$C_1y_1+\cdots+C_ny_n$：余関数）

で表される。

（ここで，y_1，y_2，…，y_n を②の基本解と呼び，$C_1y_1+C_2y_2+\cdots+C_ny_n$ は①の余関数と呼ぶ。）

さらに，「①の高階線形微分方程式は，$P_1(x)$，$P_2(x)$，…，$P_n(x)$，$R(x)$ が連続であれば常に解を持ち，その解は初期条件が与えられれば一意に定まる。また，特異解は存在しない。」ことも覚えておこう。

● 定数係数 n 階同次微分方程式を解いてみよう！

それではこれから，n 階線形微分方程式の中でも最も基本的な **"定数係数 n 階同次微分方程式"**：

$$y^{(n)}+a_1y^{(n-1)}+a_2y^{(n-2)}+\cdots+a_{n-1}y'+a_ny=0\ \cdots\cdots ①$$

$$(a_k\text{：定数},\ k=1,\ 2,\ \cdots,\ n)$$

の解法について，解説しよう。

これも，"定数係数 2 階同次微分方程式" (P91) のときと同様に，その解が，$y=e^{\lambda x}$ ……②の形で得られることが，容易に分かるはずだ。よって，$y'=\lambda e^{\lambda x}$, $y''=\lambda^2e^{\lambda x}$，…，$y^{(n-1)}=\lambda^{n-1}e^{\lambda x}$，$y^{(n)}=\lambda^ne^{\lambda x}$ より，これらを①に代入して，

$$\lambda^ne^{\lambda x}+a_1\lambda^{n-1}e^{\lambda x}+\cdots+a_{n-1}\lambda e^{\lambda x}+a_ne^{\lambda x}=0$$

この両辺を $e^{\lambda x}\ (\neq 0)$ で割ると，①の **"特性方程式"**：

$\lambda^n+a_1\lambda^{n-1}+\cdots+a_{n-1}\lambda+a_n=0\ \cdots\cdots ②$　が導ける。

この特性方程式②が n 個の相異なる実数解 $\lambda=\lambda_1, \lambda_2, \cdots, \lambda_n$ をもつときは，①は，$y_1=e^{\lambda_1 x}$，$y_2=e^{\lambda_2 x}$，$\cdots$，$y_n=e^{\lambda_n x}$ の n 個の1次独立な解をもつ。よって，これらの解の組は①の基本解となるので，①の一般解 y は，この1次結合として，

$y=C_1e^{\lambda_1 x}+C_2e^{\lambda_2 x}+\cdots+C_ne^{\lambda_n x}$ と表せる。ここまではいいね。

それでは，特性方程式②が，重複した実数解や，虚数解をもつ場合，①の一般解がどのようなものになるか，例を使って示しておこう。

(i) 特性方程式が，$(\lambda+1)(\lambda-1)^2=0$ のとき，

$\lambda=-1$，1 (2重解) である。よって，

・基本解は，$e^{-1\cdot x}$，$e^{1\cdot x}$，$xe^{1\cdot x}$ であり，

・一般解は，$y=C_1e^{-x}+C_2e^x+C_3xe^x$

$=C_1e^{-x}+(C_2+C_3x)e^x$ である。

(ii) 特性方程式が，$\lambda(\lambda-2)^3=0$ のとき，

$\lambda=0$，2 (3重解) である。よって，

・基本解は，$e^{0\cdot x}$ ($=1$)，e^{2x}，xe^{2x}，x^2e^{2x} であり，

・一般解は，$y=C_1+C_2e^{2x}+C_3xe^{2x}+C_4x^2e^{2x}$

$=C_1+(C_2+C_3x+C_4x^2)e^{2x}$ である。

(iii) 特性方程式が，$(\lambda-3)^2(\lambda^2+1)=0$ のとき，

$\lambda=3$ (2重解)，$\pm i$ である。よって，

・基本解は，e^{3x}，xe^{3x}，$e^{0\cdot x}$ ($=1$) $\cos 1\cdot x$，$e^{0\cdot x}$ ($=1$) $\sin 1\cdot x$ であり，

$\lambda=\alpha\pm i\beta$ のとき，基本解は $e^{\alpha x}\cos\beta x$，$e^{\alpha x}\sin\beta x$ となる。

・一般解は，$y=(C_1+C_2x)e^{3x}+C_3\cos x+C_4\sin x$ である。

(iv) 特性方程式が，$(\lambda^2-2\lambda+5)^3=0$ のとき，

$\lambda=1\pm 2i$ ($1+2i$，$1-2i$ 共に3重解) である。よって，

・基本解は，$e^{1\cdot x}\cos 2x$，$xe^{1\cdot x}\cos 2x$，$x^2e^{1\cdot x}\cos 2x$，

$e^{1\cdot x}\sin 2x$，$xe^{1\cdot x}\sin 2x$，$x^2e^{1\cdot x}\sin 2x$ であり，

・一般解は，$y=e^x(C_1\cos 2x+C_2\sin 2x)+xe^x(C_3\cos 2x+C_4\sin 2x)$

$+x^2e^x(C_5\cos 2x+C_6\sin 2x)$ である。

これくらい練習すれば，特性方程式の解と定数係数同次微分方程式の基本解や一般解との関係がよく分かったと思う。

それでは，以上のことをまとめて，公式として次に示そう。

定数係数高階同次微分方程式の解

定数係数 n 階同次微分方程式：

$$y^{(n)}+a_1y^{(n-1)}+a_2y^{(n-2)}+\cdots+a_{n-1}y'+a_ny=0 \quad \cdots\cdots①$$

$(a_1,\ a_2,\ \cdots,\ a_n：定数)$

の特性方程式：

$$\lambda^n+a_1\lambda^{n-1}+\cdots+a_{n-1}\lambda+a_n=0 \quad \cdots\cdots②$$

$l_1,\ l_2,\ \cdots,\ m_1,\ m_2,\ \cdots$ は 1 でもかまわない。

が，次の n 個の解をもつものとする。

・相異なる実数解：$\lambda_1,\ \lambda_2,\ \cdots,\ \lambda_s$　(重複度 $l_1,\ l_2,\ \cdots,\ l_s$)

つまり，λ_1 は l_1 重解，λ_2 は l_2 重解，…，λ_s は l_s 重解ということ。

・相異なる虚数解：$\alpha_1\pm i\beta_1,\ \alpha_2\pm i\beta_2,\ \cdots,\ \alpha_t\pm i\beta_t$ (重複度 $m_1,\ m_2,\ \cdots,\ m_t$)

つまり，$\alpha_1\pm i\beta_1$ は共に m_1 重解，$\alpha_2\pm i\beta_2$ は共に m_2 重解，…，$\alpha_t\pm i\beta_t$ は共に m_t 重解ということ。

(よって，$n=(l_1+l_2+\cdots+l_s)+2(m_1+m_2+\cdots+m_t)$ となる。)

重複解を別々に数えると，②はトータルで n 個の解をもつ。

このとき，①は次の n 個の基本解をもつ。

・$e^{\lambda_ix},\ xe^{\lambda_ix},\ x^2e^{\lambda_ix},\ \cdots,\ x^{l_i-1}e^{\lambda_ix}\quad (i=1,\ 2,\ \cdots,\ s)$

$$\begin{cases} e^{\alpha_jx}\cos\beta_jx,\ xe^{\alpha_jx}\cos\beta_jx,\ \cdots,\ x^{m_j-1}e^{\alpha_jx}\cos\beta_jx \\ e^{\alpha_jx}\sin\beta_jx,\ xe^{\alpha_jx}\sin\beta_jx,\ \cdots,\ x^{m_j-1}e^{\alpha_jx}\sin\beta_jx \end{cases} \quad (j=1,\ 2,\ \cdots,\ t)$$

ゆえに，①の一般解は，これらの基本解の 1 次結合の形で表される。

どう？このように一般論で書くと,難しく感じるかも知れないね。でも，その前に，複数の例を使って練習しているので，この基本事項の意味もよく分かると思う。

それでは，例題で，“定数係数 n 階同次微分方程式”を実際に解いてみることにしよう。まず，慣れることが一番だからね。

例題 32　次の微分方程式を解いてみよう。

(1) $y'''-3y''+2y'=0$ ……………………㋐

(2) $y^{(4)}-5y'''+9y''-7y'+2y=0$ ……㋑

(3) $y^{(4)}+2y''-3y=0$ ……………………㋒

(1) ～ **(3)** はすべて，定数係数の同次微分方程式なので，解を $y=e^{\lambda x}$ とおいて，λ の特性方程式にもち込んで解けばいいんだね。

(1) ㋐の特性方程式：$\lambda^3-3\lambda^2+2\lambda=0$ を解いて，

$$\lambda(\lambda^2-3\lambda+2)=0 \qquad \lambda(\lambda-1)(\lambda-2)=0 \qquad \therefore \lambda=0,\ 1,\ 2$$

よって，㋐の基本解は，$\underline{y_1=e^{0\cdot x}}$（$=1$），$y_2=e^{1\cdot x}$，$y_3=e^{2\cdot x}$

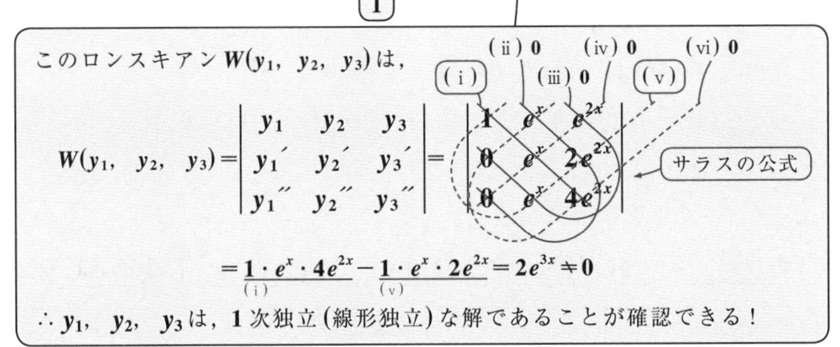

$\therefore$ ㋐の一般解は，$y=C_1+C_2e^x+C_3e^{2x}$ である。

(2) ㋑の特性方程式：$\lambda^4-5\lambda^3+9\lambda^2-7\lambda+2=0$

を解いて，

$$(\lambda-1)^3(\lambda-2)=0$$

$$\therefore \lambda=1\ (3\text{ 重解}),\ 2$$

よって，㋑の基本解は，

$$y_1=e^{1\cdot x},\ y_2=xe^{1\cdot x},\ y_3=x^2e^{1\cdot x},\ y_4=e^{2\cdot x}$$

組立除法

	1	−5	9	−7	2
1)		1	−4	5	−2
	1	−4	5	−2	(0)
1)		1	−3	2	
	1	−3	2	(0)	
1)		1	−2		
	1	−2	(0)		

このロンスキアン $W(y_1,\ y_2,\ y_3,\ y_4)$ は，

$$W(y_1,\ y_2,\ y_3,\ y_4)=\begin{vmatrix} e^x & xe^x & x^2e^x & e^{2x} \\ e^x & (x+1)e^x & (x^2+2x)e^x & 2e^{2x} \\ e^x & (x+2)e^x & (x^2+4x+2)e^x & 4e^{2x} \\ e^x & (x+3)e^x & (x^2+6x+6)e^x & 8e^{2x} \end{vmatrix}$$

$$=e^{5x}\begin{vmatrix} 1 & x & x^2 & 1 \\ 1 & x+1 & x^2+2x & 2 \\ 1 & x+2 & x^2+4x+2 & 4 \\ 1 & x+3 & x^2+6x+6 & 8 \end{vmatrix}=e^{5x}\begin{vmatrix} 1 & x & x^2 & 1 \\ 0 & 1 & 2x & 1 \\ 0 & 2 & 4x+2 & 3 \\ 0 & 3 & 6x+6 & 7 \end{vmatrix}=e^{5x}\begin{vmatrix} 1 & 2x & 1 \\ 2 & 4x+2 & 3 \\ 3 & 6x+6 & 7 \end{vmatrix}$$

$$=e^{5x}\begin{vmatrix} 1 & 2x & 1 \\ 0 & 2 & 1 \\ 0 & 6 & 4 \end{vmatrix}=e^{5x}\begin{vmatrix} 2 & 1 \\ 6 & 4 \end{vmatrix}=e^{5x}(8-6)=2e^{5x}\neq 0$$ となる。

このロンスキアン（行列式）の式変形の意味がよく分からない方は，
マセマの「**線形代数キャンパス・ゼミ**」で学習されることを勧める。

㋑の基本解 $y_1=e^x$，$y_2=xe^x$，$y_3=x^2e^x$，$y_4=e^{2x}$ より，

㋑の一般解は，$y=C_1e^x+C_2xe^x+C_3x^2e^x+C_4e^{2x}$

$=(C_1+C_2x+C_3x^2)e^x+C_4e^{2x}$ 　である。

(3) $y^{(4)}+2y''-3y=0$ ……㋒

の特性方程式：$\lambda^4+2\lambda^2-3=0$ 　を解いて，

$(\lambda^2-1)(\lambda^2+3)=0$ 　　$(\lambda-1)(\lambda+1)(\lambda^2+3)=0$

$\therefore \lambda=\pm 1,\ \pm\sqrt{3}i$

よって，㋒の基本解は，

$y_1=e^{1\cdot x}$，$y_2=e^{-1\cdot x}$，$y_3=\underbrace{e^{0\cdot x}}_{1}\cos\sqrt{3}x$，$y_4=\underbrace{e^{0\cdot x}}_{1}\sin\sqrt{3}x$

このロンスキアン $W(y_1,\ y_2,\ y_3,\ y_4)$ の計算は少し繁雑になるけれど，
$W(y_1,\ y_2,\ y_3,\ y_4)=-32\sqrt{3}\ (\neq 0)$ が導ける。興味のある人はやってごらん。

$\therefore$ ㋒の一般解は，$y=C_1e^x+C_2e^{-x}+C_3\cos\sqrt{3}x+C_4\sin\sqrt{3}x$ 　である。

これで，“定数係数高階同次微分方程式”の解法にも慣れたと思う。

エッ？ “**定数係数高階非同次微分方程式**”を何故解説しないのかって？

“**定数係数高階非同次微分方程式**”：

$y^{(n)}+a_1y^{(n-1)}+a_2y^{(n-2)}+\cdots+a_{n-1}y'+a_ny=R(x)$ 　の場合，この同伴方程式（同次方程式）の一般解，すなわち余関数 $Y=C_1y_1+C_2y_2+\cdots+C_ny_n$ については，上述した通り，特性方程式から解ける。だけど，この非同次方程式の特殊解 y_0 を求めることが，現時点では難しいんだ。だから，今は解説を控えているんだよ。

この非同次方程式の特殊解 y_0 については，次章で“**演算子**（えんざんし）”を使った強力な解法を教えるから楽しみにしてくれ。

ここでは，これから“**高階オイラーの方程式**”の解法について解説する。この“オイラーの方程式”も同次方程式だけど，次回はこの応用として，非同次のオイラーの方程式の解法にもチャレンジしてみよう。でも，その前に，これから，この“高階オイラーの方程式”が，変数変換すれば，“定数係数高階同次微分方程式”になることを解説する。これが，非同次の方程式を解く上でのキーポイントとなるからなんだよ。

● 高階オイラーの方程式にチャレンジしよう！

一般に，次の形の同次微分方程式を“**オイラーの方程式**”と呼ぶ。

$$x^n y^{(n)} + a_1 x^{n-1} y^{(n-1)} + a_2 x^{n-2} y^{(n-2)} + \cdots + a_{n-1} x y' + a_n y = 0 \quad \cdots\cdots ①$$

$$(x > 0)(a_1,\ a_2,\ \cdots,\ a_n：定数)$$

①の特別な場合として，$x^2 y'' + axy' + by = 0$ $(a,\ b$：定数$)$を“2階オイラーの方程式”(P118)と呼んだので，ここでは$n \geqq 3$の①の方程式は，2階のものと区別したいときは，“**高階オイラーの方程式**”と呼ぶことにしよう。つまり，これから“オイラーの方程式”の一般論に入るということなんだね。

①の場合においても，“2階オイラーの方程式”のときと同様に，その解を$y = x^\lambda$ (λ：定数)とおけばうまくいくことが分かるはずだ。このとき，①の左辺の項はいずれもx^λの項となるため，両辺をx^λ $(\neq 0)$で割れば，λのn次方程式(特性方程式)が得られるからだ。これを解けば，①の基本解，および一般解が求まるんだよ。大丈夫だね。

それでは早速，例題で，この“高階オイラーの方程式”を解いてみることにしよう。

> 例題33　次の微分方程式(オイラーの方程式)を解いてみよう。
> (1) $x^3 y''' + 7x^2 y'' + 8xy' = 0$ ………………………㋐　$(x > 0)$
> (2) $x^4 y^{(4)} + 6x^3 y''' + 2x^2 y'' - 4xy' + 4y = 0$ ……㋑　$(x > 0)$

㋐，㋑共に，“オイラーの方程式”なので，解を$y = x^\lambda$とおいて求めてみよう。

(1) ㋐の解を$y = x^\lambda$　(λ：定数)とおくと，

$y' = \lambda x^{\lambda-1}$, $y'' = \lambda(\lambda-1)x^{\lambda-2}$, $y''' = \lambda(\lambda-1)(\lambda-2)x^{\lambda-3}$　となる。

これらを㋐に代入して，

$$x^3 \lambda(\lambda-1)(\lambda-2)x^{\lambda-3} + 7x^2 \lambda(\lambda-1)x^{\lambda-2} + 8x\lambda x^{\lambda-1} = 0$$

$$(\lambda^3 - 3\lambda^2 + 2\lambda)x^\lambda + 7(\lambda^2 - \lambda)x^\lambda + 8\lambda x^\lambda = 0$$

(いずれもx^λの項になる！)

両辺をx^λ　$(\neq 0)$で割ると，特性方程式(3次方程式)：

$$\lambda^3 - 3\lambda^2 + 2\lambda + 7(\lambda^2 - \lambda) + 8\lambda = 0$$

$\lambda^3 + 4\lambda^2 + 3\lambda = 0$　が導ける。これを解いて，

$\lambda(\lambda+1)(\lambda+3) = 0$　　$\therefore \lambda = 0,\ -1,\ -3$

よって，㋐の基本解は，$y_1 = 1\ (= x^0)$，$y_2 = x^{-1}$，$y_3 = x^{-3}$

$\therefore$ ㋐の一般解は，$y = C_1 + \dfrac{C_2}{x} + \dfrac{C_3}{x^3}$　である。

(2) オイラーの方程式：$x^4y^{(4)}+6x^3y'''+2x^2y''-4xy'+4y=0$ ……④

の解を $y=x^{\lambda}$ $(\neq 0)$ とおくと，$y'=\lambda x^{\lambda-1}$，$y''=\lambda(\lambda-1)x^{\lambda-2}$，

$y'''=\lambda(\lambda-1)(\lambda-2)x^{\lambda-3}$, $y^{(4)}=\lambda(\lambda-1)(\lambda-2)(\lambda-3)x^{\lambda-4}$ となる。

これらを④に代入して，

$$x^4\cdot\lambda(\lambda-1)(\lambda-2)(\lambda-3)x^{\lambda-4}+6x^3\cdot\lambda(\lambda-1)(\lambda-2)x^{\lambda-3}$$

$(\lambda-3)(\lambda^3-3\lambda^2+2\lambda)$
$=\lambda^4-6\lambda^3+11\lambda^2-6\lambda$

$\lambda^3-3\lambda^2+2\lambda$

$$+2x^2\cdot\lambda(\lambda-1)x^{\lambda-2}-4x\cdot\lambda x^{\lambda-1}+4x^{\lambda}=0$$

$$(\lambda^4-6\lambda^3+11\lambda^2-6\lambda)x^{\lambda}+6(\lambda^3-3\lambda^2+2\lambda)x^{\lambda}$$
$$+2(\lambda^2-\lambda)x^{\lambda}-4\lambda x^{\lambda}+4x^{\lambda}=0$$

いずれも x^{λ} の項になる！

両辺を x^{λ} $(\neq 0)$ で割ると，特性方程式 (4 次方程式)：

$$\lambda^4-6\lambda^3+11\lambda^2-6\lambda+6(\lambda^3-3\lambda^2+2\lambda)+2(\lambda^2-\lambda)-4\lambda+4=0$$

$\lambda^4-5\lambda^2+4=0$ が導ける。これを解いて，

$(\lambda^2-1)(\lambda^2-4)=0$ $(\lambda-1)(\lambda+1)(\lambda-2)(\lambda+2)=0$

$\therefore\lambda=\pm1,\ \pm2$

よって，④の基本解は，$y_1=x$，$y_2=x^2$，$y_3=x^{-1}$，$y_4=x^{-2}$

$\therefore$④の一般解は，$y=C_1x+C_2x^2+\dfrac{C_3}{x}+\dfrac{C_4}{x^2}$ である。

どう？ “高階オイラーの方程式”では，その λ の特性方程式が **3** 次以上のものになるけれど，それを除けば，“**2** 階オイラーの方程式”と同様に解けることが分かったと思う。

ここで，“高階オイラーの方程式”においても，その特性方程式が重解をもつ場合や，虚数解をもつ場合についても言及すべきなんだけど，割愛することにする。理由は，この“オイラーの方程式”を $x=e^t$ と，変数 x を変数 t に置換して表現すると，“定数係数高階同次微分方程式”になるからなんだ。そして，この“定数係数高階同次微分方程式”の特性方程式が重解をもつ場合や，虚数解をもつ場合については，その基本を既に **P148** で詳しく解説しているから，問題なく“高階オイラーの方程式”も解くことができるようになるからなんだよ。

● オイラーの方程式を変換して解いてみよう！

それでは，"高階オイラーの方程式"を，$x=e^t$ により，独立変数 x から独立変数 t に変換してみると，"定数係数高階同次微分方程式"が導けるんだよ。ここで，x や t による導関数の記号を次のように定義することにしよう。まず，

$\frac{dy}{dx}=y'$, $\frac{d^2y}{dx^2}=y''$, $\frac{d^3y}{dx^3}=y'''$, $\frac{d^4y}{dx^4}=y^{(4)}$, $\cdots$ などと表すことは従来通りだけれど，t での微分は，これらと区別するために，

$\frac{dy}{dt}=\dot{y}$, $\frac{d^2y}{dt^2}=\ddot{y}$, $\frac{d^3y}{dt^3}=\dddot{y}$, $\frac{d^4y}{dt^4}=y^{[4]}$, $\cdots$ などと表すことにしよう。

以上を模式図的に示すと，図1のようになる。

図1 "高階オイラーの方程式"→"定数係数高階同次微分方程式"への変換

高階オイラーの方程式

$$x^ny^{(n)}+a_1x^{n-1}y^{(n-1)}+a_2x^{n-2}y^{(n-2)}+\cdots+a_{n-2}x^2y''+a_{n-1}xy'+a_ny=0 \quad\cdots\cdots①$$

$x=e^t$ による，x から t への変数変換

定数係数高階同次微分方程式

$$y^{[n]}+b_1y^{[n-1]}+b_2y^{[n-2]}+\cdots+b_{n-2}\ddot{y}+b_{n-1}\dot{y}+b_ny=0 \quad\cdots\cdots②$$

それでは，①から②に変形する具体的な計算法を示そう。

$x=e^t$ ……③ とおくと，$\frac{dx}{dt}=e^t=x$ $\quad\therefore \frac{dt}{dx}=\frac{1}{x}\ (=e^{-t})$

(i) $\frac{dy}{dx}=\frac{dt}{dx}\cdot\frac{dy}{dt}$ $\quad\therefore y'=\frac{1}{x}\cdot\dot{y}$ ……④

$\frac{dy}{dx}=y'$，$\frac{dt}{dx}=\frac{1}{x}$，$\frac{dy}{dt}=\dot{y}$ 　合成関数の微分

$\therefore xy'=\dot{y}$ ……④´

(ii) $\frac{d^2y}{dx^2}=\frac{d}{dx}\cdot\left(\frac{dy}{dx}\right)=\frac{dt}{dx}\cdot\frac{d}{dt}(e^{-t}\cdot\dot{y})$

$\frac{d^2y}{dx^2}=y''$，④より $\frac{dy}{dx}=\frac{1}{x}\cdot\dot{y}=e^{-t}\cdot\dot{y}$，$\frac{dt}{dx}=\frac{1}{x}$，$\frac{d}{dt}(e^{-t}\cdot\dot{y})=-e^{-t}\cdot\dot{y}+e^{-t}\cdot\ddot{y}=\frac{1}{x}(\ddot{y}-\dot{y})$

$\therefore y''=\frac{1}{x^2}(\ddot{y}-\dot{y})$ ……⑤

$\therefore x^2y''=\ddot{y}-\dot{y}$ ……⑤´

(iii) $\frac{d^3y}{dx^3} = \frac{d}{dx}\cdot\left(\frac{d^2y}{dx^2}\right) = \frac{dt}{dx}\cdot\frac{d}{dt}\left\{e^{-2t}(\ddot{y}-\dot{y})\right\}$

$\frac{d^3y}{dx^3} = y'''$

⑤より $\frac{d^2y}{dx^2} = \frac{1}{x^2}(\ddot{y}-\dot{y}) = e^{-2t}(\ddot{y}-\dot{y})$

$\frac{dt}{dx} = \frac{1}{x}$

$\frac{d}{dt}\left\{e^{-2t}(\ddot{y}-\dot{y})\right\} = -2e^{-2t}(\ddot{y}-\dot{y}) + e^{-2t}\cdot(\dddot{y}-\ddot{y}) = \frac{1}{x^2}(\dddot{y}-3\ddot{y}+2\dot{y})$

$\therefore\ y''' = \frac{1}{x^3}(\dddot{y}-3\ddot{y}+2\dot{y})$ ……⑥

$\therefore\ x^3y''' = \dddot{y}-3\ddot{y}+2\dot{y}$ ……⑥′

(iv) $\frac{d^4y}{dx^4} = \frac{d}{dx}\cdot\left(\frac{d^3y}{dx^3}\right) = \frac{dt}{dx}\cdot\frac{d}{dt}\left\{e^{-3t}(\dddot{y}-3\ddot{y}+2\dot{y})\right\}$

$\frac{d^4y}{dx^4} = y^{(4)}$

⑥より $\frac{d^3y}{dx^3} = \frac{1}{x^3}(\dddot{y}-3\ddot{y}+2\dot{y}) = e^{-3t}(\dddot{y}-3\ddot{y}+2\dot{y})$

$\frac{dt}{dx} = \frac{1}{x}$

$\frac{d}{dt}\left\{e^{-3t}(\dddot{y}-3\ddot{y}+2\dot{y})\right\} = -3e^{-3t}(\dddot{y}-3\ddot{y}+2\dot{y}) + e^{-3t}\cdot(y^{[4]}-3\dddot{y}+2\ddot{y}) = \frac{1}{x^3}(y^{[4]}-6\dddot{y}+11\ddot{y}-6\dot{y})$

$\therefore\ y^{(4)} = \frac{1}{x^4}(y^{[4]}-6\dddot{y}+11\ddot{y}-6\dot{y})$ ……⑦

$\therefore\ x^4y^{(4)} = y^{[4]}-6\dddot{y}+11\ddot{y}-6\dot{y}$ ……⑦′

これをさらに一般化することもできるんだけど，それは，次章で“**演算子**”を学習した後にすることにしよう。今回は(i)～(iv)の結果：

$$\begin{cases} xy' = \dot{y} & \cdots\cdots④' \\ x^2y'' = \ddot{y}-\dot{y} & \cdots\cdots⑤' \\ x^3y''' = \dddot{y}-3\ddot{y}+2\dot{y} & \cdots\cdots⑥' \\ x^4y^{(4)} = y^{[4]}-6\dddot{y}+11\ddot{y}-6\dot{y} & \cdots\cdots⑦' \end{cases}$$

を使って，例題**33** (**P151**)の問題を解きなおしてみよう。

例題33 (P151)

例題 **34**　次の“高階オイラーの方程式”を“定数係数高階同次微分方程式”に変換して，一般解を求めよう。

(1) $x^3y''' + 7x^2y'' + 8xy' = 0$ ……㋐　$(x > 0)$

(2) $x^4y^{(4)} + 6x^3y''' + 2x^2y'' - 4xy' + 4y = 0$ ……㋑　$(x > 0)$

---

(1) $x=e^t$により，変数xを変数tに置換すると，④´，⑤´，⑥´が導ける。

よって，これらを㋐に代入すると，

$$\underbrace{x^3y'''}_{\dddot{y}-3\ddot{y}+2\dot{y}}+7\underbrace{x^2y''}_{\ddot{y}-\dot{y}}+8\underbrace{xy'}_{\dot{y}}=0 \qquad \dddot{y}-3\ddot{y}+2\dot{y}+7(\ddot{y}-\dot{y})+8\dot{y}=0$$

よって，$\dddot{y}+4\ddot{y}+3\dot{y}=0$ ……㋐´ となる。 ← 独立変数はtだけど，これは"定数係数高階同次微分方程式"だ。

㋐´は，"定数係数高階同次微分方程式"なので，この解は$y=e^{\lambda t}$の形で与えられる。このλの特性方程式：$\lambda^3+4\lambda^2+3\lambda=0$ を解いて，

（$y=x^\lambda$とおいたときの特性方程式（P151）と同じだ！）

$$\lambda(\lambda+1)(\lambda+3)=0 \qquad \therefore \lambda=0,\ -1,\ -3$$

よって，㋐´の基本解は，$y_1=1$，$y_2=e^{-t}$，$y_3=e^{-3t}$

∴㋐´の一般解は，$y=C_1+C_2\underbrace{e^{-t}}_{\frac{1}{x}}+C_3\underbrace{e^{-3t}}_{\frac{1}{e^{3t}}=\frac{1}{x^3}}$

ここで，$x=e^t$より，㋐の一般解は，$y=C_1+\dfrac{C_2}{x}+\dfrac{C_3}{x^3}$ となって，

P151とまったく同じ結果が導けるんだね。

(2) $x=e^t$により，変数xを変数tに置換すると，④´，⑤´，⑥´，⑦´が導ける。よって，これらを㋑に代入すると，

$$\underbrace{x^4y^{(4)}}_{y^{[4]}-6\dddot{y}+11\ddot{y}-6\dot{y}}+6\underbrace{x^3y'''}_{\dddot{y}-3\ddot{y}+2\dot{y}}+2\underbrace{x^2y''}_{\ddot{y}-\dot{y}}-4\underbrace{xy'}_{\dot{y}}+4y=0$$

$$y^{[4]}-6\dddot{y}+11\ddot{y}-6\dot{y}+6(\dddot{y}-3\ddot{y}+2\dot{y})+2(\ddot{y}-\dot{y})-4\dot{y}+4y=0$$

$y^{[4]}-5\ddot{y}+4y=0$ ……㋑´ となる。 ← 定数係数高階同次微分方程式

㋑´の解を$y=e^{\lambda t}$とおくことによるλの特性方程式：

（$y=x^\lambda$とおいたときの特性方程式（P152）と同じだ！）

$\lambda^4-5\lambda^2+4=0$ を解いて，$(\lambda^2-1)(\lambda^2-4)=0$

$$(\lambda-1)(\lambda+1)(\lambda-2)(\lambda+2)=0 \qquad \therefore \lambda=\pm1,\ \pm2$$

よって，㋑´の基本解は，$y_1=e^t$，$y_2=e^{2t}$，$y_3=e^{-t}$，$y_4=e^{-2t}$

∴㋑´の一般解は，$y=C_1\underbrace{e^t}_{x}+C_2\underbrace{e^{2t}}_{x^2}+C_3\underbrace{e^{-t}}_{\frac{1}{x}}+C_4\underbrace{e^{-2t}}_{\frac{1}{x^2}}$

$x=e^t$より，㋑の一般解は，$y=C_1x+C_2x^2+\dfrac{C_3}{x}+\dfrac{C_4}{x^2}$ となって，

P152と同じ結果が導ける。納得いった？

演習問題 10	● 高階オイラーの方程式 ●

高階オイラーの方程式：$x^4y^{(4)}+8x^3y'''+16x^2y''+10xy'+2y=0$ …①
$(x>0)$　を，$x=e^t$ により，定数係数高階同次微分方程式に変換することによって，その一般解を x の関数として表せ。

ヒント！ $x=e^t$ とおくと，$xy'=\dot{y}$，$x^2y''=\ddot{y}-\dot{y}$，$x^3y'''=\dddot{y}-3\ddot{y}+2\dot{y}$，$x^4y^{(4)}=y^{[4]}-6\dddot{y}+11\ddot{y}-6\dot{y}$　となるので，これから y を t の関数とみて，定数係数高階同次微分方程式にもち込めばいいんだね。もし，$x=e^t$ と変換する指定がない場合は，もちろん $y=x^\lambda$ とおいて解いてもかまわない。

解答＆解説

$x=e^t$　(>0)　とおくと，$\dfrac{dx}{dt}=e^t=x$ より，$\dfrac{dt}{dx}=e^{-t}=\dfrac{1}{x}$ となる。よって，

$$\cdot\ y'=\frac{dy}{dx}=\frac{dt}{dx}\cdot\frac{dy}{dt}=e^{-t}\cdot\dot{y}\qquad[=x^{-1}\dot{y}]$$

$$\cdot\ y''=\frac{d}{dx}\cdot\left(\frac{dy}{dx}\right)=\frac{dt}{dx}\cdot\frac{d}{dt}(e^{-t}\cdot\dot{y})=e^{-t}(-e^{-t}\dot{y}+e^{-t}\ddot{y})$$
$$=e^{-2t}(\ddot{y}-\dot{y})\qquad[=x^{-2}(\ddot{y}-\dot{y})]$$

$$\cdot\ y'''=\frac{d}{dx}\cdot\left(\frac{d^2y}{dx^2}\right)=\frac{dt}{dx}\cdot\frac{d}{dt}\left\{e^{-2t}(\ddot{y}-\dot{y})\right\}$$
$$=e^{-t}\left\{-2e^{-2t}(\ddot{y}-\dot{y})+e^{-2t}(\dddot{y}-\ddot{y})\right\}$$
$$=e^{-3t}(\dddot{y}-3\ddot{y}+2\dot{y})\qquad[=x^{-3}(\dddot{y}-3\ddot{y}+2\dot{y})]$$

$$\cdot\ y^{(4)}=\frac{d}{dx}\cdot\left(\frac{d^3y}{dx^3}\right)=\frac{dt}{dx}\cdot\frac{d}{dt}\left\{e^{-3t}(\dddot{y}-3\ddot{y}+2\dot{y})\right\}$$
$$=e^{-t}\left\{-3e^{-3t}(\dddot{y}-3\ddot{y}+2\dot{y})+e^{-3t}(y^{[4]}-3\dddot{y}+2\ddot{y})\right\}$$
$$=e^{-4t}(y^{[4]}-6\dddot{y}+11\ddot{y}-6\dot{y})\qquad[=x^{-4}(y^{[4]}-6\dddot{y}+11\ddot{y}-6\dot{y})]$$

以上より，

$xy'=\dot{y}$ ……②　　$x^2y''=\ddot{y}-\dot{y}$ ……③　　$x^3y'''=\dddot{y}-3\ddot{y}+2\dot{y}$ ……④
$x^4y^{(4)}=y^{[4]}-6\dddot{y}+11\ddot{y}-6\dot{y}$ ……⑤　となる。

②，③，④，⑤を①に代入すると，

$$\underbrace{y^{[4]}-6\dddot{y}+11\ddot{y}-6\dot{y}}_{x^4y^{(4)}}+8\underbrace{(\dddot{y}-3\ddot{y}+2\dot{y})}_{x^3y'''}+16\underbrace{(\ddot{y}-\dot{y})}_{x^2y''}+10\underbrace{\dot{y}}_{xy'}+2y=0$$

$y^{[4]}+2\dddot{y}+3\ddot{y}+4\dot{y}+2y=0$ ……⑥ ←（y と t の定数係数高階同次微分方程式）

⑥は，定数係数高階同次微分方程式より，

その解を $y=e^{\lambda t}$ とおくと，特性方程式：

$\lambda^4+2\lambda^3+3\lambda^2+4\lambda+2=0$ となる。

これを解いて，

$(\lambda+1)^2(\lambda^2+2)=0$

$\lambda=-1$（重解），$\pm\sqrt{2}i$ となる。

組立除法

	1	2	3	4	2
−1)		−1	−1	−2	−2
	1	1	2	2	(0)
−1)		−1	0	−2	
	1	0	2	(0)	

よって，⑥の基本解は，

$y_1=e^{-1\cdot t}$，$y_2=te^{-1\cdot t}$，

$y_3=\underset{1}{\underline{e^{0\cdot t}}}\cos\sqrt{2}t$，$y_4=\underset{1}{\underline{e^{0\cdot t}}}\sin\sqrt{2}t$

以上より，⑥の一般解は，

$y=C_1\underset{x^{-1}}{\underline{e^{-t}}}+C_2\underset{x^{-1}\log x}{\underline{te^{-t}}}+C_3\cos\sqrt{2}\underset{\log x}{\underline{t}}+C_4\sin\sqrt{2}\underset{\log x}{\underline{t}}$ である。

ここで，$x=e^t$ より，$e^{-t}=x^{-1}$，$t=\log x$

∴求める①の方程式の一般解は，

$$y=\frac{C_1}{x}+\frac{C_2\log x}{x}+C_3\cos\left(\sqrt{2}\log x\right)+C_4\sin\left(\sqrt{2}\log x\right)$$ である。

今回も，実践問題を設けていないが，これだけ練習すれば“定数係数高階同次微分方程式”や“高階オイラーの方程式”についても，十分練習できたと思う。後は，よく復習しておくことだ。

講義4 ● 高階微分方程式　公式エッセンス

1.　高階線形完全微分方程式

n 階非同次線形微分方程式：

$P_0y^{(n)}+P_1y^{(n-1)}+P_2y^{(n-2)}+\cdots+P_{n-1}y'+P_ny=R$ ……①

が完全微分方程式であるための必要十分条件は，

$P_n-P'_{n-1}+P''_{n-2}-P'''_{n-3}+\cdots+(-1)^nP_0{}^{(n)}=0$

このとき，①の第1積分は，

$$q_0y^{(n-1)}+q_1y^{(n-2)}+q_2y^{(n-3)}+\cdots+q_{n-2}y'+q_{n-1}y=\int R\,dx+C$$

（ただし，$q_0=P_0$，$q_1=P_1-P_0{}'$，$q_2=P_2-P_1{}'+P_0{}''$，…，
$q_{n-1}=P_{n-1}-P'_{n-2}+P''_{n-3}-\cdots+(-1)^{n-1}P_0{}^{(n-1)}$
また，P_0，P_1，…，P_n，R，q_0，q_1，…，q_{n-1} はすべて x の関数。）

2.　高階線形微分方程式の解

$y^{(n)}+P_1(x)y^{(n-1)}+\cdots+P_{n-1}(x)y'+P_n(x)y=R(x)$ …② $(R(x)\neq 0)$

の一般解 y は，②の同伴方程式の一般解 $C_1y_1+C_2y_2+\cdots+C_ny_n$ $\left(W(y_1,\ y_2,\ \cdots,\ y_n)\neq 0\right)$ と，②の特殊解 y_0 との和になる。

3.　定数係数高階同次微分方程式の解

$y^{(n)}+a_1y^{(n-1)}+a_2y^{(n-2)}+\cdots+a_{n-1}y'+a_ny=0$ ……③

の特性方程式：$\lambda^n+a_1\lambda^{n-1}+a_2\lambda^{n-2}+\cdots+a_{n-1}\lambda+a_n=0$ を解いて，求める。

4.　高階オイラーの方程式の解法

$x^ny^{(n)}+a_1x^{n-1}y^{(n-1)}+\cdots+a_{n-1}xy'+a_ny=0$

には，次の2通りの解法がある。

(i) $y=x^\lambda$ とおいて，λ の特性方程式を解いて求める。

(ii) $x=e^t$ と，変数を置換して求める。

演算子

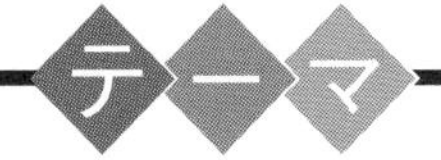

- ▶ 微分演算子と逆演算子
(逆演算子の基本公式)
- ▶ 定数係数非同次微分方程式
(非同次のオイラーの方程式)
- ▶ 連立微分方程式

§1. 微分演算子と逆演算子

さァ，これから，“**演算子**（えんざんし）”について解説しよう。この演算子の基本公式をマスターすれば，“定数係数高階非同次微分方程式”の特殊解 y_0 を容易に求めることができるようになるんだよ。前章で，この同伴方程式の“定数係数高階同次微分方程式”の一般解，すなわち余関数 Y については既にその求め方を教えたので，これと特殊解 y_0 をたし合わせれば，非同次微分方程式の一般解も求めることができるんだ。楽しみだね。

でもその前に，この演算子の基本をシッカリ頭に入れておく必要がある。ここではまず，“**微分演算子**（びぶんえんざんし）”とその“**逆演算子**（ぎゃくえんざんし）”について，その基本公式も含めて詳しく解説しよう。

● まず，演算子解法の全体像を押さえよう！

それでは，“微分演算子”D から解説しよう。これにより，x の関数 y の導関数は次のように表現されるんだ。

$$\frac{dy}{dx}=Dy,\quad \frac{d^2y}{dx^2}=D^2y,\quad \frac{d^3y}{dx^3}=D^3y,\quad \cdots\cdots,\quad \frac{d^ny}{dx^n}=D^ny$$

このように，D，D^2，…，D^n が y に作用して，それぞれ $\frac{dy}{dx}$，$\frac{d^2y}{dx^2}$，…$\frac{d^ny}{dx^n}$ の微分という演算結果を表すので，これらを“**微分演算子**”と呼ぶんだ。

ここで，定数係数非同次微分方程式：

$y^{(n)}+a_1y^{(n-1)}+a_2y^{(n-2)}+\cdots+a_{n-1}y'+a_ny=R(x)$ …① （a_1，a_2，…，a_n：定数）

の同伴方程式：

$y^{(n)}+a_1y^{(n-1)}+a_2y^{(n-2)}+\cdots+a_{n-1}y'+a_ny=0$ …②

の解を $y=e^{\lambda x}$ とおいたとき，λ のみたす特性方程式：

$\lambda^n+a_1\lambda^{n-1}+a_2\lambda^{n-2}+\cdots+a_{n-1}\lambda+a_n=0$ …③

が導かれたね。ここで，③の左辺の λ の多項式を $\Phi(\lambda)$（ファイ）とおくと，

$\Phi(\lambda)=\lambda^n+a_1\lambda^{n-1}+a_2\lambda^{n-2}+\cdots+a_{n-1}\lambda+a_n$ …④

となる。すると，④と同様に，

$\Phi(D)=D^n+a_1D^{n-1}+a_2D^{n-2}+\cdots+a_{n-1}D+a_n$ …⑤　とおけば，

①の微分方程式は，⑤を使って，形式的に

$\Phi(D)y=R(x)$ …⑥ と簡単に表現することができる。この $\Phi(D)$ は，

新たに定義された“微分演算子”と考えていい。

ここで，この⑥を実際に具体的に書いてみると，

$$(D^n+a_1D^{n-1}+a_2D^{n-2}+\cdots+a_{n-1}D+a_n)y=R(x)$$

$$D^ny+a_1D^{n-1}y+a_2D^{n-2}y+\cdots+a_{n-1}Dy+a_ny=R(x)$$ より，

（$D^ny=\frac{d^ny}{dx^n}$，$D^{n-1}y=\frac{d^{n-1}y}{dx^{n-1}}$，$D^{n-2}y=\frac{d^{n-2}y}{dx^{n-2}}$，$Dy=\frac{dy}{dx}$）

（y に対して，各微分演算子がそれぞれ個別に作用する！　分配の法則に似ている！）

$$y^{(n)}+a_1y^{(n-1)}+a_2y^{(n-2)}+\cdots+a_{n-1}y'+a_ny=R(x)$$ となって，①と一致することが分かるね。ここで，②の同伴方程式の一般解(余関数) Y は，前章で学習した通り③の特性方程式を解くことにより，

$Y=C_1y_1+C_2y_2+\cdots+C_ny_n$　と求めることができる。

よって，後は⑥を使って，$y_0=\frac{1}{\Phi(D)}R(x)$ から特殊解 y_0 を計算すれば，①の“定数係数高階**非同次**微分方程式”の一般解 y が，

$y=y_0+Y=y_0+C_1y_1+C_2y_2+\cdots+C_ny_n$　と求まるんだね。

（y_0：特殊解，Y：余関数）

この $\frac{1}{\Phi(D)}$ は，微分演算子 $\Phi(D)$ の“**逆演算子**”と呼ばれるものなんだ。まだ，この“逆演算子”など，その詳細についてはピンときていないと思う。当然だ！　これから詳しく親切に解説していくからね。でも，以上の解説によって，これから勉強していく演算子による解法の全体像(マスタープラン)が分かったと思う。

それではまず，“微分演算子” D の基本性質を下にまとめて示そう。

微分演算子の基本性質

(1) $D^0=1$,　　$D^0f(x)=f(x)$

(2) $D^n=\underbrace{D\cdot D\cdot\cdots\cdot D}_{n\text{個}}=\underbrace{\frac{d}{dx}\cdot\frac{d}{dx}\cdot\cdots\cdot\frac{d}{dx}}_{n\text{個}}=\frac{d^n}{dx^n}$

(3) $(D^m\pm D^n)f(x)=D^mf(x)\pm D^nf(x)$　(複号同順)

(4) $D^m\{\alpha f(x)\}=\alpha D^mf(x)$

(5) $D^m\{D^nf(x)\}=D^n\{D^mf(x)\}=D^{m+n}f(x)$

(ただし，m，n：自然数，α：定数)

では，微分演算子に慣れてもらうために，次の例題で練習してみよう。

例題 35　次の各式を計算してみよう。

(1) $(D^2-D)(x^2+3x)$　　(2) $(D^4+D^2+1)\sin 2x$

(1) $(D^2-D)(x^2+3x)=\underline{D^2(x^2+3x)}-\underline{D(x^2+3x)}$ ← D^2 と D がそれぞれ独立に作用する。

$(x^2+3x)'=2x+3$

$(x^2+3x)''=(2x+3)'=2$

$=2-(2x+3)=-2x-1$　　となる。

(別解) 次のように計算してもいい。結果は同じだよ。

$(D^2-D)(x^2+3x)=(D-1)\{\underline{D(x^2+3x)}\}=(D-1)(2x+3)$

$(x^2+3x)'=2x+3$

$=\underline{D(2x+3)}-1\cdot(2x+3)=2-2x-3=-2x-1$

$(2x+3)'=2$

(2) $(D^4+D^2+1)\sin 2x=\underline{D^4\sin 2x}+\underline{D^2\sin 2x}+1\cdot\sin 2x$

$(\sin 2x)''=(2\cos 2x)'=-4\sin 2x$

$(\sin 2x)^{(4)}=(2\cos 2x)'''=(-4\sin 2x)''=(-8\cos 2x)'=16\sin 2x$

$=16\sin 2x-4\sin 2x+\sin 2x=13\sin 2x$　となる。

これで，微分演算子の具体的な計算法が分かっただろう？

● 逆演算子の基本もマスターしよう！

それでは，逆演算子についても解説しよう。たとえば，

$Dy=f(x)$ …①は，$\dfrac{dy}{dx}=f(x)$ のことで，

これは直接積分形だから，両辺を x で積分すると，

$y=\int f(x)dx$ …②　が成り立つ。

また，①の両辺を，形式的に D で割ると，

$y=\dfrac{1}{D}f(x)$ …①′ となるので，②と①′を比較して D の **“逆演算子”** $\dfrac{1}{D}$

について

$\dfrac{1}{D}f(x)=\int f(x)dx$　が成り立つことが分かるだろう。

同様に，自然数 n に対して，$\frac{1}{D^n}f(x)=\underbrace{\int\int\cdots\int f(x)(dx)^n}$ となることも分かると思う。

（$f(x)$ の x による n 重積分）

さらに，定数 α について，$\frac{1}{D-\alpha}f(x)$ がどうなるのかも考えてみよう。

$(D-\alpha)y=f(x)$ …③ が与えられたとする。③を変形すると，

$Dy-\alpha y=f(x)$，　$y'-\alpha y=f(x)$ となる。

（$Dy = \frac{dy}{dx}=y'$）

（$y'+P(x)y=Q(x)$ のとき，$y=e^{-\int Pdx}\left(\int Qe^{\int Pdx}dx+C\right)$）

これは1階線形微分方程式なので，その解 y は，

$$y=e^{\int \alpha dx}\cdot\int f(x)\cdot e^{-\int \alpha dx}dx$$

（今回は特殊解を問題にしているので，任意定数 C は省略して，話を進める。）

$\therefore\ y=e^{\alpha x}\int e^{-\alpha x}f(x)dx$　となる。

$D-\alpha \neq 0$ として，③の両辺を，形式的に $D-\alpha$ で割ると，

$y=\frac{1}{D-\alpha}f(x)$　となるので，$D-\alpha$ の逆演算子 $\frac{1}{D-\alpha}$ については，

$\frac{1}{D-\alpha}f(x)=e^{\alpha x}\int e^{-\alpha x}f(x)dx$　が成り立つことも分かるね。

そして，この公式を拡張すると，

$$\frac{1}{(D-\alpha_1)(D-\alpha_2)}f(x)=\frac{1}{D-\alpha_1}\cdot\frac{1}{D-\alpha_2}f(x)=\frac{1}{D-\alpha_1}e^{\alpha_2 x}\int e^{-\alpha_2 x}f(x)dx$$

$$=e^{\alpha_1 x}\int e^{-\alpha_1 x}\left\{e^{\alpha_2 x}\int e^{-\alpha_2 x}f(x)dx\right\}dx$$ となるのもいいね。

さらに，同様に拡張すると，自然数 n に対して，

$$\frac{1}{(D-\alpha_1)(D-\alpha_2)\cdots(D-\alpha_n)}f(x)$$
$$=e^{\alpha_1 x}\int e^{-\alpha_1 x}e^{\alpha_2 x}\int e^{-\alpha_2 x}e^{\alpha_3 x}\int\cdots e^{\alpha_n x}\int e^{-\alpha_n x}f(x)(dx)^n$$

が成り立つことも分かると思う。

以上をまとめて，逆演算子の基本公式として次に示す。

逆演算子の基本公式（I）

(1) $\dfrac{1}{D}f(x)=\int f(x)dx$

(2) $\dfrac{1}{D^n}f(x)=\int\int\cdots\int f(x)(dx)^n$

(3) $\dfrac{1}{D-\alpha}f(x)=e^{\alpha x}\int e^{-\alpha x}f(x)dx$

(4) $\dfrac{1}{(D-\alpha_1)(D-\alpha_2)\cdots(D-\alpha_n)}f(x)$

$$=e^{\alpha_1 x}\int e^{-\alpha_1 x}e^{\alpha_2 x}\int e^{-\alpha_2 x}e^{\alpha_3 x}\int\cdots e^{\alpha_n x}\int e^{-\alpha_n x}f(x)(dx)^n$$

（ただし，n：自然数，α，α_1，α_2，…，α_n：定数）

それでは，逆演算子についても，次の例題で練習しておこう。

例題36　次の各式を計算してみよう。（ただし，任意定数は省略する。）

(i) $\dfrac{1}{D}\cos 2x$　　(ii) $\dfrac{1}{D^2}x^{-2}$　$(x>0)$

(iii) $\dfrac{1}{D-2}x$　　(iv) $\dfrac{1}{(D-2)(D-1)}e^{2x}$

(i) $\dfrac{1}{D}\cos 2x=\int\cos 2x\,dx=\dfrac{1}{2}\sin 2x$　となる。 ← $\dfrac{1}{D}f=\int f dx$

(ii) $\dfrac{1}{D^2}x^{-2}=\int\underbrace{\int x^{-2}dx}_{-x^{-1}}\cdot dx=-\int\dfrac{1}{x}dx=-\log x$　$(\because x>0)$

← $\dfrac{1}{D^2}f=\int\int f(dx)^2$

(iii) $\dfrac{1}{D-2}x=e^{2x}\int e^{-2x}x\,dx=e^{2x}\left(-\dfrac{1}{2}xe^{-2x}-\dfrac{1}{4}e^{-2x}\right)$

$\dfrac{1}{D-\alpha}f=e^{\alpha x}\int e^{-\alpha x}f dx$

$\int x\cdot\left(-\dfrac{1}{2}e^{-2x}\right)'dx=-\dfrac{1}{2}xe^{-2x}-\int\left(-\dfrac{1}{2}e^{-2x}\right)dx$

$=-\dfrac{1}{2}x-\dfrac{1}{4}$　となる。大丈夫？

(iv) $\dfrac{1}{(D-2)(D-1)}e^{2x}=\dfrac{1}{D-2}\cdot\dfrac{1}{D-1}e^{2x}=\dfrac{1}{D-2}e^{1\cdot x}\int e^{-1\cdot x}e^{2x}dx$

$\int e^{x}dx=e^{x}$

$=\dfrac{1}{D-2}e^{2x}=e^{2x}\int e^{-2x}\cdot e^{2x}dx=xe^{2x}$

$\int 1\cdot dx=x$

$\dfrac{1}{D-\alpha}f=e^{\alpha x}\int e^{-\alpha x}fdx$ の 2 連発

参考

(iv)について，逆演算子の作用する順番を入れ替えて計算してみよう。すると，

$\dfrac{1}{(D-1)(D-2)}e^{2x}=\dfrac{1}{D-1}\cdot\dfrac{1}{D-2}e^{2x}=\dfrac{1}{D-1}e^{2x}\int e^{-2x}\cdot e^{2x}dx$

$\int 1\cdot dx=x$

$=\dfrac{1}{D-1}xe^{2x}=e^{1\cdot x}\int e^{-1\cdot x}\cdot x\cdot e^{2x}dx=(x-1)e^{2x}$

$\int xe^{x}dx=\int x(e^{x})'dx=xe^{x}-\int e^{x}dx=e^{x}(x-1)$

となって，結果が異なる。

これから，「逆演算子の作用する順番を変えてはならない！」なんて堅く考える必要はないよ。

$\dfrac{1}{(D-2)(D-1)}e^{2x}=xe^{2x}$ と $\dfrac{1}{(D-1)(D-2)}e^{2x}=(x-1)e^{2x}$

の差は，$-e^{2x}$ だけど，これは元の微分方程式の余関数の 1 部に過ぎないからなんだ。意味がよく分からないって？ いいよ，大事なところだから詳しく解説しよう。

最初のマスタープランでも話した通り，逆演算子によって求めるのは元の非同次微分方程式の特殊解 y_0 だったんだね。

(iv)の問題 $\dfrac{1}{(D-2)(D-1)}e^{2x}$ の場合，この前提条件として，

$y=\dfrac{1}{(D-2)(D-1)}e^{2x}$，　$(D-2)(D-1)y=e^{2x}$

$(D^2-3D+2)y=e^{2x}$，　$D^2y-3Dy+2y=e^{2x}$

$\dfrac{d^2y}{dx^2}=y''$　$\dfrac{dy}{dx}=y'$

すなわち，非同次微分方程式：$y''-3y'+2y=e^{2x}$ …㋐ が存在している

と考えていい。そして，これを解くとき，

$y''-3y'+2y=e^{2x}$ …㋐

の同伴方程式：

$y''-3y'+2y=0$ …㋑ ← 定数係数2階同次微分方程式

の特性方程式 $\lambda^2-3\lambda+2=0$ を解いて，

$(\lambda-1)(\lambda-2)=0$ $\therefore \lambda=1,\ 2$ より，基本解は e^{1x}，e^{2x}

よって，㋐の余関数(㋑の一般解) Y は，

$Y=C_1e^x+C_2e^{2x}$ となる。

次に㋐の特殊解 y_0 を求めるために，演算子 D を用いると，

$(D^2-3D+2)y_0=e^{2x}$ $\therefore y_0=\dfrac{1}{(D^2-3D+2)}e^{2x}$

ここでこの右辺について，

(a) $y_0=\dfrac{1}{(D-2)(D-1)}e^{2x}=xe^{2x}$ と求めると，

㋐の一般解は，$y=xe^{2x}+C_1e^x+C_2e^{2x}$ となるし，

(b) $y_0=\dfrac{1}{(D-1)(D-2)}e^{2x}=(x-1)e^{2x}$ と求めると，

㋐の一般解は，$y=(x-1)e^{2x}+C_1e^x+C_2e^{2x}$ となる。

しかし，$y=xe^{2x}+C_1e^x+C_2'e^{2x}$ $(C_2'=C_2-1)$

とすれば，(b) も (a) と本質的に同じ結果であることが分かると思う。

このように，逆演算子を使って特殊解を求める場合，やり方によっては差が生じることがある。だけど，「その差は，余関数の1部に過ぎないので，気にすることはない！」と覚えておいてくれ！

これは，一般の逆演算子 $\dfrac{1}{\Phi(D)}$ についても言える。つまり，

$\dfrac{1}{\Phi(D)}f(x)=\dfrac{1}{\Phi(D)}\{f(x)+0\}=\dfrac{1}{\Phi(D)}f(x)+\dfrac{1}{\Phi(D)}0$ と書けるので，

$\dfrac{1}{\Phi(D)}0$ すなわち，同伴方程式 $\Phi(D)y=0$ の解(余関数)の分だけ，ずれる可能性が常に存在するんだね。納得いった？

(iv)については，さらに部分分数に分解する次の別解もあるので紹介しておこう。

$$\underbrace{\frac{1}{(D-2)(D-1)}}e^{2x}=\underbrace{\left(\frac{1}{D-2}-\frac{1}{D-1}\right)}e^{2x}=\frac{1}{D-2}e^{2x}-\frac{1}{D-1}e^{2x}$$

部分分数に分解　　余関数の1部

$$=e^{2x}\int e^{-2x}e^{2x}dx-e^{1\cdot x}\int e^{-1\cdot x}e^{2x}dx=xe^{2x}-e^{2x}=(x-1)e^{2x}$$

$\int 1\cdot dx=x$　　$\int e^{x}dx=e^{x}$

となって，さっき計算した xe^{2x} と**本質的に同じ**結果が導けた！

● 逆演算子の計算に強くなろう！

それでは，指数関数に関する逆演算子について，役に立つ実践的な公式を紹介しておこう。

逆演算子の基本公式(II)

(5) $\dfrac{1}{\Phi(D)}e^{\alpha x}=\dfrac{e^{\alpha x}}{\Phi(\alpha)}$　(ただし，$\Phi(\alpha)\neq 0$)

(6) $\dfrac{1}{\Phi(D)}\{e^{\alpha x}f(x)\}=e^{\alpha x}\dfrac{1}{\Phi(D+\alpha)}f(x)$

(7) $\dfrac{1}{(D-\alpha)^n}e^{\alpha x}=\dfrac{x^n}{n!}e^{\alpha x}$

(ただし，n：自然数，α：定数，$\Phi(D)$：D の多項式)

ここで $\Phi(D)$ は，D^2+4 や $D^4+3D^3-D^2+2D-1$ などなど…，D の一般の多項式を表しているんだね。だから，上記の公式は，指数関数の関係した特殊解を求めるのに非常に強力な公式なんだよ。それでは，(5)の公式から順に証明していこう。

(5) $De^{\alpha x}=(e^{\alpha x})'=\alpha e^{\alpha x}$，　$D^2e^{\alpha x}=(e^{\alpha x})''=\alpha^2e^{\alpha x}$，…，

$D^ne^{\alpha x}=(e^{\alpha x})^{(n)}=\alpha^ne^{\alpha x}$

よって，$\Phi(D)=D^n+a_1D^{n-1}+a_2D^{n-2}+\cdots+a_{n-1}D+a_n$ とおくと，（D の n 次の多項式）

$$\Phi(D)e^{\alpha x}=(\alpha^n+a_1\alpha^{n-1}+a_2\alpha^{n-2}+\cdots+a_{n-1}\alpha+a_n)e^{\alpha x}$$

$$=\Phi(\alpha)e^{\alpha x}$$

$\therefore\ \Phi(D)e^{\alpha x}=\underline{\Phi(\alpha)}e^{\alpha x}$ …①が成り立つ。よって，

ある定数

$$e^{\alpha x}=\frac{1}{\Phi(D)}\{\underline{\Phi(D)e^{\alpha x}}\}=\frac{1}{\Phi(D)}\{\underline{\Phi(\alpha)}e^{\alpha x}\}=\underline{\Phi(\alpha)}\frac{1}{\Phi(D)}e^{\alpha x}$$

$\Phi(\alpha)e^{\alpha x}$ (①より)　定数　0 でない定数

ここで，$\Phi(\alpha)\neq 0$ より，両辺を $\Phi(\alpha)$ で割ると，

(5) の公式：$\displaystyle \frac{1}{\Phi(D)}e^{\alpha x}=\frac{e^{\alpha x}}{\Phi(\alpha)}$ が導ける。

この公式を使えば，たとえば，次のように積分せずに計算できる。

・$\displaystyle \frac{1}{D^2+D+1}e^{2x}=\frac{1}{2^2+2+1}e^{2x}=\frac{1}{7}e^{2x}$

・$\displaystyle \frac{1}{D^4-2D^2+3}e^{-x}=\frac{1}{(-1)^4-2\cdot(-1)^2+3}e^{-x}=\frac{1}{2}e^{-x}$

$\displaystyle \frac{1}{\Phi(D)}e^{\alpha x}=\frac{e^{\alpha x}}{\Phi(\alpha)}$

でも，$\displaystyle \frac{1}{(D+1)^3}e^{-x}$ については分母が $(-1+1)^3=0$ となって，計算できない。(この答えは，P170 例題 37 (iii) で示す) このような場合は，(7) の公式が必要となる。でも，(7) を示す前に (6) を証明しておこう。

$(f\cdot g)'=f\cdot g'+f'\cdot g$ を使った！

(6) $D\{e^{\alpha x}g(x)\}=e^{\alpha x}\cdot Dg(x)+\alpha e^{\alpha x}g(x)=e^{\alpha x}(D+\alpha)g(x)$

$$\begin{aligned}D^2\{e^{\alpha x}g(x)\}&=D\{e^{\alpha x}(D+\alpha)g(x)\}\\&=e^{\alpha x}\cdot D(D+\alpha)g(x)+\alpha e^{\alpha x}(D+\alpha)g(x)\\&=e^{\alpha x}(D+\alpha)^2g(x)\end{aligned}$$ となる。

さらに，任意の自然数 k に対して，

$D^k\{e^{\alpha x}g(x)\}=e^{\alpha x}(D+\alpha)^kg(x)$ が成り立つと仮定すると，

$$\begin{aligned}D^{k+1}\{e^{\alpha x}g(x)\}&=D\cdot\underline{D^k\{e^{\alpha x}g(x)\}}=D\{e^{\alpha x}(D+\alpha)^kg(x)\}\\&=e^{\alpha x}\cdot D(D+\alpha)^kg(x)+\alpha e^{\alpha x}(D+\alpha)^kg(x)\\&=e^{\alpha x}(D+\alpha)^{k+1}g(x)\end{aligned}$$ となる。

$e^{\alpha x}(D+\alpha)^kg(x)$

よって，数学的帰納法により，すべての自然数 n に対して，

$D^n\{e^{\alpha x}g(x)\}=e^{\alpha x}(D+\alpha)^ng(x)$ …(＊) が成り立つ。

ここで，$\Phi(D)=D^n+a_1D^{n-1}+a_2D^{n-2}+\cdots+a_{n-1}D+a_n$ とおいて，

これを $e^{\alpha x}g(x)$ に作用させると，(＊) より，

$$\Phi(D)\{e^{\alpha x}g(x)\}=(D^n+a_1D^{n-1}+\cdots+a_{n-1}D+a_n)\{e^{\alpha x}g(x)\}$$

$$=\underbrace{D^n\{e^{\alpha x}g(x)\}}_{e^{\alpha x}(D+\alpha)^n g(x)}+a_1\underbrace{D^{n-1}\{e^{\alpha x}g(x)\}}_{e^{\alpha x}(D+\alpha)^{n-1}g(x)}+\cdots+a_{n-1}\underbrace{D\{e^{\alpha x}g(x)\}}_{e^{\alpha x}(D+\alpha)g(x)}+a_ne^{\alpha x}g(x)$$

$$=e^{\alpha x}\{(D+\alpha)^n g(x)+a_1(D+\alpha)^{n-1}g(x)+\cdots+a_{n-1}(D+\alpha)g(x)+a_ng(x)\}$$

$$=e^{\alpha x}\{(D+\alpha)^n+a_1(D+\alpha)^{n-1}+\cdots+a_{n-1}(D+\alpha)+a_n\}g(x)$$

$=e^{\alpha x}\Phi(D+\alpha)g(x)$ となる。

$\therefore\ \Phi(D)\{e^{\alpha x}g(x)\}=e^{\alpha x}\Phi(D+\alpha)g(x)$ …② が成り立つ。

よって，$e^{\alpha x}g(x)=\dfrac{1}{\Phi(D)}[\underbrace{\Phi(D)\{e^{\alpha x}g(x)\}}_{e^{\alpha x}\Phi(D+\alpha)g(x)\ (②より)}]$ より，

$e^{\alpha x}g(x)=\dfrac{1}{\Phi(D)}\{e^{\alpha x}\underbrace{\Phi(D+\alpha)g(x)}_{これを f(x) とおく。}\}$ …③ となる。

ここで，$\Phi(D+\alpha)g(x)=f(x)$ とおくと，$g(x)=\dfrac{1}{\Phi(D+\alpha)}f(x)$

これを③に代入して，

$\dfrac{1}{\Phi(D)}\{e^{\alpha x}f(x)\}=e^{\alpha x}\cdot\dfrac{1}{\Phi(D+\alpha)}f(x)$ となって，(6) の公式も導けた。

そして，さらにこれを使って，(7) の公式も導けるんだよ。

(7) (6) の公式：$\dfrac{1}{\Phi(D)}\{e^{\alpha x}f(x)\}=e^{\alpha x}\dfrac{1}{\Phi(D+\alpha)}f(x)$ の特別な場合として，$\Phi(D)=(D-\alpha)^n$，$f(x)=1$ とおくと，$\Phi(D+\alpha)=\underbrace{D^n}_{(D+\alpha-\alpha)^n}$ より，

$$\frac{1}{(D-\alpha)^n}\{e^{\alpha x}\cdot 1\}=e^{\alpha x}\cdot\underbrace{\frac{1}{D^n}\cdot 1}_{}$$

1 を n 重積分すると $\dfrac{x^n}{n!}$ になる。

$\displaystyle\int 1\cdot dx=x,\ \int xdx=\frac{x^2}{2},\ \int\frac{x^2}{2}dx=\frac{x^3}{3\cdot 2}=\frac{x^3}{3!},\ \cdots$

$\therefore\ \dfrac{1}{(D-\alpha)^n}e^{\alpha x}=\dfrac{x^n}{n!}e^{\alpha x}$ $(n=1,\ 2,\ \cdots)$ となって，(7) の公式も導けた。

納得いった？

例題 37　次の各式を計算してみよう。(ただし，任意定数は省略する。)

(ⅰ) $\dfrac{1}{(D+2)(D+1)}e^{3x}$　　(ⅱ) $\dfrac{1}{(D-2)(D-1)}e^{2x}$

(ⅲ) $\dfrac{1}{(D+1)^3}e^{-x}$　　(ⅳ) $\dfrac{1}{D-3}x^2e^{2x}$

(ⅰ) は公式 (5) $\dfrac{1}{\Phi(D)}e^{\alpha x}=\dfrac{e^{\alpha x}}{\Phi(\alpha)}$ が使える。分母の $\Phi(3)\neq 0$ だからね。

$$\frac{1}{(D+2)(D+1)}e^{3x}=\frac{e^{3x}}{(3+2)(3+1)}=\frac{1}{20}e^{3x}$$ となる。

(ⅱ) は，公式 (5) と (7) を併用しよう。

公式 (5) $\dfrac{1}{\Phi(D)}e^{\alpha x}=\dfrac{e^{\alpha x}}{\Phi(\alpha)}$

$$\frac{1}{D-2}\cdot\left(\frac{1}{D-1}e^{2x}\right)=\frac{1}{D-2}\cdot\frac{e^{2x}}{2-1}$$

このDに2を代入すると0になるので，これは別扱い。

$$=\frac{1}{(D-2)^1}e^{2x}=\frac{x^1}{1!}e^{2x}=xe^{2x}$$ となる。

公式 (7) $\dfrac{1}{(D-\alpha)^n}e^{\alpha x}=\dfrac{x^n}{n!}e^{\alpha x}$

これは例題 36 (ⅳ) (P164) と同じ問題だったんだけど，積分を使わずに同じ結果が求められたんだ。面白かっただろう。

(ⅲ) は公式 (7) $\dfrac{1}{(D-\alpha)^n}e^{\alpha x}=\dfrac{x^n}{n!}e^{\alpha x}$ で，$\alpha=-1$，$n=3$ のパターンだ。

$$\frac{1}{\{D-(-1)\}^3}e^{-1\cdot x}=\frac{x^3}{3!}e^{-1\cdot x}=\frac{1}{6}x^3e^{-x}$$ が答えだね。

(ⅳ) は，公式 (6) $\dfrac{1}{\Phi(D)}\{e^{\alpha x}f(x)\}=e^{\alpha x}\cdot\dfrac{1}{\Phi(D+\alpha)}f(x)$ を使う問題だ。

$$\frac{1}{D-3}e^{2x}\cdot x^2=e^{2x}\cdot\frac{1}{D+2-3}\cdot x^2=e^{2x}\frac{1}{D-1}x^2$$

($D-3$ = $\Phi(D)$，x^2 = $f(x)$，$D+2-3$ = $\Phi(D+2)$)

$= e^{2x} \cdot e^{1\cdot x}\int e^{-1\cdot x}x^2dx$ ← 公式(3) $\frac{1}{D-\alpha}f = e^{\alpha x}\int e^{-\alpha x}fdx$ を使った！

$$\int x^2\cdot(-e^{-x})'dx = -x^2e^{-x} - \int 2x\cdot(-e^{-x})dx$$
$$= -x^2e^{-x} + 2\int x\cdot(-e^{-x})'dx = -x^2e^{-x} + 2\left\{-xe^{-x} - \int(-e^{-x})dx\right\}$$
$$= -x^2e^{-x} - 2xe^{-x} - 2e^{-x} = -(x^2+2x+2)e^{-x}$$

部分積分の2連発

$= -e^{2x}(x^2+2x+2)$ となって，答えだ。

参考

ここで，(iv) の $\frac{1}{D-1}x^2$ について，ウマイ計算法を教えよう。

無限等比級数の公式として，$-1<r<1$ のとき，

$\frac{1}{1-r} = 1+r+r^2+r^3+r^4+\cdots$ …(＊) が成り立つのはいいね。

これと同様に逆演算子も

$\frac{1}{1-D} = 1+D+D^2+D^3+D^4+\cdots$ …(＊＊) と変形できる。

何故こんなことができるのかって？ 微分方程式：

$y = \frac{1}{1-D}f(x)$ …① を考えてみよう。これを変形して，

$(1-D)y = f(x)$ 　　$y - Dy = f(x)$

$\therefore y = f(x) + Dy$ …② となる。

そして，この②式は次のように展開できる。

$y = f(x) + Dy = f(x) + D\{f(x) + Dy\}$

$\{f(x)+Dy\}$（②より）

$= f(x) + Df(x) + D^2y = f(x) + Df(x) + D^2\{f(x) + Dy\}$

$\{f(x)+Dy\}$（②より）

$= f(x) + Df(x) + D^2f(x) + D^3y$ 　以下同様に，

$y = (1+D+D^2+D^3+\cdots)f(x)$ …③ と予想できる。

よって，①，③から $\frac{1}{1-D} = 1+D+D^2+D^3+\cdots$ …(＊＊) が成り立

つことが分かると思う。それでは，話を元に戻して，$\dfrac{1}{D-1}x^2$ を求めてみる。

$$\frac{1}{D-1}x^2 = -\frac{1}{1-D}x^2 = -(1+D+D^2+\cancel{D^3}+\cancel{D^4}+\cdots)x^2 \quad ((**)\text{ より})$$

x^2 を 3 階以上微分したら 0 になるので，今回は D^3 以降は不要だ！

$$= -(1+D+D^2)x^2 = -(x^2+\underbrace{Dx^2}_{2x}+\underbrace{D^2x^2}_{2})$$

$$= -(x^2+2x+2) \quad \text{と，}$$

部分積分を使わなくても，アッサリ結果が求まってしまうんだ。面白かった？　この手法は $\dfrac{1}{\Phi(D)}f(x)$ において，$f(x)$ が 2 次関数など x の多項式 (有理整関数) のときに威力を発揮するんだよ。覚えておこう！

それでは，次の例題でさらに練習してみよう。

例題 38　次の各式を計算してみよう。ただし，任意定数は省略していい。

(i) $\dfrac{1}{D-2}x$　　　(ii) $\dfrac{1}{D^2+D-1}(x^2-2x)$

(i) $\dfrac{1}{D-2}x = -\dfrac{1}{2}\cdot\dfrac{1}{1-\dfrac{D}{2}}x = -\dfrac{1}{2}\left\{1+\dfrac{D}{2}+\cancel{\left(\dfrac{D}{2}\right)^2}+\cdots\right\}x$

これを r と考える。

$\dfrac{1}{1-r} = 1+r+r^2+r^3+\cdots$ の要領で変形

不要！

1 次式

$$= -\frac{1}{2}\left(1+\frac{1}{2}D\right)x = -\frac{1}{2}\left(1\cdot x+\frac{1}{2}\underbrace{Dx}_{1}\right)$$

$$= -\frac{1}{2}\left(x+\frac{1}{2}\right) = -\frac{1}{2}x-\frac{1}{4} \quad \text{となる。}$$

実はこの問題は，例題 36 (iii) (P164) と同一問題だったんだ。

(ii) $\dfrac{1}{D^2+D-1}(x^2-2x)=-\dfrac{1}{1-(D+D^2)}(x^2-2x)$

これを r と考える。

$=-\{1+(D+D^2)+(D+D^2)^2+(D+D^2)^3+\cdots\}(x^2-2x)$

$D^2+2D^3+D^4$　不要！　不要！　2次式

$=-(1+D+2D^2)(x^2-2x)$

$=-1\cdot(x^2-2x)-D(x^2-2x)-2\cdot D^2(x^2-2x)$

$(2x-2)$　2

$=-x^2+2x-2x+2-4=-x^2-2$ となって，答えだ。大丈夫？

● 逆演算子の計算をさらに極めよう！

それでは次，三角関数に関係した逆演算子の計算公式を次に示す。

逆演算子の基本公式 (III)

(8) $\begin{cases} \dfrac{1}{\Phi(D^2)}\sin\alpha x=\dfrac{\sin\alpha x}{\Phi(-\alpha^2)} & \cdots ① \\ \dfrac{1}{\Phi(D^2)}\cos\alpha x=\dfrac{\cos\alpha x}{\Phi(-\alpha^2)} & \cdots ② \end{cases}$ （ただし，$\Phi(-\alpha^2)\neq 0$）

(9) $\begin{cases} \dfrac{1}{D^2+\alpha^2}\sin\alpha x=-\dfrac{1}{2\alpha}x\cos\alpha x & \cdots ③ \\ \dfrac{1}{D^2+\alpha^2}\cos\alpha x=\dfrac{1}{2\alpha}x\sin\alpha x & \cdots\cdots ④ \end{cases}$ （ただし，$\alpha\neq 0$）

(8) の $\dfrac{1}{\Phi(D^2)}\sin\alpha x=\dfrac{\sin\alpha x}{\Phi(-\alpha^2)}$ …①が成り立つことを示そう。

$D^2\sin\alpha x=-\alpha^2\sin\alpha x$ より，同様に，

$(\sin\alpha x)''=(\alpha\cos\alpha x)'=-\alpha^2\sin\alpha x$

$D^4\sin\alpha x=(-\alpha^2)^2\sin\alpha x$，…，$D^{2n}\sin\alpha x=(-\alpha^2)^n\sin\alpha x$　となる。

ここで，$\Phi(D^2)=D^{2n}+a_1D^{2n-2}+a_2D^{2n-4}+\cdots+a_{n-1}D^2+a_n$ とおくと，

$$\Phi(D^2)\sin\alpha x = (D^{2n} + a_1 D^{2n-2} + \cdots + a_{n-1}D^2 + a_n)\sin\alpha x$$

$$= \underbrace{D^{2n}\sin\alpha x}_{(-\alpha^2)^n\sin\alpha x} + a_1\underbrace{D^{2n-2}\sin\alpha x}_{(-\alpha^2)^{n-1}\sin\alpha x} + \cdots + a_{n-1}\underbrace{D^2\sin\alpha x}_{(-\alpha^2)\sin\alpha x} + a_n\sin\alpha x$$

$$= \{(-\alpha^2)^n + a_1(-\alpha^2)^{n-1} + \cdots + a_{n-1}(-\alpha^2) + a_n\}\sin\alpha x$$

$$= \Phi(-\alpha^2)\sin\alpha x$$

$\therefore\ \Phi(D^2)\sin\alpha x = \Phi(-\alpha^2)\sin\alpha x$ より，

$$\sin\alpha x = \frac{1}{\Phi(D^2)}\{\underbrace{\Phi(D^2)\sin\alpha x}_{\Phi(-\alpha^2)\sin\alpha x}\} = \frac{1}{\Phi(D^2)}\Phi(-\alpha^2)\sin\alpha x$$

$$\sin\alpha x = \underbrace{\Phi(-\alpha^2)}_{0\text{でない定数}}\frac{1}{\Phi(D^2)}\sin\alpha x$$

ここで，$\Phi(-\alpha^2) \neq 0$ より，両辺を $\Phi(-\alpha^2)$ で割って，

(8) の公式：$\dfrac{1}{\Phi(D^2)}\sin\alpha x = \dfrac{\sin\alpha x}{\Phi(-\alpha^2)}$ …① が導けるんだね。

②についても同様だから，自分で証明してごらん。

(9) の $\dfrac{1}{D^2+\alpha^2}\sin\alpha x = -\dfrac{1}{2\alpha}x\cos\alpha x$ …③ が成り立つことを示す。

（D^2 に $-\alpha^2$ を代入すると分母が 0 となるので，①の公式が使えないパターンだ！）

$$(D^2+\alpha^2)x\cos\alpha x = \underbrace{D^2(x\cos\alpha x)}_{(x\cos\alpha x)'' = (\cos\alpha x - \alpha x\sin\alpha x)' = -\alpha\sin\alpha x - (\alpha\sin\alpha x + \alpha^2 x\cos\alpha x)} + \alpha^2\cdot x\cos\alpha x = -2\alpha\sin\alpha x$$

よって，$x\cos\alpha x = \dfrac{1}{D^2+\alpha^2}\{\underbrace{(D^2+\alpha^2)x\cos\alpha x}_{-2\alpha\sin\alpha x}\} = -2\alpha\cdot\dfrac{1}{D^2+\alpha^2}\sin\alpha x$

$\alpha \neq 0$ より，両辺を -2α で割って，

(9) の公式：$\dfrac{1}{D^2+\alpha^2}\sin\alpha x = -\dfrac{1}{2\alpha}x\cos\alpha x$ …③ が導ける。

④についても同様だから，これも自分で証明してみるといいよ。

それでは，これらの基本公式についても，次の例題で練習しておこう。

例題39　次の各式を計算してみよう。ただし，任意定数は省略していい。

(1) $\frac{1}{D^4-D^2}\sin x$　　(2) $\frac{1}{D^4+D^2+2}\cos 3x$

(3) $\frac{1}{D^2+4}\sin 2x$　　(4) $\frac{1}{(D^2+4)(D^2+1)}\cos 2x$

(1) は，公式 (8) ①：$\frac{1}{\Phi(D^2)}\sin\alpha x=\frac{\sin\alpha x}{\Phi(-\alpha^2)}$ を使うといいんだね。

$$\frac{1}{(D^2)^2-D^2}\sin 1\cdot x=\frac{\sin 1\cdot x}{(-1^2)^2-(-1^2)}=\frac{1}{2}\sin x$$ になる。

(2) も，公式 (8) ②：$\frac{1}{\Phi(D^2)}\cos\alpha x=\frac{\cos\alpha x}{\Phi(-\alpha^2)}$ を使う。

$$\frac{1}{(D^2)^2+D^2+2}\cos 3x=\frac{\cos 3x}{(-3^2)^2+(-3^2)+2}=\frac{1}{74}\cos 3x$$ だね。

(3) は，公式 (9) ③：$\frac{1}{D^2+\alpha^2}\sin\alpha x=-\frac{1}{2\alpha}x\cos\alpha x$ を利用しよう。

$$\frac{1}{D^2+4}\sin\overset{\alpha}{\boxed{2}}x=-\frac{1}{2\cdot 2}x\cos 2x=-\frac{1}{4}x\cos 2x$$ になる。

（このの D^2 に -2^2 を代入すると，分母が 0 になるので，公式 (9) を使うパターンだ！）

(4) は，公式 (8) と (9) を併用しよう。

$$\frac{1}{D^2+4}\left(\frac{1}{D^2+1}\cos 2x\right)=\frac{1}{D^2+4}\cdot\frac{\cos 2x}{-2^2+1}$$ （公式 (8) ②より）

（D^2 に -2^2 を代入すると，分母が 0 になるので，これは別扱い！）

$$=-\frac{1}{3}\cdot\frac{1}{D^2+4}\cos 2x=-\frac{1}{3}\cdot\frac{1}{2\cdot 2}x\cdot\sin 2x$$ （公式 (9) ④より）

$$=-\frac{1}{12}x\sin 2x$$ となって，答えだ！

今回は，逆演算子の基本公式とその利用法を学習することがメインだったので，特に，演習問題と実践問題は設けない。これまで練習した例題を繰り返し解いて，計算に慣れることが一番だ！ 頑張ろう !!

§2. 定数係数非同次微分方程式

前回の講義で"**逆演算子**"による特殊解の解法も十分に練習できたので，いよいよ今回は，一般の"**定数係数非同次微分方程式**"を解いてみることにしよう。解説の都合上，これまでは，この微分方程式を"**2** 階のもの"と"高階(**3** 階以上)のもの"とに分けて取り扱ってきた。でも，ここまで学習が進むと，これらを区別する必要はなく，同一の解法パターンで楽に解いていくことができるんだよ。ここでは，さらに"**非同次のオイラーの方程式**"や"**定数係数連立微分方程式**"にもチャレンジしてみよう。

● 定数係数非同次微分方程式の解法パターンを押さえよう！

それでは初めに，"**定数係数非同次微分方程式**"の解法パターンを示す。

定数係数非同次微分方程式の解法

定数係数非同次微分方程式：

$y^{(n)}+a_1y^{(n-1)}+a_2y^{(n-2)}+\cdots+a_{n-1}y'+a_ny=R(x)$ ……①

は，微分演算子 D を用いて，

$(D^n+a_1D^{n-1}+a_2D^{n-2}+\cdots+a_{n-1}D+a_n)y=R(x)$

と表せる。ここで，

$\Phi(D)=D^n+a_1D^{n-1}+a_2D^{n-2}+\cdots+a_{n-1}D+a_n$ とおくと，

①の方程式はさらに簡単に，

$\Phi(D)y=R(x)$ ……………………………………①´

と表現できる。

(ⅰ) ①の余関数 Y は，

①の同伴方程式：$\Phi(D)y=0$ の特性方程式：$\Phi(\lambda)=0$ を解いて，$Y=\underline{\underline{C_1y_1+C_2y_2+\cdots+C_ny_n}}$ と求められる。

(ⅱ) ①の特殊解 y_0 は，

①´を基に逆演算子を使って，$y_0=\frac{1}{\Phi(D)}R(x)$ と求められる。

以上(ⅰ)(ⅱ)より，①の定数係数非同次微分方程式の一般解 y は，

$y=y_0+Y=y_0+C_1y_1+C_2y_2+\cdots+C_ny_n$ である。

どう？ スッキリまとまったって感じだろう。

それでは早速,次の例題で練習してみよう。すべて,これまで扱った問題だよ。

例題 40　次の微分方程式の一般解を求めよう。

(1) $y'' - y' - 2y = e^x$ ……㋐　← 例題 20 (2) (P89)

(2) $y'' + 4y = \cos x$ ……㋑　← 例題 21 (2) (P90)

(3) $y'' - 4y' + 4y = 6xe^{2x}$ ……㋒　← 演習問題 6 (P98)

(4) $y'' - 2y' + y = e^x \cos x$ ……㋓　← 実践問題 6 (P99)

(1) $y'' - y' - 2y = e^x$ ……㋐　は,

微分演算子 $\Phi_1(D) = D^2 - D - 2$　を用いて,

$\Phi_1(D)y = e^x$ ……㋐′　と表せる。

(i) ㋐の余関数 Y は,

㋐の同伴方程式：$\Phi_1(D)y = 0$ の特性方程式：$\Phi_1(\lambda) = 0$ を解いて,

$\lambda^2 - \lambda - 2 = 0$　　$(\lambda - 2)(\lambda + 1) = 0$　　$\therefore \lambda = 2,\ -1$

よって，$Y = C_1 e^{2x} + C_2 e^{-x}$

(ii) ㋐の特殊解 y_0 は，㋐′ より，

$\dfrac{1}{\Phi(D)} e^{\alpha x} = \dfrac{e^{\alpha x}}{\Phi(\alpha)}$

$$y_0 = \frac{1}{\Phi_1(D)} e^x = \frac{1}{D^2 - D - 2} e^x = \frac{e^x}{1^2 - 1 - 2} = -\frac{1}{2} e^x$$

以上(i)(ii)より，㋐の一般解 y は，　$y = -\dfrac{1}{2}e^x + C_1 e^{2x} + C_2 e^{-x}$ である。

(2) $y'' + 4y = \cos x$ ……㋑　は,

微分演算子 $\Phi_2(D) = D^2 + 4$　を用いて,

$\Phi_2(D)y = \cos x$ ……㋑′　と表せる。

(i) ㋑の余関数 Y は,

㋑の同伴方程式：$\Phi_2(D)y = 0$ の特性方程式：$\Phi_2(\lambda) = 0$　を解いて,

$\lambda^2 + 4 = 0$　　$\therefore \lambda = \pm 2i$

よって，$Y = C_1 \cos 2x + C_2 \sin 2x$

(ii) ㋑の特殊解 y_0 は，㋑′ より，

$\dfrac{1}{\Phi(D^2)} \cos \alpha x = \dfrac{\cos \alpha x}{\Phi(-\alpha^2)}$

$$y_0 = \frac{1}{\Phi_2(D)} \cos x = \frac{1}{D^2 + 4} \cos x = \frac{\cos x}{-1^2 + 4} = \frac{1}{3} \cos x$$

以上(i)(ii)より，㋑の一般解 y は，

$y = \dfrac{1}{3} \cos x + C_1 \cos 2x + C_2 \sin 2x$　である。

(3) $y''-4y'+4y=6xe^{2x}$ ……㋒ は，

微分演算子 $\Phi_3(D)=D^2-4D+4$ を用いて，

$\Phi_3(D)y=6xe^{2x}$ ……㋒′ と表せる。

(i) ㋒の余関数 Y は，

㋒の同伴方程式：$\Phi_3(D)y=0$ の特性方程式：$\Phi_3(\lambda)=0$ を解いて，

$\lambda^2-4\lambda+4=0$ $(\lambda-2)^2=0$ $\therefore \lambda=2$ (重解)

よって，$Y=(C_1+C_2x)e^{2x}$

(ii) ㋒の特殊解 y_0 は，㋒′ より，

$\frac{1}{\Phi(D)}e^{\alpha x}f(x)=e^{\alpha x}\frac{1}{\Phi(D+\alpha)}f(x)$

$$y_0=\frac{1}{\Phi_3(D)}6xe^{2x}=\frac{1}{(D-2)^2}6xe^{2x}=e^{2x}\cdot\frac{1}{(D+2-2)^2}6x$$

$$=e^{2x}\frac{1}{D^2}6x=e^{2x}\iint 6xdx\cdot dx=e^{2x}\int 3x^2dx=x^3e^{2x}$$

($\int 6xdx = 3x^2$, $\int 3x^2dx = x^3$)

以上 (i)(ii) より，㋒の一般解 y は，

$y=x^3e^{2x}+(C_1+C_2x)e^{2x}$ である。

(4) $y''-2y'+y=e^x\cos x$ ……㋓ は，

微分演算子 $\Phi_4(D)=D^2-2D+1$ を用いて，

$\Phi_4(D)y=e^x\cos x$ ……㋓′ と表せる。

(i) ㋓の余関数 Y は，

㋓の同伴方程式：$\Phi_4(D)y=0$ の特性方程式：$\Phi_4(\lambda)=0$ を解いて，

$\lambda^2-2\lambda+1=0$ $(\lambda-1)^2=0$ $\therefore \lambda=1$ (重解)

よって，$Y=(C_1+C_2x)e^x$

(ii) ㋓の特殊解 y_0 は，㋓′ より，

$\frac{1}{\Phi(D)}e^{\alpha x}f(x)=e^{\alpha x}\frac{1}{\Phi(D+\alpha)}f(x)$

$$y_0=\frac{1}{\Phi_4(D)}e^x\cos x=\frac{1}{(D-1)^2}e^x\cos x=e^x\frac{1}{(D+1-1)^2}\cos x$$

$$=e^x\frac{1}{D^2}\cos x=e^x\frac{1}{-1^2}\cos x=-e^x\cos x$$

$\frac{1}{\Phi(D^2)}\cos\alpha x=\frac{\cos\alpha x}{\Phi(-\alpha^2)}$

以上 (i)(ii) より，㋓の一般解 y は，

$y=-e^x\cos x+(C_1+C_2x)e^x$ である。

どう？ アッサリ解けるから気持ちいいだろう。それでは，もっと練習しておこう。今度は，高階方程式の問題だ！

例題 41　次の微分方程式の一般解を求めよう！

(1) $y''' + 3y'' - 4y' - 12y = e^{3x}$ ………㋐

(2) $y''' - 3y'' + 3y' - y = 6e^{x}$ …………㋑

(3) $y''' - 4y'' + 4y' = e^{2x}$ ………………㋒

(4) $y''' - 4y' = 3x^2$ ……………………㋓

(5) $y''' - y'' - y' + y = 6xe^{x}$ ……………㋔

(1) $y''' + 3y'' - 4y' - 12y = e^{3x}$ ……㋐　は，

微分演算子 $\Phi_1(D) = D^3 + 3D^2 - 4D - 12$　を用いて，

$\Phi_1(D)y = e^{3x}$ ……㋐´　と表せる。

(ⅰ) ㋐の余関数 Y は，

㋐の同伴方程式：$\Phi_1(D)y = 0$ の特性方程式：$\Phi_1(\lambda) = 0$　を解いて，

$\lambda^3 + 3\lambda^2 - 4\lambda - 12 = 0$　　　$(\lambda - 2)(\lambda + 2)(\lambda + 3) = 0$

$\lambda^2(\lambda + 3) - 4(\lambda + 3) = (\lambda^2 - 4)(\lambda + 3)$

$\therefore \lambda = \pm 2,\ -3$

よって，　$Y = C_1e^{2x} + C_2e^{-2x} + C_3e^{-3x}$

$\frac{1}{\Phi(D)}e^{\alpha x} = \frac{e^{\alpha x}}{\Phi(\alpha)}$

(ⅱ) ㋐の特殊解 y_0 は，㋐´ より，

$$y_0 = \frac{1}{\Phi_1(D)}e^{3x} = \frac{1}{(D-2)(D+2)(D+3)}e^{3x} = \frac{e^{3x}}{(3-2)(3+2)(3+3)}$$

$$= \frac{1}{30}e^{3x}$$

以上 (ⅰ)(ⅱ) より，㋐の一般解 y は，

$$y = \frac{1}{30}e^{3x} + C_1e^{2x} + C_2e^{-2x} + C_3e^{-3x}$$　である。

(2) $y''' - 3y'' + 3y' - y = 6e^{x}$ ……㋑　は，

微分演算子 $\Phi_2(D) = D^3 - 3D^2 + 3D - 1$　を用いて，

$\Phi_2(D)y = 6e^{x}$ ……㋑´　と表せる。

(ⅰ) ㋑の余関数 Y は，

㋑の同伴方程式：$\Phi_2(D)y = 0$ の特性方程式：$\Phi_2(\lambda) = 0$　を解いて，

$\lambda^3 - 3\lambda^2 + 3\lambda - 1 = 0$　　$(\lambda - 1)^3 = 0$　　$\therefore \lambda = 1$ (3 重解)

よって，　$Y = (C_1 + C_2x + C_3x^2)e^{x}$

(ⅱ) ㋑の特殊解 y_0 は，㋑′より，

$$y_0 = \frac{1}{\Phi_2(D)} 6e^x = \frac{1}{(D-1)^3} 6e^x = 6 \cdot \frac{1}{(D-1)^3} e^x = 6 \cdot \frac{x^3}{3!} e^x$$

$$= x^3 e^x$$

$$\frac{1}{(D-\alpha)^n} e^{\alpha x} = \frac{x^n}{n!} e^{\alpha x}$$

以上(ⅰ)(ⅱ)より，㋑の一般解 y は，

$y = x^3 e^x + (C_1 + C_2 x + C_3 x^2) e^x$ である。

(3) $y''' - 4y'' + 4y' = e^{2x}$ ……㋒ は，

微分演算子 $\Phi_3(D) = D^3 - 4D^2 + 4D$ を用いて，

$\Phi_3(D) y = e^{2x}$ ……㋒′ と表せる。

(ⅰ) ㋒の余関数 Y は，

㋒の同伴方程式：$\Phi_3(D) y = 0$ の特性方程式：$\Phi_3(\lambda) = 0$ を解いて，

$\lambda^3 - 4\lambda^2 + 4\lambda = 0$ $\lambda(\lambda - 2)^2 = 0$ $\therefore \lambda = 0,\ 2$ (2 重解)

よって，$Y = C_1 + (C_2 + C_3 x) e^{2x}$

(ⅱ) ㋒の特殊解 y_0 は，㋒′より，

$$y_0 = \frac{1}{\Phi_3(D)} e^{2x} = \frac{1}{D(D-2)^2} e^{2x} = \frac{1}{(D-2)^2} \cdot \frac{1}{D} e^{2x}$$

これを先に計算

$$\int e^{2x} dx = \frac{1}{2} e^{2x}$$

$$= \frac{1}{2} \cdot \frac{1}{(D-2)^2} e^{2x} = \frac{1}{2} \cdot \frac{x^2}{2!} e^{2x} = \frac{1}{4} x^2 e^{2x}$$

$$\frac{1}{(D-\alpha)^n} e^{\alpha x} = \frac{x^n}{n!} e^{\alpha x}$$

以上(ⅰ)(ⅱ)より，㋒の一般解 y は，

$y = \frac{1}{4} x^2 e^{2x} + C_1 + (C_2 + C_3 x) e^{2x}$ である。

(4) $y''' - 4y' = 3x^2$ ……㋓ は，

微分演算子 $\Phi_4(D) = D^3 - 4D$ を用いて，

$\Phi_4(D) y = 3x^2$ ……㋓′ と表せる。

(ⅰ) ㋓の余関数 Y は，

㋓の同伴方程式：$\Phi_4(D) y = 0$ の特性方程式：$\Phi_4(\lambda) = 0$ を解いて，

$\lambda^3 - 4\lambda = 0$ $\lambda(\lambda - 2)(\lambda + 2) = 0$ $\therefore \lambda = 0,\ \pm 2$

よって，$Y = C_1 + C_2 e^{2x} + C_3 e^{-2x}$

(ⅱ) ㊆の特殊解 y_0 は，㊆´ より，

これを先に計算する。

$$y_0 = \frac{1}{\Phi_4(D)}3x^2 = \frac{1}{D(D^2-4)}3x^2 = \frac{1}{D^2-4}\cdot\frac{1}{D}3x^2$$

$\int 3x^2dx = x^3$

$(x^3)'' = (3x^2)' = 6x$

$$= \frac{1}{D^2-4}x^3 = -\frac{1}{4}\left(1+\frac{D^2}{4}\right)x^3 = -\frac{1}{4}\left(x^3+\frac{1}{4}D^2x^3\right)$$

$-\frac{1}{4}\cdot\frac{1}{1-\frac{D^2}{4}} = -\frac{1}{4}\left\{1+\frac{D^2}{4}+\left(\frac{D^2}{4}\right)^2+\left(\frac{D^2}{4}\right)^3+\cdots\right\}$ ← $\frac{1}{1-r} = 1+r+r^2+\cdots$

x^3 に作用するので，これ以降は不要。

$$= -\frac{1}{4}\left(x^3+\frac{3}{2}x\right) = -\frac{1}{4}x^3-\frac{3}{8}x$$

以上 (ⅰ)(ⅱ) より，㊆の一般解 y は，

$$y = -\frac{1}{4}x^3-\frac{3}{8}x+C_1+C_2e^{2x}+C_3e^{-2x}$$ である。

(5) $y'''-y''-y'+y = 6xe^x$ ……㋔ は，

微分演算子 $\Phi_5(D) = D^3-D^2-D+1$ を用いて，

$\Phi_5(D)y = 6xe^x$ ……㋔´ と表せる。

(ⅰ) ㋔の余関数 Y は，

㋔の同伴方程式：$\Phi_5(D)y = 0$ の特性方程式：$\Phi_5(\lambda) = 0$ を解いて，

$\lambda^3-\lambda^2-\lambda+1 = 0 \quad (\lambda-1)^2(\lambda+1) = 0 \quad \therefore \lambda = 1$ (2 重解)，-1

$\lambda^2(\lambda-1)-(\lambda-1) = (\lambda-1)(\lambda^2-1) = (\lambda-1)^2(\lambda+1)$

よって，$Y = (C_1+C_2x)e^x+C_3e^{-x}$

(ⅱ) ㋔の特殊解 y_0 は，㋔´ より，

$\frac{1}{\Phi(D)}e^{\alpha x}f(x) = e^{\alpha x}\frac{1}{\Phi(D+\alpha)}f(x)$

$$y_0 = \frac{1}{\Phi_5(D)}6xe^x = \frac{1}{(D-1)^2(D+1)}6xe^x = e^x\frac{1}{(D+1-1)^2(D+1+1)}6x$$

$$= e^x\cdot\frac{1}{D+2}\cdot\frac{1}{D^2}6x = e^x\frac{1}{D+2}x^3$$

$\iint 6x(dx)^2 = \int 3x^2dx = x^3$

$\frac{1}{2}\cdot\frac{1}{1-\frac{-D}{2}} = \frac{1}{2}\left\{1+\left(-\frac{D}{2}\right)+\left(-\frac{D}{2}\right)^2+\left(-\frac{D}{2}\right)^3+\cdots\right\}$

不要！

$$\therefore y_0 = e^x \cdot \frac{1}{2}\left(1 - \frac{D}{2} + \frac{D^2}{4} - \frac{D^3}{8}\right)x^3$$

$$= \frac{1}{2}e^x\left(1 \cdot x^3 - \frac{1}{2} \cdot \underbrace{Dx^3}_{3x^2} + \frac{1}{4} \cdot \underbrace{D^2x^3}_{(3x^2)'=6x} - \frac{1}{8} \cdot \underbrace{D^3x^3}_{(6x)'=6}\right)$$

$$= \frac{1}{2}e^x\left(x^3 - \frac{3}{2}x^2 + \frac{3}{2}x - \frac{3}{4}\right)$$

$$= \frac{1}{8}e^x\left(4x^3 - 6x^2 + 6x - 3\right)$$

以上 (ⅰ)(ⅱ) より，㋔の一般解 y は，

$$y = \frac{1}{8}e^x\left(4x^3 - 6x^2 + 6x - 3\right) + (C_1 + C_2x)e^x + C_3e^{-x}$$ である。

これだけ解けば“定数係数非同次微分方程式”の解法にも自信が持てるようになったと思う。

● 非同次のオイラーの方程式を解いてみよう！

一般に“**オイラーの方程式**”とは，

$x^ny^{(n)} + a_1x^{n-1}y^{(n-1)} + \cdots + a_{n-1}xy' + a_ny = 0 \quad (x > 0)$ のことで，同次微分方程式のことなんだね。でも，ここではさらにその応用として，

$x^ny^{(n)} + a_1x^{n-1}y^{(n-1)} + \cdots + a_{n-1}xy' + a_ny = R(x)$ ……① $(x > 0)$ の形の非同次微分方程式(これを今後，“**非同次のオイラーの方程式**”と呼ぶことにしよう。)を，演算子により解いてみよう。

①の非同次のオイラーの方程式が与えられたら，同次方程式のときと同様に，$x = e^t$ $(t = \log x)$ により，独立変数 x を独立変数 t に置換する。すると，y は t の関数の形になるけれど，①は“定数係数非同次微分方程式”に変形できる。後は，これまでと同様にこれを解けばいいんだね。

この x から t への変換にも演算子を利用すると便利だ。

これまで，“x による微分演算子” $D = \frac{d}{dx}$ のみを使ってきたけれど，

ここでは“t による微分演算子” $\delta = \frac{d}{dt}$ も利用する。すなわち，

（“デルタ”と読む。）

$y^{(n)} = \dfrac{d^n y}{dx^n} = D^n y$ と同様に $y^{[n]} = \dfrac{d^n y}{dt^n} = \delta^n y$ も使うことにする。

（y を x で n 階微分したもの）（y を t で n 階微分したもの）

それでは，今回の解法の鍵となる，$D^n y$ と $\delta^n y$ $(n=1,\ 2\cdots)$ の関係式を以下に示そう。

$x=e^t$ より，$\dfrac{dx}{dt}=e^t=x$ よって，$\dfrac{dt}{dx}=e^{-t}=x^{-1}$ ……㋐となる。

$$\cdot\ Dy = \frac{dy}{dx} = \frac{dt}{dx}\cdot\frac{dy}{dt} = e^{-t}\cdot\delta y \quad [=x^{-1}\cdot\delta y] \cdots\cdots ㋑$$

（$\dfrac{dt}{dx} = e^{-t}$（㋐より），$\dfrac{dy}{dt}=\delta y$）

$$\cdot\ D^2 y = D(Dy) = \frac{d}{dx}(e^{-t}\cdot\delta y) = \frac{dt}{dx}\cdot\frac{d}{dt}(e^{-t}\cdot\delta y)$$

（$Dy = e^{-t}\cdot\delta y$（㋑より），$\dfrac{dt}{dx}=e^{-t}$（㋐より），$\dfrac{d}{dt}(e^{-t}\cdot\delta y) = -e^{-t}\delta y + e^{-t}\delta^2 y$）

$$= e^{-t}\cdot e^{-t}(\delta^2 y - \delta y) = e^{-2t}\cdot\delta(\delta-1)y \quad [=x^{-2}\delta(\delta-1)y] \cdots\cdots ㋒$$

$$\cdot\ D^3 y = D(D^2 y) = \frac{d}{dx}\{e^{-2t}\cdot\delta(\delta-1)y\} = \frac{dt}{dx}\cdot\frac{d}{dt}\{e^{-2t}\cdot\delta(\delta-1)y\}$$

（$D^2 y = e^{-2t}\delta(\delta-1)y$（㋒より），$\dfrac{dt}{dx}=e^{-t}$，$\dfrac{d}{dt}\{e^{-2t}\cdot\delta(\delta-1)y\} = -2e^{-2t}\delta(\delta-1)y + e^{-2t}\delta^2(\delta-1)y$）

$$= e^{-t}\cdot e^{-2t}\{\delta^2(\delta-1)y - 2\delta(\delta-1)y\}$$

$$= e^{-3t}\delta(\delta-1)(\delta-2)y \quad [=x^{-3}\delta(\delta-1)(\delta-2)y] \cdots\cdots ㋓$$

㋑, ㋒, ㋓より，以下同様に，

$D^4 y = x^{-4}\delta(\delta-1)(\delta-2)(\delta-3)y$

$D^5 y = x^{-5}\delta(\delta-1)(\delta-2)(\delta-3)(\delta-4)y$, …… となる。

そして，これは，任意の自然数 n に対して，

$D^n y = x^{-n}\delta(\delta-1)(\delta-2)\cdots\cdots\{\delta-(n-1)\}y$ と一般化できる。

よって，この両辺に x^n をかけて，次の公式が導ける。

$x^n\cdot D^n y = \delta(\delta-1)(\delta-2)\cdots\cdots\{\delta-(n-1)\}y$ ……(＊) $(n=1,\ 2,\ 3\cdots)$

(＊) の公式から，

$x\cdot Dy = \delta y$

$x^2\cdot D^2 y = \delta(\delta-1)y$

$x^3\cdot D^3 y = \delta(\delta-1)(\delta-2)y$

$x^4\cdot D^4 y = \delta(\delta-1)(\delta-2)(\delta-3)y$, …… が導けるんだね。

どう！ 覚えやすい形だから，忘れないはずだ。

それでは，"**非同次のオイラーの方程式**"の解法を下にまとめて示そう。

非同次のオイラーの方程式の解法

非同次のオイラーの方程式：

$x^n y^{(n)} + a_1 x^{n-1} y^{(n-1)} + \cdots + a_{n-2} x^2 y^{(2)} + a_{n-1} x y' + a_n y = R(x)$ …① $(x > 0)$

について，　$x = e^t\ [t = \log x]$ により，変数を変換し，また，

微分演算子 $D = \dfrac{d}{dx}$，$\delta = \dfrac{d}{dt}$ を用いると，①は次のように変形される。

$$\underbrace{x^n D^n y}_{\delta(\delta-1)\cdots\cdots\{\delta-(n-1)\}y} + a_1 \underbrace{x^{n-1} D^{n-1} y}_{\delta(\delta-1)\cdots\cdots\{\delta-(n-2)\}y} + \cdots + a_{n-2} \underbrace{x^2 D^2 y}_{\delta(\delta-1)y} + a_{n-1} \underbrace{x D y}_{\delta y} + a_n y = \underbrace{R(x)}_{e^t}$$

ここで，　$x^n D^n y = \delta(\delta-1)(\delta-2)\cdots\cdots\{\delta-(n-1)\}y \ (n = 1,\ 2\cdots)$ より，

これらを代入してまとめると，y は t の関数になるけれど，

次の定数係数非同次微分方程式が導ける。

$\delta^n y + b_1 \delta^{n-1} y + b_2 \delta^{n-2} y + \cdots + b_{n-2} \delta^2 y + b_{n-1} \delta y + b_n y = S(t)$ ……②

(ただし，$S(t) = R(e^t)$)

ここで，　$\Phi(\delta) = \delta^n + b_1 \delta^{n-1} + \cdots + b_{n-2} \delta^2 + b_{n-1} \delta + b_n$　とおくと，

②は，$\Phi(\delta) y = S(t)$ ……②′ と表現できる。

(ⅰ) ②の余関数 Y は，

②の同伴方程式：$\Phi(\delta) y = 0$ の特性方程式：$\Phi(\lambda) = 0$　を解いて，

$Y = C_1 y_1 + C_2 y_2 + \cdots + C_n y_n$　の形で求まる。

(ⅱ) ②の特殊解 y_0 は，

②′ を基に，逆演算子を用いて，　$y_0 = \dfrac{1}{\Phi(\delta)} S(t)$　から求まる。

以上(ⅰ)(ⅱ)より，②の一般解 y は，

$y = y_0 + C_1 y_1 + C_2 y_2 + \cdots + C_n y_n$　となる。　← これは，まだ t の関数

最後に，$t = \log x$ を用いて，一般解 y を x の関数にして終了だ。

これで，"非同次のオイラーの方程式"の解法の全体像(マスタープラン)もつかめたと思う。後は，次の例題を解くことにより，この解法を完全にマスターしてしまえばいいんだよ。

例題 42　次の微分方程式の一般解を求めよう。

(1) $x^3y''' + 3x^2y'' - 2xy' - 2y = x$ ……………㋐　$(x > 0)$

(2) $x^4y^{(4)} + 6x^3y''' + 5x^2y'' - xy' + y = \sin(2\log x)$

……………㋑　$(x > 0)$

いずれも“非同次のオイラーの方程式”なので，$x = e^t$ とおいて“定数係数非同次微分方程式”にもち込めばいいんだね。

(1) $x = e^t$ $[t = \log x]$ とおき，$\dfrac{d}{dx} = D$，$\dfrac{d}{dt} = \delta$ とおくと，

$xy' = xDy = \delta y$，　$x^2y'' = x^2D^2y = \delta(\delta - 1)y$，

$x^3y''' = x^3D^3y = \delta(\delta - 1)(\delta - 2)y$　となるので，

これらを，$\underbrace{x^3y'''}_{\delta(\delta-1)(\delta-2)y} + 3\underbrace{x^2y''}_{\delta(\delta-1)y} - 2\underbrace{xy'}_{\delta y} - 2y = \underbrace{x}_{e^t}$ ……㋐ に代入してまとめると，

$\delta(\delta - 1)(\delta - 2)y + 3\delta(\delta - 1)y - 2\delta y - 2y = e^t$

$(\delta^3 - 3\delta^2 + 2\delta)y + (3\delta^2 - 3\delta)y - 2\delta y - 2y$
$= (\delta^3 - 3\delta - 2)y$

$(\delta^3 - 3\delta - 2)y = e^t$ ……㋐′ となる。

$\dddot{y} - 3\dot{y} - 2y = e^t$ のこと

ここで，$\Phi_1(\delta) = \delta^3 - 3\delta - 2$

$= (\delta + 1)^2(\delta - 2)$　とおく。

組立て除法

	1	0	−3	−2
−1)		−1	1	2
	1	−1	−2	(0)
−1)		−1	2	
	1	−2	(0)	

(i) ㋐′ の余関数 Y は，

㋐′ の同伴方程式：$\Phi_1(\delta)y = 0$ の

特性方程式：$\Phi_1(\lambda) = (\lambda + 1)^2(\lambda - 2) = 0$　を解いて，

$\lambda = -1$ (2 重解)，2　より，　$Y = (C_1 + C_2t)e^{-t} + C_3e^{2t}$ である。

(ii) ㋐′ の特殊解 y_0 は，

$$y_0 = \frac{1}{\Phi_1(\delta)}e^t = \frac{1}{(\delta + 1)^2(\delta - 2)}e^t = \frac{e^t}{(1 + 1)^2(1 - 2)} = -\frac{1}{4}e^t$$

公式：$\dfrac{1}{\Phi(\delta)}e^{\alpha t} = \dfrac{e^{\alpha t}}{\Phi(\alpha)}$

逆演算子の公式は t や x など文字に関わらず成り立つ！

以上 (i)(ii) より，㋐′，すなわち㋐の一般解 y は，

$$y = -\frac{1}{4}\underbrace{e^t}_{x} + (C_1 + C_2\underbrace{t}_{\log x})\underbrace{e^{-t}}_{x^{-1}} + C_3\underbrace{e^{2t}}_{x^2} = -\frac{1}{4}x + (C_1 + C_2\log x)\frac{1}{x} + C_3x^2$$

である。

(2) $x^4y^{(4)}+6x^3y'''+5x^2y''-xy'+y=\sin(2\log x)$ ……㋑ について，

($x^4y^{(4)} = \delta(\delta-1)(\delta-2)(\delta-3)y$，$x^3y''' = \delta(\delta-1)(\delta-2)y$，$x^2y'' = \delta(\delta-1)y$，$xy' = \delta y$，$\log x = t$)

$x=e^t$ $[t=\log x]$ とおき，$\dfrac{d}{dx}=D$，$\dfrac{d}{dt}=\delta$ とおくと，

$xy'=xDy=\delta y$，　　$x^2y''=x^2D^2y=\delta(\delta-1)y$，

$x^3y'''=x^3D^3y=\delta(\delta-1)(\delta-2)y$，

$x^4y^{(4)}=x^4D^4y=\delta(\delta-1)(\delta-2)(\delta-3)y$ となるので，これらを㋑に代入してまとめると，

$\delta(\delta-1)(\delta-2)(\delta-3)y+6\delta(\delta-1)(\delta-2)y+5\delta(\delta-1)y-\delta y+y=\sin 2t$

$$(\delta^2-\delta)(\delta^2-5\delta+6)y+6(\delta^3-3\delta^2+2\delta)y+5(\delta^2-\delta)y-\delta y+y$$
$$=(\delta^4-6\delta^3+11\delta^2-6\delta)y+(6\delta^3-18\delta^2+12\delta)y+(5\delta^2-5\delta)y-\delta y+y$$
$$=(\delta^4-2\delta^2+1)y$$

$(\delta^4-2\delta^2+1)y=\sin 2t$ ……㋑′ となる。

ここで，$\Phi_2(\delta)=\delta^4-2\delta^2+1=(\delta^2-1)^2=(\delta-1)^2(\delta+1)^2$ とおく。

(ⅰ) ㋑′ の余関数 Y は，

㋑′ の同伴方程式：$\Phi_2(\delta)y=0$ の特性方程式：$\Phi_2(\lambda)=0$ を解いて，

$\lambda=1$ (2 重解)，-1 (2 重解) より，

$Y=(C_1+C_2t)e^t+(C_3+C_4t)e^{-t}$ である。

逆演算子の公式は t や x など，文字に関わらず成り立つ！

(ⅱ) ㋑′ の特殊解 y_0 は，

$$y_0=\frac{1}{\Phi_2(\delta)}\sin 2t=\frac{1}{(\delta^2-1)^2}\sin 2t=\frac{\sin 2t}{(-2^2-1)^2}=\frac{1}{25}\sin 2t$$

公式：$\dfrac{1}{\Phi(\delta^2)}\sin\alpha t=\dfrac{\sin\alpha t}{\Phi(-\alpha^2)}$

以上 (ⅰ)(ⅱ) より，㋑′，すなわち㋑の一般解 y は，

$$y=\frac{1}{25}\sin 2t+(C_1+C_2t)e^t+(C_3+C_4t)e^{-t}$$

($t = \log x$，$e^t = x$，$e^{-t} = x^{-1}$)

$$=\frac{1}{25}\sin(2\log x)+(C_1+C_2\log x)x+(C_3+C_4\log x)\frac{1}{x}$$ である。

これで，“非同次のオイラーの方程式”の解法にも慣れたと思う。

● 定数係数連立微分方程式も解いてみよう！

それでは，"**定数係数連立微分方程式**"にもチャレンジしてみよう。これは，複数の x の関数 $y=y(x)$，$z=z(x)$，$w=w(x)$ などの，連立微分方程式で，これをみたす関数 y，z，w などを求めればいいんだよ。この解法については，初めは，連立 1 次方程式を解く要領で未知関数の数を減らして，1つの未知関数の微分方程式にもち込むことがコツだ。

難しくはないので，早速，例題で練習してみることにしよう。

> 例題 43　未知関数 $y=y(x)$，$z=z(x)$ に関する次の連立微分方程式を解こう。
>
> (1) $\begin{cases}(D+4)y-Dz=0 & \cdots ㋐ \\ (D-1)y+z=0 & \cdots\cdots ㋑\end{cases}$　　(2) $\begin{cases}(D+4)y-Dz=2x & \cdots ㋔ \\ (D-1)y+z=x^2 & \cdots\cdots ㋕\end{cases}$
>
> $\left(\text{ただし，} D=\dfrac{d}{dx} \text{ である。}\right)$

(1) の同次連立微分方程式から解いてみよう。

(i) まず，未知関数 z を消去するために，㋑の両辺に D を作用させて，

㋐ $+D\cdot$ ㋑　を求めると，

$\begin{cases}(D+4)y-Dz=0 & \cdots\cdots ㋐ \\ (D^2-D)y+Dz=0 & \cdots\cdots D\cdot ㋑\end{cases}$　より，

$(D^2+4)y=0$ ……㋒　となる。 ←（定数係数 2 階同次微分方程式）

㋒の特性方程式：$\lambda^2+4=0$　を解いて，$\lambda=\pm 2i$

よって，一般解 y は，$y=C_1\cos 2x+C_2\sin 2x$ ……㋓

（ていねいに書くと，$C_1e^{0x}\cos 2x+C_2e^{0x}\sin 2x$ のことだ！）

(ii) 次に，㋓を㋑に代入すると，

$z=-(D-1)y=-(D-1)(C_1\cos 2x+C_2\sin 2x)$

$-D(C_1\cos 2x+C_2\sin 2x)+1\cdot(C_1\cos 2x+C_2\sin 2x)$
$=2C_1\sin 2x-2C_2\cos 2x+C_1\cos 2x+C_2\sin 2x$

$=(C_1-2C_2)\cos 2x+(2C_1+C_2)\sin 2x$

以上 (i)(ii) より，求める解は，

$y=C_1\cos 2x+C_2\sin 2x$　　$z=(C_1-2C_2)\cos 2x+(2C_1+C_2)\sin 2x$

である。

どう？ 難しくなかっただろう？ それでは，(2) の非同次の連立微分方程式も解いてみよう。

(2) $\begin{cases}(D+4)y-Dz=2x & \cdots\text{㋔}\\ (D-1)y+z=x^2 & \cdots\cdots\text{㋕}\end{cases}$

(i) まず，未知関数 z を消去するために，㋕の両辺に D を作用させて，

㋔ $+D\cdot$ ㋕　を求めると，

$$\begin{cases}(D+4)y-Dz=2x & \cdots\cdots\text{㋔}\\ (D^2-D)y+Dz=\underset{\underset{Dx^2}{\|}}{\underline{2x}} & \cdots\cdots D\cdot\text{㋕}\end{cases}$$ より，

$(D^2+4)y=4x$ ……㋖　となる。

この同伴方程式：$(D^2+4)y=0$ の特性方程式：$\lambda^2+4=0$　を解いて，

$\lambda=\pm 2i$

∴㋖の余関数 $Y=C_1\cos 2x+C_2\sin 2x$

また，この特殊解 y_0 は，㋖より，

$$y_0=\boxed{\frac{1}{D^2+4}}4x=\frac{1}{4}\cdot 4x=x$$

$$\frac{1}{4}\cdot\frac{1}{1-\left(-\frac{D^2}{4}\right)}=\frac{1}{4}\left\{1+\underbrace{\left(-\frac{D^2}{4}\right)+\left(-\frac{D^2}{4}\right)^2+\cdots}_{\text{不要}}\right\}$$

よって，y の一般解は $y=x+C_1\cos 2x+C_2\sin 2x$ ……㋗

(ii) 次に，㋗を㋕に代入して，

$$z=x^2-(D-1)y=x^2\underline{-(D-1)(x+C_1\cos 2x+C_2\sin 2x)}$$

$$-D(x+C_1\cos 2x+C_2\sin 2x)+1\cdot(x+C_1\cos 2x+C_2\sin 2x)$$
$$=-1+2C_1\sin 2x-2C_2\cos 2x+x+C_1\cos 2x+C_2\sin 2x$$

$$=x^2+x-1+(C_1-2C_2)\cos 2x+(2C_1+C_2)\sin 2x$$

以上 (i)(ii) より，求める y と z の一般解は，

$$\begin{cases}y=x+C_1\cos 2x+C_2\sin 2x\\ z=x^2+x-1+(C_1-2C_2)\cos 2x+(2C_1+C_2)\sin 2x\end{cases}$$ である。

これで，定数係数連立微分方程式の解法の要領も分かったと思う。それでは，さらに，例題で練習しておこう。

例題 44　未知関数 $y=y(x)$，$z=z(x)$ に関する次の連立微分方程式を解こう。

$$\begin{cases}(D-1)y+2z=e^x \cdots\cdots ㋐ \\ 3y+(D-2)z=1 \cdots\cdots ㋑\end{cases} \quad \left(\text{ただし，} D=\frac{d}{dx} \text{ である。}\right)$$

(i) まず，未知関数 z を消去するために，㋐の両辺に $(D-2)$ を作用させたものを㋐′，㋑の両辺に 2 をかけたものを㋑′とおくと，

$$\begin{cases}\underbrace{(D-2)(D-1)}_{D^2-3D+2}y+2(D-2)z=\underbrace{(D-2)e^x}_{De^x-2e^x=e^x-2e^x=-e^x} \cdots\cdots ㋐' \\ 6y+2(D-2)z=2 \cdots\cdots ㋑'\end{cases}$$
となる。

ここで，㋐′−㋑′ を求めると，

$(D^2-3D-4)y=-e^x-2 \cdots\cdots ㋒$　となる。

㋒の同伴方程式：$(D^2-3D-4)y=0$　の特性方程式：$\lambda^2-3\lambda-4=0$

を解いて，$(\lambda-4)(\lambda+1)=0$　$\therefore \lambda=4,\ -1$

よって，㋒の余関数 Y は，$Y=C_1e^{4x}+C_2e^{-x}$　である。

また，㋒の特殊解 y_0 は，

$$y_0=\frac{1}{D^2-3D-4}(-e^x-2)$$

$$=-\underbrace{\frac{1}{D^2-3D-4}e^x}_{\frac{e^x}{1^2-3\cdot1-4}}-\underbrace{\frac{1}{D^2-3D-4}2}_{\frac{1}{4}\cdot\frac{1}{1-\frac{D^2-3D}{4}}=\frac{1}{4}\left\{1+\frac{D^2-3D}{4}+\left(\frac{D^2-3D}{4}\right)^2+\cdots\right\}}$$

（$\frac{D^2-3D}{4}$ 以降：不要）

$$=\frac{1}{6}e^x+\frac{1}{4}\cdot2=\frac{1}{6}e^x+\frac{1}{2}$$

以上より，y の一般解は，

$y=\frac{1}{6}e^x+\frac{1}{2}+C_1e^{4x}+C_2e^{-x} \cdots\cdots ㋓$　である。

(ii) 次に，未知関数 z を求めよう。㋐より，

$z=\frac{1}{2}e^x-\frac{1}{2}(D-1)y \cdots\cdots ㋐'$

$y=\frac{1}{6}e^x+\frac{1}{2}+C_1e^{4x}+C_2e^{-x}$ …㊀ を $z=\frac{1}{2}e^x-\frac{1}{2}(D-1)y$ …㋐′

に代入して，

$$z=\frac{1}{2}e^x-\frac{1}{2}(D-1)\left(\frac{1}{6}e^x+\frac{1}{2}+C_1e^{4x}+C_2e^{-x}\right)$$

$$D\left(\frac{1}{6}e^x+\frac{1}{2}+C_1e^{4x}+C_2e^{-x}\right)-1\cdot\left(\frac{1}{6}e^x+\frac{1}{2}+C_1e^{4x}+C_2e^{-x}\right)$$
$$=\frac{1}{6}e^x+4C_1e^{4x}-C_2e^{-x}-\frac{1}{6}e^x-\frac{1}{2}-C_1e^{4x}-C_2e^{-x}$$

$$=\frac{1}{2}e^x-\frac{1}{2}\left(-\frac{1}{2}+3C_1e^{4x}-2C_2e^{-x}\right)$$

$$=\frac{1}{2}e^x+\frac{1}{4}-\frac{3}{2}C_1e^{4x}+C_2e^{-x}$$ である。

以上(ⅰ)(ⅱ)より，求める y と z の一般解は，

$$\begin{cases} y=\frac{1}{6}e^x+\frac{1}{2}+C_1e^{4x}+C_2e^{-x} \\ z=\frac{1}{2}e^x+\frac{1}{4}-\frac{3}{2}C_1e^{4x}+C_2e^{-x} \end{cases}$$ である。

それでは，もう **1** 題，今度は $y(x)$，$z(x)$，$w(x)$ の **3** つの未知関数を求める連立微分方程式にチャレンジしよう。易しくしておいたから解きやすいと思うよ。

例題45 未知関数 $y=y(x)$，$z=z(x)$，$w=w(x)$ に関する次の連立微分方程式を解こう。

$$\begin{cases} y-2z+(D+2)w=0 \quad \cdots\cdots ㋐ \\ y-(D+1)z=0 \quad \cdots\cdots ㋑ \\ (D-2)y=0 \quad \cdots\cdots ㋒ \end{cases}$$ $\left(\text{ただし，}D=\frac{d}{dx}\text{ である。}\right)$

(ⅰ) $(D-2)y=0$ ……㋒ は，定数係数 **1** 階同次微分方程式より，

㋒の特性方程式：$\lambda-2=0$ を解いて，$\lambda=2$

よって，㋒の一般解 y は，$y=C_1e^{2x}$ ……㊀ である。

(ⅱ) ㊀を㋑に代入すると，

$(D+1)z=y$ 　 $(D+1)z=C_1e^{2x}$ ……㋔ ← 定数係数1階非同次微分方程式

・㋔の同伴方程式：$(D+1)z=0$　の特性方程式：$\lambda+1=0$　を解いて，

$\lambda=-1$

∴㋔の余関数 Z_1 は，$Z_1=C_2e^{-x}$

・㋔の特殊解 z_0 は，

$$z_0=\frac{1}{D+1}C_1e^{2x}=C_1\cdot\frac{1}{D+1}e^{2x}=C_1\cdot\frac{e^{2x}}{2+1}=\frac{C_1}{3}e^{2x}$$

以上より，z の一般解は，　$z=\underline{\frac{C_1}{3}e^{2x}+C_2e^{-x}}$ ……㋕　である。

(iii) ㋓と㋕を㋐に代入すると，

$(D+2)w=-y+2z$　　　$(D+2)w=-C_1e^{2x}+2\left(\frac{C_1}{3}e^{2x}+C_2e^{-x}\right)$

$(D+2)w=-\frac{C_1}{3}e^{2x}+2C_2e^{-x}$ ……㋖ ← 定数係数1階非同次微分方程式

・㋖の同伴方程式：$(D+2)w=0$　の特性方程式：$\lambda+2=0$　を解いて，

$\lambda=-2$

∴㋖の余関数 $W_1=C_3e^{-2x}$

・㋖の特殊解 w_0 は，

$$w_0=\frac{1}{D+2}\left(-\frac{C_1}{3}e^{2x}+2C_2e^{-x}\right)=-\frac{C_1}{3}\cdot\frac{1}{D+2}e^{2x}+2C_2\cdot\frac{1}{D+2}e^{-x}$$

$$=-\frac{C_1}{3}\cdot\frac{e^{2x}}{2+2}+2C_2\cdot\frac{e^{-x}}{-1+2}=-\frac{C_1}{12}e^{2x}+2C_2e^{-x}$$

以上より，w の一般解は，$w=-\frac{C_1}{12}e^{2x}+2C_2e^{-x}+C_3e^{-2x}$　である。

以上(i)(ii)(iii)より，求める y，z，w の一般解は，

$$\begin{cases} y=C_1e^{2x} \\ z=\frac{C_1}{3}e^{2x}+C_2e^{-x} \\ w=-\frac{C_1}{12}e^{2x}+2C_2e^{-x}+C_3e^{-2x} \end{cases}$$

である。

これだけ解けば"定数係数連立微分方程式"の解法にも自信が付いたと思う。

演習問題 11	● 定数係数非同次微分方程式の解法 ●

微分方程式：$y^{(4)}-16y=\sin 2x$ ……① の一般解を求めよ。

ヒント！ ①は $(D^4-16)y=\sin 2x$ と表せるので，(i)特性方程式：$\lambda^4-16=0$ から余関数を求め，(ii)$y_0=\frac{1}{D^4-16}\sin 2x$ から特殊解を求めるんだね。

解答＆解説

$y^{(4)}-16y=\sin 2x$ ……① は，

微分演算子 $\Phi(D)=D^4-16$ を用いて

$\Phi(D)y=\sin 2x$ ……② と表せる。

(i) ①の余関数 Y は，

①の同伴方程式：$\Phi(D)y=0$ の特性方程式：$\Phi(\lambda)=0$ を解いて，

$\lambda^4-16=0$ $(\lambda^2-4)(\lambda^2+4)=0$ $(\lambda-2)(\lambda+2)(\lambda^2+4)=0$

$\therefore \lambda=\pm 2,\ \pm 2i$

よって，$Y=C_1e^{2x}+C_2e^{-2x}+C_3\cos 2x+C_4\sin 2x$ である。

(ii) ①の特殊解 y_0 は，②より，

$$y_0=\frac{1}{\Phi(D)}\sin 2x=\frac{1}{(D^2+4)(D^2-4)}\sin 2x$$

$$=\frac{1}{D^2+4}\left(\frac{1}{D^2-4}\sin 2x\right)=\frac{1}{D^2+4}\cdot\frac{\sin 2x}{-2^2-4}$$

$$\frac{1}{\Phi(D^2)}\sin\alpha x=\frac{\sin\alpha x}{\Phi(-\alpha^2)}$$

$$=-\frac{1}{8}\cdot\frac{1}{D^2+4}\sin 2x=-\frac{1}{8}\left(-\frac{1}{2\cdot 2}x\cos 2x\right)=\frac{1}{32}x\cos 2x$$

$$\frac{1}{D^2+\alpha^2}\sin\alpha x=-\frac{1}{2\alpha}x\cos\alpha x$$

以上(i)(ii)より，①の一般解 y は，

$y=\frac{1}{32}x\cos 2x+C_1e^{2x}+C_2e^{-2x}+C_3\cos 2x+C_4\sin 2x$ である。

実践問題 11 ● 定数係数非同次微分方程式の解法 ●

微分方程式：$y^{(4)}-y=\cos x$ ……① の一般解を求めよ。

ヒント！ ①を $(D^4-1)y=\cos x$ と表して，解いていけばいい。

解答＆解説

$y^{(4)}-y=\cos x$ ……① は，

微分演算子 $\Phi(D)=$ (ア) を用いて，

$\Phi(D)y=\cos x$ ……② と表せる。

(i) ①の余関数 Y は，

①の同伴方程式：$\Phi(D)y=0$ の特性方程式：$\Phi(\lambda)=0$ を解いて，

$\lambda^4-1=0$ $(\lambda^2-1)(\lambda^2+1)=0$ $(\lambda+1)(\lambda-1)(\lambda^2+1)=0$

$\therefore \lambda=$ (イ)

よって，$Y=$ (ウ) である。

(ii) ①の特殊解 y_0 は，②より，

$$y_0=\frac{1}{\Phi(D)}\cos x=\frac{1}{(D^2+1)(D^2-1)}\cos x$$

$$=\frac{1}{D^2+1}\left(\frac{1}{D^2-1}\cos x\right)=\frac{1}{D^2+1}\cdot\frac{\cos x}{-1^2-1}$$

$$\frac{1}{\Phi(D^2)}\cos\alpha x=\frac{\cos\alpha x}{\Phi(-\alpha^2)}$$

$$=\boxed{(エ)}\cdot\frac{1}{D^2+1}\cos x=\boxed{(エ)}\left(\frac{1}{2\cdot 1}x\sin x\right)=\boxed{(オ)}$$

$$\frac{1}{D^2+\alpha^2}\cos\alpha x=\frac{1}{2\alpha}x\sin\alpha x$$

以上 (i)(ii) より，①の一般解 y は，

$y=-\dfrac{1}{4}x\sin x+C_1e^x+C_2e^{-x}+C_3\cos x+C_4\sin x$ である。

解答 (ア) D^4-1 (イ) ±1，$\pm i$ (ウ) $C_1e^x+C_2e^{-x}+C_3\cos x+C_4\sin x$

(エ) $-\dfrac{1}{2}$ (オ) $-\dfrac{1}{4}x\sin x$

講義5● 演算子　公式エッセンス

1.　逆演算子の基本公式

(1) $\frac{1}{D}f(x)=\int f(x)dx$　　(2) $\frac{1}{D^n}f(x)=\int\int\cdots\int f(x)(dx)^n$

(3) $\frac{1}{D-\alpha}f(x)=e^{\alpha x}\int e^{-\alpha x}f(x)dx$　　(4) $\frac{1}{\Phi(D)}e^{\alpha x}=\frac{e^{\alpha x}}{\Phi(\alpha)}$

(5) $\frac{1}{\Phi(D)}\{e^{\alpha x}f(x)\}=e^{\alpha x}\frac{1}{\Phi(D+\alpha)}f(x)$　(6) $\frac{1}{(D-\alpha)^n}e^{\alpha x}=\frac{x^n}{n!}e^{\alpha x}$

(7) $\frac{1}{1-D}=1+D+D^2+D^3+\cdots$　　など。

2.　定数係数非同次微分方程式の解法

$y^{(n)}+a_1y^{(n-1)}+a_2y^{(n-2)}+\cdots+a_{n-1}y'+a_ny=R(x)$ ……①は，微分演算子 $\Phi(D)=D^n+a_1D^{n-1}+a_2D^{n-2}+\cdots+a_{n-1}D+a_n$ を用いて，

$\Phi(D)y=R(x)$　……①′ と表される。

(ⅰ)①の余関数 Y は，①の同伴方程式：$\Phi(D)y=0$ の特性方程式：

$\Phi(\lambda)=0$ を解いて，$Y=C_1y_1+C_2y_2+\cdots+C_ny_n$ と求められる。

(ⅱ)①の特殊解 y_0 は，①′ より，　$y_0=\frac{1}{\Phi(D)}R(x)$ と求められる。

以上(ⅰ)(ⅱ)より一般解 $y=y_0+Y$ が求まる。

3.　非同次のオイラーの方程式の解法

$x^ny^{(n)}+a_1x^{n-1}y^{(n-1)}+\cdots+a_{n-2}x^2y^{(2)}+a_{n-1}xy'+a_ny=R(x)$ …②

$(x>0)$　について，$x=e^t$ $[t=\log x]$ と，変数を変換し，

また，微分演算子 $D=\frac{d}{dx}$，$\delta=\frac{d}{dt}$ を用いて，　②は，

$x^nD^ny+a_1x^{n-1}D^{n-1}y+\cdots+a_{n-2}x^2D^2y+a_{n-1}xDy+a_ny=R(x)$

これに，$x^nD^ny=\delta(\delta-1)(\delta-2)\cdots\cdots\{\delta-(n-1)\}y$　$(n=1,\ 2\cdots)$ を代入して，まとめると，

$\delta^ny+b_1\delta^{n-1}y+b_2\delta^{n-2}y+\cdots+b_{n-2}\delta^2y+b_{n-1}\delta y+b_ny=S(t)$ …③

$\left(S(t)=R(e^t)\right)$　これは，y が t の関数である定数係数非同次微分方程式より，③を $\Phi(\delta)y=S(t)$ として解く。

級数解法

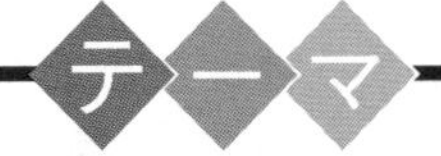

- 級数解法の基本
- **2** 階線形微分方程式の級数解法
- ルジャンドルの微分方程式
- ベッセルの微分方程式

§1. 微分方程式の級数解法

さァ，それではこれから，微分方程式の“**級数解法**(きゅうすうかいほう)”について解説しよう。何回でも微分可能な関数について“テイラー展開”や“マクローリン展開”ができることは既に知っていると思う。これと同様に，微分方程式の解も，“無限級数(むげんきゅうすう)”の形で表されるものと仮定して，元の微分方程式に代入し，これを満たすように級数の各係数を決定して，解を求める手法を“級数解法”と言うんだよ。これは，すべての微分方程式に使えるわけではないけれど，解ける微分方程式の幅が広がって，さらに面白くなっていくと思う。

ここではまず，簡単な級数解法の例を示し，その後，応用上重要な **2** 階線形微分方程式の級数解法の基本について，詳しく解説するつもりだ。

● 簡単な級数解法の問題を解いてみよう！

微分方程式の“級数解法”の解説に入る前に，“**テイラー展開**”や“**マクローリン展開**”について，まず復習しておこう。

テイラー展開

関数$f(x)$が，$x=\alpha$を含むある区間で何回でも微分可能であり，かつ，$\lim_{n\to\infty}R_{n+1}=0$のとき，$f(x)$は次のように表される。

$$f(x)=f(\alpha)+\frac{f^{(1)}(\alpha)}{1!}(x-\alpha)+\frac{f^{(2)}(\alpha)}{2!}(x-\alpha)^2+\cdots+\frac{f^{(n)}(\alpha)}{n!}(x-\alpha)^n+\cdots$$

そして，テイラー展開のαが$\alpha=0$の特殊な場合を，“**マクローリン展開**”と呼ぶんだったね。

マクローリン展開

関数$f(x)$が，$x=0$を含むある区間で何回でも微分可能であり，かつ，$\lim_{n\to\infty}R_{n+1}=0$のとき，$f(x)$は次のように表される。

$$f(x)=f(0)+\frac{f^{(1)}(0)}{1!}x+\frac{f^{(2)}(0)}{2!}x^2+\cdots+\frac{f^{(n)}(0)}{n!}x^n+\cdots$$

（ただし，R_{n+1}はラグランジュの剰余項を表す。）

（このように，関数 $f(x)$ が $x=\alpha$（または $x=0$）でテーラー展開（またはマクローリン展開）できるとき，$f(x)$ は $x=\alpha$（または $x=0$）で“**解析的である**”という。そうでないときは“**特異である**”といい，点 $x=\alpha$（または $x=0$）を“**特異点**”ということも覚えておこう。）

つまり，マクローリン展開とは，$a_n=\dfrac{f^{(n)}(0)}{n!}$ $(n=0,\ 1,\ 2,\ \cdots)$ とおくと，

関数 $f(x)$ を無限級数 $f(x)=\sum_{k=0}^{\infty}a_kx^k=a_0+a_1x+a_2x^2+\cdots+a_nx^n+\cdots$ …①

の形で表すことだったんだね。そして，この①が成り立つ，すなわち無限級数 $\sum_{k=0}^{\infty}a_kx^k$ が元の関数 $f(x)$ に収束するための x の取り得る値の範囲は，$-R<x<R$ で表された。この R のことを“**ダランベールの収束半径**”と呼び，これは

$R=\lim_{n\to\infty}\left|\dfrac{a_n}{a_{n+1}}\right|$ で計算できるんだった。ここまでは大丈夫だね。

それでは，典型的なマクローリン展開の例を下に示しておこう。

(1) $e^x=\sum_{k=0}^{\infty}\dfrac{1}{k!}x^k=1+\dfrac{1}{1!}x+\dfrac{1}{2!}x^2+\dfrac{1}{3!}x^3+\cdots$ $(-\infty<x<\infty)$

(2) $\cos x=\sum_{k=0}^{\infty}\dfrac{(-1)^k}{(2k)!}x^{2k}=1-\dfrac{1}{2!}x^2+\dfrac{1}{4!}x^4-\dfrac{1}{6!}x^6+\cdots$ $(-\infty<x<\infty)$

(3) $\sin x=\sum_{k=0}^{\infty}\dfrac{(-1)^k}{(2k+1)!}x^{2k+1}=\dfrac{1}{1!}x-\dfrac{1}{3!}x^3+\dfrac{1}{5!}x^5-\dfrac{1}{7!}x^7+\cdots$ $(-\infty<x<\infty)$

(4) $\log(1+x)=\sum_{k=1}^{\infty}\dfrac{(-1)^{k-1}}{k}x^k=x-\dfrac{1}{2}x^2+\dfrac{1}{3}x^3-\dfrac{1}{4}x^4+\cdots$ $(-1<x\leqq 1)$

テイラー展開やマクローリン展開について，知識のない方はマセマの「微分積分キャンパス・ゼミ」で勉強されることを勧める。

微分方程式においても，その解を $y=a_0+a_1x+a_2x^2+a_3x^3+\cdots$ のような無限級数で表されるものと仮定して，これを元の微分方程式に代入し，係数 a_k $(k=0,\ 1,\ 2,\ \cdots)$ の関係式（漸化式）を解いて，a_k を決定する手法を“**級数解法**”と呼ぶ。

これについてはまず，簡単な例で練習してみるのがいいと思う。これから，例題を解くことにより，この解法に慣れるといいよ。

例題 46　微分方程式 $y' - y = 0$ …①の解が
$y = \sum_{k=0}^{\infty} a_k x^k = a_0 + a_1 x + a_2 x^2 + \cdots$　……②の形で表されるものとして，解いてみよう。

①の微分方程式の解が，

$$y = \sum_{k=0}^{\infty} a_k x^k = a_0 + a_1 x + a_2 x^2 + a_3 x^3 + \cdots \quad \cdots\cdots ②$$

の形で表されるものと仮定する。②の両辺を x で微分して，

ここでは，$(a_0 + a_1 x + a_2 x^2 + \cdots)' = (a_0)' + (a_1 x)' + (a_2 x^2)' + \cdots$ のように，項別微分できることも仮定している。

$$y' = \sum_{k=0}^{\infty} (a_k x^k)' = \sum_{k=1}^{\infty} k a_k x^{k-1} = a_1 + 2a_2 x + 3a_3 x^2 + \cdots \quad \cdots\cdots ③$$

$k=1$ スタートになる

③を書き換えて，

$$y' = \sum_{k=0}^{\infty} (k+1) a_{k+1} x^k \quad \cdots\cdots ③' \text{ とする。}$$

$k=0$ スタート，x^k にして，②と形式をそろえるのがコツだ。

③′と②を①に代入して，

$$y' - y = \sum_{k=0}^{\infty} (k+1) a_{k+1} x^k - \sum_{k=0}^{\infty} a_k x^k = 0$$

よって，$\sum_{k=0}^{\infty} \{(k+1) a_{k+1} - a_k\} x^k = 0$ ……④ ← これは x の恒等式だ！

（$(k+1) a_{k+1} - a_k = 0$）

④は，すべての実数 x に対して恒等的に成り立たなければならないので，x^k $(k = 0, 1, 2, \cdots)$ の係数が 0 でなければならないね。

よって，$(k+1) a_{k+1} - a_k = 0$ より，

$$a_{k+1} = \frac{1}{k+1} a_k \quad \cdots\cdots ⑤ \quad (k = 0, 1, 2, \cdots)$$

ここで，$a_0 \neq 0$ とおくと，⑤より，

$$a_k = \frac{1}{k} \cdot a_{k-1} = \frac{1}{k} \cdot \frac{1}{k-1} a_{k-2} = \frac{1}{k(k-1)} \cdot \frac{1}{k-2} a_{k-3} = \cdots$$

$$= \frac{1}{k(k-1)(k-2) \cdot \cdots \cdot 3 \cdot 2 \cdot 1} a_0 \quad \text{となる。}$$

$$\therefore a_k = \frac{1}{k!} a_0 \quad \cdots\cdots ⑥ \quad (k = 0, 1, 2, \cdots)$$ ← これで，係数 a_k が決定できた！

⑥を②に代入して，

$$y=\sum_{k=0}^{\infty}\frac{a_0}{k!}x^k=a_0\sum_{k=0}^{\infty}\frac{1}{k!}x^k=a_0\underbrace{\left(1+\frac{x}{1!}+\frac{x^2}{2!}+\frac{x^3}{3!}+\cdots\right)}_{e^x}$$

$\therefore\ y=a_0e^x\ (-\infty<x<\infty)$ （ここで，a_0 は任意定数とみればいい。）が導ける。

もちろん，微分方程式 $y'-y=0$ ……① は，演算子 D を使って表すと $(D-1)y=0$ となり，これは定数係数 1 階同次微分方程式なので，
特性方程式：$\lambda-1=0$ を解いて，$\lambda=1$
よって，①の一般解は $y=Ce^x$ (C：任意定数) と，すぐに同じ答えが出てくるんだね。でも，これで，"級数解法" の具体的な手順がつかめたと思う。

それでは次，定数係数 2 階同次微分方程式の級数解法にもチャレンジしてみよう。

例題 47　微分方程式 $y''+\omega^2y=0$ …㋐ （ω：正の定数）の解が $y=\sum_{k=0}^{\infty}a_kx^k$ …㋑ の形で表されるものとして，解いてみよう。

㋐の微分方程式の解が，

$$y=\sum_{k=0}^{\infty}a_kx^k=a_0+a_1x+a_2x^2+a_3x^3+\cdots \quad \cdots\cdots ㋑$$

の形で表されるものと仮定する。㋑の両辺を順に x で 2 階微分すると，

$$y'=\sum_{k=1}^{\infty}ka_kx^{k-1}\quad (=a_1+2a_2x+3a_3x^2+\cdots)$$

$$y''=\sum_{k=2}^{\infty}k(k-1)a_kx^{k-2}=\sum_{k=0}^{\infty}(k+2)(k+1)a_{k+2}x^k \quad \cdots\cdots ㋒$$

（$2a_2+6a_3x+12a_4x^2+\cdots$）

$k=0$ スタート
x^k にそろえた！

㋒と㋑を㋐に代入すると，

$$y''+\omega^2y=\sum_{k=0}^{\infty}(k+2)(k+1)a_{k+2}x^k+\omega^2\sum_{k=0}^{\infty}a_kx^k=0$$

よって，$\sum_{k=0}^{\infty}\{\underbrace{(k+2)(k+1)a_{k+2}+\omega^2a_k}_{0}\}x^k=0$

すべての実数 x に対して，これは成り立たなければいけないので，

$$(k+2)(k+1)a_{k+2}+\omega^2 a_k=0$$

$$\therefore\ a_{k+2}=-\frac{\omega^2}{(k+2)(k+1)}a_k \ \cdots\cdots ㊁ \quad (k=0,\ 1,\ 2,\ \cdots)$$

これは a_k と a_{k+2} の関係式なので，(ⅰ) a_0, a_2, a_4, …と(ⅱ) a_1, a_3, a_5, …の **2** つの系列の係数列が現れる。

(ⅰ) $a_0 \neq 0$ とする。㊁より，

$k=0$ のとき，$a_2=-\frac{\omega^2}{2\cdot 1}a_0=-\frac{\omega^2}{2!}a_0$

$k=2$ のとき，$a_4=-\frac{\omega^2}{4\cdot 3}a_2=-\frac{\omega^2}{4\cdot 3}\cdot\left(-\frac{\omega^2}{2!}a_0\right)=\frac{\omega^4}{4!}a_0$

$k=4$ のとき，$a_6=-\frac{\omega^2}{6\cdot 5}a_4=-\frac{\omega^2}{6\cdot 5}\cdot\left(\frac{\omega^4}{4!}a_0\right)=-\frac{\omega^6}{6!}a_0$

……………………………………………………………………

以下同様に，$k=2n-2$ のとき，$a_{2n}=(-1)^n\cdot\frac{\omega^{2n}}{(2n)!}a_0$ となる。

(ⅱ) $a_1 \neq 0$ とする。㊁より，

$k=1$ のとき，$a_3=-\frac{\omega^2}{3\cdot 2}a_1=-\frac{\omega^2}{3!}a_1$

$k=3$ のとき，$a_5=-\frac{\omega^2}{5\cdot 4}a_3=-\frac{\omega^2}{5\cdot 4}\cdot\left(-\frac{\omega^2}{3!}a_1\right)=\frac{\omega^4}{5!}a_1$

$k=5$ のとき，$a_7=-\frac{\omega^2}{7\cdot 6}a_5=-\frac{\omega^2}{7\cdot 6}\cdot\left(\frac{\omega^4}{5!}a_1\right)=-\frac{\omega^6}{7!}a_1$

……………………………………………………………………

以下同様に，$k=2n-1$ のとき，$a_{2n+1}=(-1)^n\cdot\frac{\omega^{2n}}{(2n+1)!}a_1$ となる。

以上(ⅰ)(ⅱ)の結果を㋑に代入すると，

$$y=\sum_{k=0}^{\infty}a_k x^k$$

$$=(a_0+a_2x^2+a_4x^4+a_6x^6+\cdots)+(a_1x+a_3x^3+a_5x^5+a_7x^7+\cdots)$$

$a_2=-\frac{\omega^2}{2!}a_0$，$a_4=\frac{\omega^4}{4!}a_0$，$a_6=-\frac{\omega^6}{6!}a_0$，$a_3=-\frac{\omega^2}{3!}a_1$，$a_5=\frac{\omega^4}{5!}a_1$，$a_7=-\frac{\omega^6}{7!}a_1$

$$= \underset{C_1}{a_0}\underbrace{\left\{1 - \frac{(\omega x)^2}{2!} + \frac{(\omega x)^4}{4!} - \frac{(\omega x)^6}{6!} + \cdots\right\}}_{\cos\omega x}$$

$\because \cos\theta = 1 - \frac{\theta^2}{2!} + \frac{\theta^4}{4!} - \frac{\theta^6}{6!} + \cdots$

$$+ \underset{C_2}{\frac{a_1}{\omega}}\underbrace{\left\{\frac{\omega x}{1!} - \frac{(\omega x)^3}{3!} + \frac{(\omega x)^5}{5!} - \frac{(\omega x)^7}{7!} + \cdots\right\}}_{\sin\omega x}$$

$\because \sin\theta = \frac{\theta}{1!} - \frac{\theta^3}{3!} + \frac{\theta^5}{5!} - \frac{\theta^7}{7!} + \cdots$

ここで，$a_0 = C_1$，$\frac{a_1}{\omega} = C_2$ とおくと，㋐の微分方程式の一般解は，

$y = C_1\cos\omega x + C_2\sin\omega x$　$(-\infty < x < \infty)$　(C_1，C_2：任意定数)である。

これも，微分方程式：$y'' + \omega^2 y = 0$ ……㋐を演算子 D を使って表すと
$(D^2 + \omega^2)y = 0$ となり，定数係数 2 階同次微分方程式なので，
特性方程式：$\lambda^2 + \omega^2 = 0$ を解いて，$\lambda = \pm i\omega$　$(\omega > 0)$
よって，㋐の一般解は，$y = C_1\cos\omega x + C_2\sin\omega x$ と，同じ結果が導けるんだね。

級数解法にも少し慣れてきただろうね。これまでの 2 つの例では，うまく無限級数が求まり，しかも e^x や $\cos x$ や $\sin x$ など，見慣れた関数で表すことが出来た。でも，これらは，たまたまうまくいった場合に過ぎず，一般には，無限級数が既知の関数で表せなかったり，収束半径がある制約を受けたりする場合がほとんどである。さらに言うなら，無限級数解を持たない微分方程式だって存在する。次の微分方程式が，その例だよ。

（これらの無限級数の収束半径はすべて∞だ）

微分方程式 $xy'-1=0$ ……㋐の場合，

その一般解が $y=\sum_{k=0}^{\infty} a_k x^k$ の形になると仮定すると，

$y'=\sum_{k=1}^{\infty} k a_k x^{k-1}$ ……㋑となる。でも㋑を㋐に代入しても，

$$x\sum_{k=1}^{\infty} k a_k x^{k-1}-1=0$$

$$x(a_1+2a_2x+3a_3x^2+\cdots)-1=0$$

$$-1+a_1x+2a_2x^2+3a_3x^3+\cdots=0$$ となるので

$a_1=a_2=a_3=\cdots=0$ としても，$-1=0$ となって，この恒等式をみたす a_k は存在しないんだね。よって㋐の微分方程式は $x=0$ での級数解を持たないことが分かったんだ。

理由を知りたい？ それでは㋐を解いてみればいい。これは，直接積分形の微分方程式だから

$y'=\frac{1}{x}$ $\quad y=\int\frac{1}{x}dx=\log|x|+C$ となる。よって，もともと $x=0$ では定義されていない（解析的でない）関数が解だったからなんだね。

納得いった？

● 2階同次線形微分方程式の級数解を求めよう！

それでは，特に応用上重要な2階同次線形微分方程式：

$$y''+P(x)y'+Q(x)y=0$$

の級数解法の一般論について解説しよう。

ここでは，$P(x)$ と $Q(x)$ が解析的であるか否かが重要なポイントになるんだよ。

"解析的である" とは関数が $x=\alpha$ でテーラー展開できるということだから，

$P(x)=\sum_{k=0}^{\infty} p_k(x-\alpha)^k=p_0+p_1(x-\alpha)+p_2(x-\alpha)^2+\cdots$

$Q(x)=\sum_{k=0}^{\infty} q_k(x-\alpha)^k=q_0+q_1(x-\alpha)+q_2(x-\alpha)^2+\cdots$

で表せるということだね。

それでは，2階同次線形微分方程式の級数解法の基本をまとめて示そう。

2階同次線形微分方程式の級数解法

2階同次線形微分方程式: $y'' + P(x)y' + Q(x)y = 0$ ……① について，

(Ⅰ) $P(x)$, $Q(x)$ が共に，$x = \alpha$ で解析的であるとき，

①の解も $x = \alpha$ で解析的であり，①は

$$y = \sum_{k=0}^{\infty} a_k(x-\alpha)^k = a_0 + a_1(x-\alpha) + a_2(x-\alpha)^2 + \cdots$$

の形の級数解をもつ。

(このとき，点 $x = \alpha$ を“**通常点**(つうじょうてん)”と呼ぶことも覚えておこう。)

(Ⅱ) $P(x)$, $Q(x)$ の少なくとも一方が $x = \alpha$ で解析的でないとき，

$x = \alpha$ を，①の“**特異点**”という。

しかし，ここで $x = \alpha$ が特異点であっても，

$(x-\alpha)P(x)$ と $(x-\alpha)^2Q(x)$ が，$x = \alpha$ で解析的ならば，

点 $x = \alpha$ を特に，①の“**確定特異点**(かくていとくいてん)”と呼ぶ。

この場合，①は

$$y = (x-\alpha)^{\lambda}\sum_{k=0}^{\infty} a_k(x-\alpha)^k$$
$$= a_0(x-\alpha)^{\lambda} + a_1(x-\alpha)^{\lambda+1} + a_2(x-\alpha)^{\lambda+2} + \cdots$$

(ただし，$a_0 \neq 0$)

の形の級数解をもつ。

(この形の級数を特に，“**フロベニウス($Frobenius$)級数**”と呼ぶことも覚えておこう。)

(Ⅰ) $P(x)$, $Q(x)$ が共に解析的である場合，$P(x)$, $Q(x)$ はテーラー展開により，P202に示したように，整級数に展開できる。従って，①の解 y も，$y = \sum_{k=0}^{\infty} a_k(x-\alpha)^k$ の形を仮定して，①に代入すれば，これまで例題で練習したように，未定係数 a_k ($k = 0$, 1, 2, …) を確定していけるんだね。

(Ⅱ) については式変形が繁雑になるので，$\alpha = 0$ のとき，すなわち $x = 0$ での確定特異点について解説しておこう。また，実際の問題でも $x = 0$ での級数解が問われることがほとんどだからね。

$x = 0$ で $P(x)$, $Q(x)$ が解析的でなくても，$xP(x)$, $x^2Q(x)$ が解析的である場合，すなわち $x = 0$ が“確定特異点”となる場合について考えていこう。

$xP(x)$, $x^2Q(x)$ は $x=0$ で解析的なので，それぞれ次のようにマクローリン展開できる。

$$\begin{cases} \cdot \ xP(x) = p_0 + p_1x + p_2x^2 + p_3x^3 + \cdots \\ \cdot \ x^2Q(x) = q_0 + q_1x + q_2x^2 + q_3x^3 + \cdots \end{cases} \quad (p_k,\ q_k \text{ は定数 } (k=0,\ 1,\ \cdots))$$

よって，$\begin{cases} P(x) = \dfrac{p_0}{x} + p_1 + p_2x + p_3x^2 + \cdots & \cdots\cdots ② \\ Q(x) = \dfrac{q_0}{x^2} + \dfrac{q_1}{x} + q_2 + q_3x + \cdots & \cdots\cdots ③ \end{cases}$

このとき，微分方程式 $y'' + P(x)y' + Q(x)y = 0$ ……①が

フロベニウス級数の解を持つものとすると，

$$y = x^\lambda \sum_{k=0}^{\infty} a_k x^k = \sum_{k=0}^{\infty} a_k x^{k+\lambda} = a_0x^\lambda + a_1x^{\lambda+1} + a_2x^{\lambda+2} + \cdots \quad \cdots\cdots ④ \quad (a_0 \neq 0)$$

これを順に x で2階微分すると，

$$\begin{cases} y' = \sum_{k=0}^{\infty} (k+\lambda)a_k x^{k+\lambda-1} = \lambda a_0 x^{\lambda-1} + (\lambda+1)a_1x^\lambda + \cdots & \cdots\cdots ⑤ \\ y'' = \sum_{k=0}^{\infty} (k+\lambda)(k+\lambda-1)a_k x^{k+\lambda-2} & \\ \quad = \lambda(\lambda-1)a_0x^{\lambda-2} + (\lambda+1)\lambda a_1 x^{\lambda-1} + \cdots & \cdots\cdots ⑥ \end{cases}$$

以上②，③，④，⑤，⑥を①に代入すると，

$$\{\underline{\underline{\lambda(\lambda-1)a_0x^{\lambda-2}}} + (\lambda+1)\lambda a_1x^{\lambda-1} + \cdots\}$$
$$+ \left(\frac{p_0}{\underline{\underline{x}}} + p_1 + p_2x + \cdots\right)\{\underline{\underline{\lambda a_0 x^{\lambda-1}}} + (\lambda+1)a_1x^\lambda + \cdots\}$$
$$+ \left(\frac{q_0}{\underline{\underline{x^2}}} + \frac{q_1}{x} + q_2 + \cdots\right)(\underline{\underline{a_0x^\lambda}} + a_1x^{\lambda+1} + \cdots) = 0$$ となる。

この式を展開して，1番次数の低い $x^{\lambda-2}$ の項に着目すると，

$$\underbrace{\{\lambda(\lambda-1) + p_0\lambda + q_0\}}_{0}a_0x^{\lambda-2} + \underbrace{\otimes}_{0}x^{\lambda-1} + \underbrace{\boxtimes}_{0}x^\lambda + \cdots = 0$$ より，

$x^{\lambda-2}$ の係数は当然 0 でなければならない。恒等式だからね。

よって，$\underbrace{\{\lambda(\lambda-1) + p_0\lambda + q_0\}}_{\lambda^2 + (p_0-1)\lambda + q_0}a_0 = 0$

ここで，$a_0 \neq 0$ より，λ の2次方程式：

$\lambda^2 + (p_0-1)\lambda + q_0 = 0$ ……⑦ が導ける。この⑦式を“**決定方程式**(けっていほうていしき)”

と呼ぶ。つまり，⑦を解くことにより，λ の値が決定されるからだ。これを $\lambda=\lambda_1$，λ_2 とおくことにしよう。ここで，

(ⅰ) $\lambda_1 \neq \lambda_2$，かつ $\lambda_1-\lambda_2 \neq$ (整数) のとき，

①の **1** 次独立な **2** 解 (基本解) として，

$y_1=x^{\lambda_1}\sum_{k=0}^{\infty}a_kx^k$ と，$y_2=x^{\lambda_2}\sum_{k=0}^{\infty}b_kx^k$ $(a_0 \neq 0,\ b_0 \neq 0)$ が得られる。

a_k と区別するため，b_k とおいた。

(ⅱ) $\lambda_1=\lambda_2$，または $\lambda_1-\lambda_2=$ (整数) のとき，

①の **1** 次独立な **2** 解 (基本解) は，

$y_1=x^{\lambda_1}\sum_{k=0}^{\infty}a_kx^k$ と，$y_2=x^{\lambda_2}\sum_{k=0}^{\infty}b_kx^k+Cy_1\log|x|$ $(a_0 \neq 0,\ b_0 \neq 0,$ C：任意定数) になる。

(ⅱ) のとき，$x^{\lambda_1}\sum_{k=0}^{\infty}a_kx^k$ と $x^{\lambda_2}\sum_{k=0}^{\infty}b_kx^k$ は **1** 次従属な解となるので $y_1=x^{\lambda_1}\sum_{k=0}^{\infty}a_kx^k$ と **1** 次独立な解として上記のような y_2 を求めるんだ。この y_2 がいきなり出て来て，その意味が分からないという人は **P110** の **2** 階線形微分方程式の解法 (Ⅱ) を思い出してくれ。あのときは，非同次のものを扱ったけど，今回の同次方程式についても当然有効だ。まず基本解の **1** つ y_1 はすぐに得られるので，①の一般解 y を $y=u\cdot y_1$ とおいて u の関数を求めればいい。これから直接，一般解を求めることができる。次の例題 **48(2)(P206)** で，このパターンの問題を解いてみよう。

これで，**2** 階同次線形微分方程式の級数解法の基本解説は終わったので，これから，例題や演習問題で級数解法の練習をしてみよう。

まず与えられた微分方程式：$y''+P(x)y'+Q(x)y=0$ をみて，

(Ⅰ) $P(x)$，$Q(x)$ が $x=0$ で共に解析的ならば，

$y=\sum_{k=0}^{\infty}a_kx^k$ とおけるし，

(Ⅱ) $P(x)$，$Q(x)$ の少なくとも一方が解析的でない場合でも，

$xP(x)$，$x^2Q(x)$ が $x=0$ で共に解析的ならば，

$y=x^{\lambda}\sum_{k=0}^{\infty}a_kx^k$ とおけるんだね。頑張ろう！

例題 48　次の微分方程式を指示に従って，級数解法で解いてみよう。

(1) $y'' - \frac{2x}{1-x^2}y' = 0$ …① $(-1 < x < 1)$ において，$x=0$ は通常点なので，$y = \sum_{k=0}^{\infty} a_k x^k$ とおいて，解を求めよう。

(2) $y'' + \frac{3}{x}y' - \frac{3}{x^2}y = 0$ …② $(x \neq 0)$ において，$x=0$ は確定特異点なので，$y = x^{\lambda}\sum_{k=0}^{\infty} a_k x^k$ とおいて，解を求めよう。

(1) $\underbrace{y'' - \frac{2x}{1-x^2}}_{P(x)}y' + \underbrace{0}_{Q(x)} \cdot y = 0$ ……①より，$P(x) = \underbrace{-\frac{2x}{1-x^2}}_{P(x) = -2x(1+x^2+x^4+\cdots)}$，$Q(x) = 0$ は

$x=0$ で解析的なので，①の解は，$x=0$ で解析的だね。

①は実は，$\alpha = 0$ のときのルジャンドルの微分方程式(P212)なんだ。

よって，①の解を

$y = \sum_{k=0}^{\infty} a_k x^k$ ………………… ㋐ とおくと，

$y' = \sum_{k=1}^{\infty} k a_k x^{k-1}$ …………… ㋑

$y'' = \sum_{k=2}^{\infty} k(k-1) a_k x^{k-2}$ … ㋒　となる。

㋑，㋒を①に代入すると，

$$\sum_{k=2}^{\infty} k(k-1) a_k x^{k-2} - \frac{2x}{1-x^2}\sum_{k=1}^{\infty} k a_k x^{k-1} = 0$$

両辺に $1-x^2$ をかけて変形すると，

$$(1-x^2)\sum_{k=2}^{\infty} k(k-1) a_k x^{k-2} - 2x\sum_{k=1}^{\infty} k a_k x^{k-1} = 0$$

$$\underbrace{\sum_{k=2}^{\infty} k(k-1) a_k x^{k-2}}_{2a_2 + 6a_3x + \sum_{k=2}^{\infty}(k+2)(k+1)a_{k+2}x^k} - \sum_{k=2}^{\infty} k(k-1) a_k x^k - \underbrace{\sum_{k=1}^{\infty} 2k a_k x^k}_{2a_1x + \sum_{k=2}^{\infty} 2ka_kx^k} = 0$$

Σ計算はすべて，$k=2$ スタート。x^k にそろえる！

$$2a_2+(6a_3-2a_1)x+\underbrace{\sum_{k=2}^{\infty}(k+2)(k+1)a_{k+2}x^k-\sum_{k=2}^{\infty}k(k-1)a_kx^k-\sum_{k=2}^{\infty}2ka_kx^k}_{\sum_{k=2}^{\infty}\{(k+2)(k+1)a_{k+2}-k(k-1)a_k-2ka_k\}x^k}=0$$

$$\underbrace{2a_2}_{0}+(\underbrace{6a_3-2a_1}_{0})x+\sum_{k=2}^{\infty}\{\underbrace{(k+2)(k+1)a_{k+2}-(k+1)ka_k}_{0}\}x^k=0$$

これは x の恒等式より，これが成り立つための条件は次の通りだ。

- $2a_2=0 \quad \therefore a_2=0$ ……………………………………………… ㊎
- $6a_3-2a_1=0 \quad \therefore a_3=\dfrac{1}{3}a_1$ ……………………………………… ㊍
- $(k+2)\underbrace{(k+1)}_{+}a_{k+2}-\underbrace{(k+1)}_{+}ka_k=0 \quad \therefore a_{k+2}=\dfrac{k}{k+2}a_k$ …㋕

(ⅰ) ㊎と㋕より，$a_2=a_4=a_6=\cdots=0$ となる。 ← ㊎，㊍，㋕より a_0 についての条件はないので，a_0 は任意の定数だ！

(ⅱ) ㊍と㋕より，

$$a_3=\frac{1}{3}a_1,\ \ a_5=\frac{3}{5}a_3=\frac{3}{5}\cdot\frac{1}{3}a_1=\frac{1}{5}a_1,$$

$$a_7=\frac{5}{7}a_5=\frac{5}{7}\cdot\frac{1}{5}a_1=\frac{1}{7}a_1,\ \cdots$$ となる。

以上(ⅰ)(ⅱ)より，求める①の級数解は，㋐より，

$$y=a_0+a_1x+\frac{a_1}{3}x^3+\frac{a_1}{5}x^5+\frac{a_1}{7}x^7+\cdots$$

$$=a_0+a_1\left(x+\frac{x^3}{3}+\frac{x^5}{5}+\frac{x^7}{7}+\cdots\right)$$ ……㋖ $(-1<x<1)$ となる。

参考

①は，$y'=p$ とおくと，$p'-\dfrac{2x}{1-x^2}p=0$ より，$\dfrac{dp}{dx}=\dfrac{2x}{1-x^2}p$ ← 変数分離形

$$\int\frac{1}{p}dp=-\int\frac{-2x}{1-x^2}dx,\ \log|p|=-\log(1-x^2)+C_1' \quad (-1<x<1)$$

$$\log|p|=\log\frac{C_1''}{1-x^2}\ \ (C_1'=\log C_1'') \quad \therefore p=\frac{C_1'''}{1-x^2}\ \ (C_1'''=\pm C_1'')$$

$$p=\frac{dy}{dx}=\frac{C_1'''}{1-x^2}=\frac{C_1'''}{(1+x)(1-x)}=C_1\left(\frac{1}{1+x}-\frac{-1}{1-x}\right)\ \left(C_1=\frac{C_1'''}{2}\right)$$

よって，

$$y=C_1\int\left(\frac{1}{1+x}-\frac{-1}{1-x}\right)dx=\underset{\frac{a_1}{2}}{C_1}\{\log(1+x)-\log(1-x)\}+\underset{a_0}{C_2}\ \cdots ㋗$$

$$=C_1\log\frac{1+x}{1-x}+C_2$$ と，①の一般解が求まる。

ここで，$-1<x<1$ における $\log(1\pm x)$ のマクローリン展開は，

$$\begin{cases}\log(1+x)=x-\frac{1}{2}x^2+\frac{1}{3}x^3-\frac{1}{4}x^4+\frac{1}{5}x^5-\cdots & \cdots\cdots ㋘\\ \log(1-x)=-x-\frac{1}{2}x^2-\frac{1}{3}x^3-\frac{1}{4}x^4-\frac{1}{5}x^5-\cdots & \cdots ㋙\end{cases}$$

㋘の x に $-x$ を代入したもの

㋘－㋙を求めると，

$$\log(1+x)-\log(1-x)=2\left(x+\frac{1}{3}x^3+\frac{1}{5}x^5+\cdots\right)$$

$\therefore\ x+\frac{1}{3}x^3+\frac{1}{5}x^5+\cdots=\frac{1}{2}\cdot\log\frac{1+x}{1-x}$ となるので，

㋗の $C_1=\frac{a_1}{2}$，$C_2=a_0$ とおくと，㋖と㋗の解が同じものであることが分かると思う。

(2) $y''+\underset{P(x)}{\frac{3}{x}}y'\underset{Q(x)}{-\frac{3}{x^2}}y=0$ ……② $(x\neq 0)$ において，

$p_0=3$，$q_0=-3$ より，決定方程式：$\lambda^2+(p_0-1)\lambda+q_0=0$ は，$\lambda^2+2\lambda-3=0$ となる。

もちろん，これは"オイラーの方程式"なので，$y=x^\lambda$ とおいて解くこともできる！

$P(x)=\frac{3}{x}$，$Q(x)=-\frac{3}{x^2}$ とおくと，$xP(x)(=3)$，$x^2Q(x)(=-3)$ は共に $x=0$ で解析的なので，点 $x=0$ は②の確定特異点だね。

よって，②の解は，

$y=x^\lambda\sum_{k=0}^{\infty}a_kx^k=\sum_{k=0}^{\infty}a_kx^{k+\lambda}$ ……②′ $(a_0\neq 0)$ とおける。これを微分して，

$y'=\sum_{k=0}^{\infty}(k+\lambda)a_kx^{k+\lambda-1}$，$y''=\sum_{k=0}^{\infty}(k+\lambda)(k+\lambda-1)a_kx^{k+\lambda-2}$

となる。

ここで，②の両辺に x^2 をかけたものを，

$x^2y''+3xy'-3y=0$ ……②'' とおき，これに以上のものを代入すると，

$$\sum_{k=0}^{\infty}(k+\lambda)(k+\lambda-1)a_kx^{k+\lambda}+\sum_{k=0}^{\infty}3(k+\lambda)a_kx^{k+\lambda}-\sum_{k=0}^{\infty}3a_kx^{k+\lambda}=0$$

$$\sum_{k=0}^{\infty}\{\underbrace{(k+\lambda)(k+\lambda-1)+3(k+\lambda)-3}\}a_kx^{k+\lambda}=0$$

$(k+\lambda)^2+2(k+\lambda)-3=(k+\lambda-1)(k+\lambda+3)$

この x の恒等式が成り立つための条件は，次のようになる。

$(k+\lambda-1)(k+\lambda+3)a_k=0$ ……②''' $(k=0,\ 1,\ 2,\ \cdots)$

$k=0$ のとき，$a_0\neq0$ より，$(\lambda-1)(\lambda+3)=0$　$\therefore\ \lambda=\boxed{1},\ \boxed{-3}$ （λ_1, λ_2）

これが決定方程式

$\lambda_1-\lambda_2=4$（整数）

・$\lambda=1$ のとき，②''' は，$k(k+4)a_k=0$ となり，

$k=1,\ 2,\ 3,\ \cdots$ のとき $k(k+4)>0$ なので，$a_1=a_2=a_3=\cdots=0$ となる。

よって，②' より，②の基本解の 1 つ y_1 は，

$$y=\sum_{k=0}^{\infty}a_kx^{k+\boxed{1}}=a_0x+\underbrace{a_1x^2+a_2x^3+\cdots}_{0}=a_0x$$ から，$y_1=x$ である。

（$\boxed{1}$ は λ）　これも級数解といえる

よって，②の一般解を $y=u\cdot x$ ……③とおくと，

P110 の解法パターンを利用する！

$y'=u'x+u$　　$y''=u''x+2u'$

以上を②'' に代入して，

$$x^2(u''x+2u')+3x(u'x+u)-3ux=0$$

$$x^3u''+5x^2u'=0\qquad u''=-\frac{5}{x}u'$$

ここで，$u'=p$ とおくと，$\dfrac{dp}{dx}=-\dfrac{5}{x}p$　　$\displaystyle\int\frac{1}{p}dp=-\int\frac{5}{x}dx$

$\log|p|=-5\log|x|+C'$ より，$p=\dfrac{du}{dx}=\dfrac{C}{x^5}$　$(C=\pm e^{C'})$

∴求める②の一般解は，

$$y=x\cdot u=x\int\frac{C}{x^5}dx=x\left(\frac{C_1}{x^4}+C_2\right)$$

$=\dfrac{C_1}{x^3}+C_2x$ である。$\left(C_1=-\dfrac{C}{4}\right)$

（x は y_1 のこと）

演習問題 12 ● 級数解法 ●

次の微分方程式：$4y'' + \frac{2}{x}y' + \frac{1}{x}y = 0$ …① において，$x = 0$ が確定特異点であることを確認して，その解を $y = x^{\lambda}\sum_{k=0}^{\infty} a_k x^k$ $(a_0 \neq 0)$ とおくことにより求めよ。

ヒント！ 前半は $P(x) = \frac{1}{2x}$，$Q(x) = \frac{1}{4x}$ とおいて，$xP(x)$，$x^2Q(x)$ が $x = 0$ で解析的であることを示せばいいね。後は，フロベニウス級数解を求めればいいんだよ。

解答＆解説

①より，$P(x) = \frac{1}{2x}$，$Q(x) = \frac{1}{4x}$ とおくと，$xP(x) = \frac{1}{2}$ と $x^2Q(x) = \frac{x}{4}$ は共に $x = 0$ において解析的である。

$xP(x) = \boxed{\frac{1}{2}} + 0 \cdot x + 0 \cdot x^2 + \cdots$ （$\frac{1}{2} = p_0$）

$x^2Q(x) = \boxed{0} + \frac{1}{4}x + 0x^2 + \cdots$ （$0 = q_0$）

ゆえに，$x = 0$ は①の確定特異点である。

よって，題意より，①の解を

$$y = x^{\lambda}\sum_{k=0}^{\infty} a_k x^k = \sum_{k=0}^{\infty} a_k x^{k+\lambda} \quad (a_0 \neq 0) \quad \cdots\cdots②$$

とおくと，

$$y' = \sum_{k=0}^{\infty}(k+\lambda)a_k x^{k+\lambda-1} \quad \cdots\cdots\cdots\cdots③$$

$$y'' = \sum_{k=0}^{\infty}(k+\lambda)(k+\lambda-1)a_k x^{k+\lambda-2} \quad \cdots④$$ となる。

④，③，②を①に代入して，

$$4\sum_{k=0}^{\infty}(k+\lambda)(k+\lambda-1)a_k x^{k+\lambda-2} + \frac{2}{x}\sum_{k=0}^{\infty}(k+\lambda)a_k x^{k+\lambda-1} + \frac{1}{x}\sum_{k=0}^{\infty} a_k x^{k+\lambda} = 0$$

$$\sum_{k=0}^{\infty}4(k+\lambda)(k+\lambda-1)a_k x^{k+\lambda-2} + \sum_{k=0}^{\infty}2(k+\lambda)a_k x^{k+\lambda-2} + \sum_{k=0}^{\infty} a_k x^{k+\lambda-1} = 0$$

（$x^{\lambda-2}$ スタート，$x^{\lambda-2}$ スタート，$x^{\lambda-1}$ スタート）

第1項 $= 4\lambda(\lambda-1)a_0 \cdot x^{\lambda-2} + \sum_{k=1}^{\infty}4(k+\lambda)(k+\lambda-1)a_k x^{k+\lambda-2}$

第2項 $= 2\lambda a_0 x^{\lambda-2} + \sum_{k=1}^{\infty}2(k+\lambda)a_k x^{k+\lambda-2}$

第3項 $= \sum_{k=1}^{\infty} a_{k-1} x^{k+\lambda-2}$

Σ 計算は，$k=1$ スタート，$x^{k+\lambda-2}$ にそろえる。

$$\underline{\{4\lambda(\lambda-1)+2\lambda\}a_0}x^{\lambda-2}+\sum_{k=1}^{\infty}\underline{\{4(k+\lambda)(k+\lambda-1)a_k+2(k+\lambda)a_k+a_{k-1}\}}x^{k+\lambda-2}=0$$

$(4\lambda^2-2\lambda)a_0$
$=2\lambda(2\lambda-1)a_0$

$2(k+\lambda)(2k+2\lambda-2+1)a_k+a_{k-1}$
$=2(k+\lambda)(2k+2\lambda-1)a_k+a_{k-1}$

これは x の恒等式より，これが成り立つためには次式が成り立たなければならない。

$$\begin{cases} 2\lambda(2\lambda-1)a_0=0 & \cdots\cdots⑤ \\ 2(k+\lambda)(2k+2\lambda-1)a_k+a_{k-1}=0 & \cdots\cdots⑥ \end{cases}$$

⑤は，$2a_0 \neq 0$ より，$\lambda(2\lambda-1)=0$　$\therefore \lambda=0$ または $\dfrac{1}{2}$

$p_0=\dfrac{1}{2}$，$q_0=0$ より，これは，決定方程式 $\lambda^2+(p_0-1)\lambda+q_0=\lambda^2-\dfrac{1}{2}\lambda=0$ からも求まる。

⑥より，$a_k=-\dfrac{a_{k-1}}{(2k+2\lambda)(2k+2\lambda-1)}$ ……⑥′ $(k=1,\ 2,\ 3,\ \cdots)$

(ⅰ) $\lambda=0$ のとき，⑥′より，$a_k=-\dfrac{1}{2k(2k-1)}a_{k-1}$

$$a_1=-\frac{1}{2\cdot1}a_0=-\frac{a_0}{2!},\ a_2=-\frac{1}{4\cdot3}a_1=-\frac{1}{4\cdot3}\cdot\left(-\frac{a_0}{2!}\right)=\frac{a_0}{4!}$$

$$a_3=-\frac{1}{6\cdot5}\cdot a_2=-\frac{1}{6\cdot5}\cdot\frac{a_0}{4!}=-\frac{a_0}{6!},\ \cdots$$　よって，②より，

$$y=a_0-\frac{a_0}{2!}x+\frac{a_0}{4!}x^2-\frac{a_0}{6!}x^3+\cdots=a_0\left\{1-\frac{(\sqrt{x})^2}{2!}+\frac{(\sqrt{x})^4}{4!}-\frac{(\sqrt{x})^6}{6!}+\cdots\right\}$$

$$=a_0\cos\sqrt{x}$$

基本解の1つ

$\because \cos\theta=1-\dfrac{\theta^2}{2!}+\dfrac{\theta^4}{4!}-\dfrac{\theta^6}{6!}+\cdots$

(ⅱ) $\lambda=\dfrac{1}{2}$ のとき，⑥′より，$b_k=-\dfrac{b_{k-1}}{(2k+1)2k}$

a_k と区別するために b_k とおいた。

$$b_1=-\frac{1}{3\cdot2}b_0=-\frac{b_0}{3!},\ b_2=-\frac{1}{5\cdot4}b_1=-\frac{1}{5\cdot4}\left(-\frac{b_0}{3!}\right)=\frac{b_0}{5!}$$

$$b_3=-\frac{1}{7\cdot6}b_2=-\frac{1}{7\cdot6}\cdot\frac{b_0}{5!}=-\frac{b_0}{7!},\ \cdots$$　よって，②より，

$$y=x^{\frac{1}{2}}\left(b_0-\frac{b_0}{3!}x+\frac{b_0}{5!}x^2-\frac{b_0}{7!}x^3+\cdots\right)=b_0\left\{\sqrt{x}-\frac{(\sqrt{x})^3}{3!}+\frac{(\sqrt{x})^5}{5!}-\frac{(\sqrt{x})^7}{7!}+\cdots\right\}$$

$$=b_0\sin\sqrt{x}$$

基本解の1つ

$\because \sin\theta=\theta-\dfrac{\theta^3}{3!}+\dfrac{\theta^5}{5!}-\dfrac{\theta^7}{7!}+\cdots$

以上(ⅰ)(ⅱ)より，①の一般解は，$y=C_1\cos\sqrt{x}+C_2\sin\sqrt{x}$ である。

（ただし，C_1，C_2：任意定数）

§2. ルジャンドルの微分方程式とベッセルの微分方程式

前回で，微分方程式の級数解法について，その基本的な解説が終わったので，今回は，応用上重要な"**ルジャンドルの微分方程式**"と"**ベッセルの微分方程式**"について詳しく解説しようと思う。これらはいずれも2階同次線形微分方程式で，様々な物理問題を解く上で出てくる，非常に重要な微分方程式なんだよ。だから，特別にこれらの級数解が詳しく調べられてきたんだ。

それではまず，"**ルジャンドルの微分方程式**"から解説しよう。

● ルジャンドルの微分方程式を解いてみよう！

一般に，"**ルジャンドル**(*Legendre*)**の微分方程式**"は，定数αを用いて，

$$(1-x^2)y''-2xy'+\alpha(\alpha+1)y=0 \quad (-1<x<1,\ \alpha：定数)$$

で表される。これは，様々な物理問題の球座標での境界値問題として出てくることが多い微分方程式なんだ。このαは，0以上の整数であることが多いので，ここでは特に$\alpha=n$とおいて，

$$(1-x^2)y''-2xy'+n(n+1)y=0 \cdots ① \quad (-1<x<1,\ n：0以上の整数)$$

の形のルジャンドルの方程式を解いていくことにしよう。

①の両辺を$1-x^2\ (\neq 0)$で割ると，

$$y''-\underbrace{\frac{2x}{1-x^2}}_{P(x)}y'+\underbrace{\frac{n(n+1)}{1-x^2}}_{Q(x)}y=0 \cdots ①'$$

← $n=0$のときのルジャンドルの微分方程式は，実は例題48 (1) (P206)で既に解いている！

となるので，$P(x)=-\dfrac{2x}{1-x^2}$，$Q(x)=\dfrac{n(n+1)}{1-x^2}$ とおくと，これらはいずれも$x=0$において解析的であることが分かると思う。

$\because P(x)=-2x(1+x^2+x^4+\cdots)$，$Q(x)=n(n+1)(1+x^2+x^4+\cdots)$

よって，$x=0$は，①の方程式の通常点なので，①は

$$y=\sum_{k=0}^{\infty}a_kx^k \cdots\cdots ②$$

の形の級数解をもつはずだね。早速，未定係数a_kがどうなるか，調べてみよう。まず，②の両辺を順にxで2階微分して，

$$y' = \sum_{k=1}^{\infty} k a_k x^{k-1} \cdots\cdots\cdots\cdots\cdots ③$$

$$y'' = \sum_{k=2}^{\infty} k(k-1) a_k x^{k-2} \quad \cdots ④$$

④，③，②を①に代入して，

$$(1-x^2)\sum_{k=2}^{\infty} k(k-1)a_k x^{k-2} - 2x\sum_{k=1}^{\infty} k a_k x^{k-1} + n(n+1)\sum_{k=0}^{\infty} a_k x^k = 0$$

x^2 スタート

$$\sum_{k=2}^{\infty} k(k-1)a_k x^{k-2} - \sum_{k=2}^{\infty} k(k-1)a_k x^k - \sum_{k=1}^{\infty} 2k a_k x^k + \sum_{k=0}^{\infty} n(n+1)a_k x^k = 0$$

$$2a_2 + 6a_3 x + \sum_{k=2}^{\infty}(k+2)(k+1)a_{k+2}x^k \qquad 2a_1 x + \sum_{k=2}^{\infty} 2k a_k x^k \qquad n(n+1)a_0 + n(n+1)a_1 x + \sum_{k=2}^{\infty} n(n+1)a_k x^k$$

Σ計算はすべて，$k=2$ スタート，x^k の形にそろえた！

$$\{2a_2 + n(n+1)a_0\} + \{6a_3 - 2a_1 + n(n+1)a_1\}x$$

（それぞれ 0）

$$+\sum_{k=2}^{\infty}\{(k+2)(k+1)a_{k+2} - k(k-1)a_k - 2k a_k + n(n+1)a_k\}x^k = 0$$

（0，$-\{k(k+1)-n(n+1)\}a_k$）

これは，x の恒等式より，これが成り立つためには係数はすべて 0 となる。よって，

$$\begin{cases} 2a_2 + n(n+1)a_0 = 0 \cdots\cdots\cdots\cdots\cdots\cdots\cdots\cdots\cdots ⑤ \leftarrow ⑦の\ k=0\ のとき \\ 6a_3 - \{2-n(n+1)\}a_1 = 0 \cdots\cdots\cdots\cdots\cdots\cdots ⑥ \leftarrow ⑦の\ k=1\ のとき \\ (k+2)(k+1)a_{k+2} - \{k(k+1)-n(n+1)\}a_k = 0 \cdots ⑦ \quad (k=2,\ 3,\ 4,\ \cdots) \end{cases}$$

となる。ここで，⑤，⑥は，それぞれ，⑦の $k=0$，1 のときに相当するので，結局⑤，⑥，⑦をまとめて，⑦を次のように，$k=0$ スタートの式として表すことが出来るんだね。

$$(k^2-n^2)+(k-n) = (k-n)(k+n)+(k-n) = -(n-k)(n+k+1)$$

$$a_{k+2} = \frac{k(k+1)-n(n+1)}{(k+2)(k+1)}a_k \quad (k=0,\ 1,\ 2,\ 3,\ \cdots)$$

0 スタート

さらに，この分子を変形すると，最終的に次の a_{k+2} と a_k の漸化式が導ける。

$$a_{k+2} = -\frac{(n-k)(n+k+1)}{(k+2)(k+1)} a_k \cdots ⑧ \quad (k = 0,\ 1,\ 2,\ 3,\ \cdots)$$

ここで，この⑧は，a_k と a_{k+2} の1つ飛びの形の漸化式だね。

よって，この⑧から次のように，(ⅰ) $a_0, a_2, a_4, \cdots$ と (ⅱ) $a_1, a_3, a_5, \cdots$ の2つの系列の係数列が生まれる。

(ⅰ) $k=0$ のとき，$a_2 = -\frac{n \times (n+1)}{2 \cdot 1} a_0 = -\frac{n \times (n+1)}{2!} a_0$

$k=2$ のとき，$a_4 = -\frac{(n-2) \times (n+3)}{4 \cdot 3} a_2 = -\frac{(n-2) \times (n+3)}{4 \cdot 3} \cdot \left\{ -\frac{n \times (n+1)}{2!} a_0 \right\}$

$$= \frac{n(n-2) \times (n+1)(n+3)}{4!} a_0$$

$k=4$ のとき，$a_6 = -\frac{(n-4) \times (n+5)}{6 \cdot 5} a_4 = -\frac{(n-4) \times (n+5)}{6 \cdot 5} \times \frac{n(n-2) \times (n+1)(n+3)}{4!} a_0$

$$= -\frac{n(n-2)(n-4) \times (n+1)(n+3)(n+5)}{6!} a_0$$

……………………………………………………………………

(ⅱ) $k=1$ のとき，$a_3 = -\frac{(n-1) \times (n+2)}{3 \cdot 2} a_1 = -\frac{(n-1) \times (n+2)}{3!} a_1$

$k=3$ のとき，$a_5 = -\frac{(n-3) \times (n+4)}{5 \cdot 4} a_3 = -\frac{(n-3) \times (n+4)}{5 \cdot 4} \cdot \left\{ -\frac{(n-1) \times (n+2)}{3!} a_1 \right\}$

$$= \frac{(n-1)(n-3) \times (n+2)(n+4)}{5!} a_1$$

$k=5$ のとき，$a_7 = -\frac{(n-5) \times (n+6)}{7 \cdot 6} a_5 = -\frac{(n-5) \times (n+6)}{7 \cdot 6} \cdot \frac{(n-1)(n-3) \times (n+2)(n+4)}{5!} a_1$

$$= -\frac{(n-1)(n-3)(n-5) \times (n+2)(n+4)(n+6)}{7!} a_1$$

……………………………………………………………………

以上より，ルジャンドルの微分方程式 $(1-x^2)y'' - 2xy' + n(n+1)y = 0$ …① の級数解 (一般解) は，a_0 と a_1 を任意定数とおくと，

（2つの系列の級数）

$$y=(a_0+a_2x^2+a_4x^4+a_6x^6+\cdots)+(a_1x+a_3x^3+a_5x^5+a_7x^7+\cdots)$$

$$=a_0\left\{1-\frac{n\times(n+1)}{2!}x^2+\frac{n(n-2)\times(n+1)(n+3)}{4!}x^4-\frac{n(n-2)(n-4)\times(n+1)(n+3)(n+5)}{6!}x^6+\cdots\right\}$$

$$+a_1\left\{x-\frac{(n-1)\times(n+2)}{3!}x^3+\frac{(n-1)(n-3)\times(n+2)(n+4)}{5!}x^5-\frac{(n-1)(n-3)(n-5)\times(n+2)(n+4)(n+6)}{7!}x^7+\cdots\right\}$$

となる。ここで，この2つの系列の級数を，$u_n(x)$，$v_n(x)$，すなわち，

$$u_n=1-\frac{n\times(n+1)}{2!}x^2+\frac{n(n-2)\times(n+1)(n+3)}{4!}x^4-\frac{n(n-2)(n-4)\times(n+1)(n+3)(n+5)}{6!}x^6+\cdots$$

$$v_n=x-\frac{(n-1)\times(n+2)}{3!}x^3+\frac{(n-1)(n-3)\times(n+2)(n+4)}{5!}x^5-\frac{(n-1)(n-3)(n-5)\times(n+2)(n+4)(n+6)}{7!}x^7+\cdots$$

とおくと，$u_n(x)$ と $v_n(x)$ は1次独立な解なので，これらは①の基本解となり得る。（決して，$u_n(x)=Cv_n(x)$ (C：定数) の形になることはない！）

よって，①のルジャンドルの微分方程式の一般解は，

$y=a_0u_n(x)+a_1v_n(x)$ （a_0，a_1：任意定数）となって，答えなんだね。

でも，ここでさらに，これら基本解 $u_n(x)$，$v_n(x)$ について，考察を深めて行くことにしよう。まず，$u_n(x)$，$v_n(x)$ のいずれか一方は無限級数だけど，他方は有限な多項式であることは大丈夫？ そう。上記の $u_n(x)$，$v_n(x)$ の各式の分子の赤字の部分に着目したらいいんだね。m を0以上の整数として，

(i) $n=2m$ (偶数) のとき，

（n）（$n(n-2)$）（$n(n-2)(n-4)$）

$u_{2m}(x)$ の各係数の赤字の部分が，$2m$，$2m(2m-2)$，$2m(2m-2)(2m-4)$，…と変化し，第 $m+2$ 項目は，$2m(2m-2)(2m-4)\cdots(2m-2m)=0$ となり，それ以降の項も $(2m-2m)$ を含むので0となるんだね。よって，$u_{2m}(x)$ は $m+1$ 項の多項式になる。たとえば，$m=0$，1，2，すなわち $n=0$，2，4のとき，$u_n(x)$ は

$u_0(x)=1$ ←（x^2，x^4，x^6，…の係数はすべて0だ！）

$$u_2(x)=1-\frac{2\times(2+1)}{2!}x^2=1-3x^2$$ ←（x^4，x^6，…の係数はすべて0だ！）

$$u_4(x)=1-\frac{4\times(4+1)}{2!}x^2+\frac{4(4-2)\times(4+1)(4+3)}{4!}x^4=1-10x^2+\frac{35}{3}x^4$$

となる。このとき，$v_0(x)$，$v_2(x)$，$v_4(x)$，…は無限級数になる。係数の分子に0となる要素がないからだ。

(ⅱ) $n = 2m+1$（奇数）のとき，

逆に $u_1(x), u_3(x), u_5(x), \cdots$ の係数の分子に 0 となる要素がないので，これらは無限級数になるんだけれど，$v_{2m+1}(x)$ の各係数の分子の赤字の部分を見ていくと，

$n-1$　　$(n-1)(n-3)$　　$(n-1)(n-3)(n-5)$

$2m+1-1, (2m+1-1)(2m+1-3), (2m+1-1)(2m+1-3)(2m+1-5), \cdots$

と変化し，第 $m+2$ 項目は，

$(2m+1-1)\cdot(2m+1-3)\cdot(2m+1-5)\cdot\cdots\cdot\{\underline{2m+1-(2m+1)}\} = 0$

となって，それ以降の項も $\{\underline{2m+1-(2m+1)}\}$ を含むのですべて 0 となるんだね。よって，$v_{2m+1}(x)$ は $m+1$ 項の多項式になる。たとえば，$m = 0, 1, 2$，すなわち，$n = 1, 3, 5$ のとき，$v_n(x)$ は，

$v_1(x) = x$ ←（$x^3, x^5, x^7, \cdots$ の係数はすべて 0 だ！）

$v_3(x) = x - \dfrac{(3-1)\times(3+2)}{3!}x^3 = x - \dfrac{5}{3}x^3$ ←（$x^5, x^7, \cdots$ の係数はすべて 0 だ！）

$v_5(x) = x - \dfrac{(5-1)\times(5+2)}{3!}x^3 + \dfrac{(5-1)(5-3)\times(5+2)(5+4)}{5!}x^5$

$= x - \dfrac{14}{3}x^3 + \dfrac{21}{5}x^5$　となるんだね。納得いった？

ここで，有限の多項式 $u_0(x), u_2(x), u_4(x), \cdots$ と $v_1(x), v_3(x), v_5(x), \cdots$ について，これらにある定数をかけても，これらをある定数で割っても，これらが $n = 0, 1, 2, 3, 4, 5, \cdots$ のときの①のルジャンドルの微分方程式の基本解の 1 つであることに変わりはない。どうせ，これらには任意定数がかかるわけだからね。

それでは，これらの $x = 1$ のときの値が 1 となるように，ある定数で割ってもいいんだね。このように $u_0(x), v_1(x), u_2(x), v_3(x), u_4(x), v_5(x), \cdots$ をそれぞれ定数 $u_0(1), v_1(1), u_2(1), v_3(1), u_4(1), v_5(1), \cdots$ で割った関数列を $P_n(x)$ $(n = 0, 1, 2, 3, \cdots)$ と表し，これを"**ルジャンドルの多項式**"と呼ぶ。

それでは具体的に，ルジャンドルの多項式 $P_n(x)$ を求めてみよう。

$u_0(x) = 1$ ——（$u_0(1) = 1$ で割って）→ $P_0(x) = 1$

$v_1(x) = x$ ——（$v_1(1) = 1$ で割って）→ $P_1(x) = x$

$u_2(x) = 1 - 3x^2$ ——（$u_2(1) = -2$ で割って）→ $P_2(x) = \dfrac{1}{2}(3x^2 - 1)$

$$v_3(x) = x - \frac{5}{3}x^3 \xrightarrow{v_3(1) = -\frac{2}{3} \text{で割って}} P_3(x) = \frac{3}{2}\left(\frac{5}{3}x^3 - x\right) = \frac{1}{2}(5x^3 - 3x)$$

$$u_4(x) = 1 - 10x^2 + \frac{35}{3}x^4 \xrightarrow{u_4(1) = \frac{8}{3} \text{で割って}} P_4(x) = \frac{3}{8}\left(\frac{35}{3}x^4 - 10x^2 + 1\right) = \frac{1}{8}(35x^4 - 30x^2 + 3)$$

$$v_5(x) = x - \frac{14}{3}x^3 + \frac{21}{5}x^5 \xrightarrow{v_5(1) = \frac{8}{15} \text{で割って}} P_5(x) = \frac{15}{8}\left(\frac{21}{5}x^5 - \frac{14}{3}x^3 + x\right) = \frac{1}{8}(63x^5 - 70x^3 + 15x)$$

以下同様に，$P_6(x)$，$P_7(x)$，… を求めることができる。

このように，ルジャンドルの多項式を使えば，ルジャンドルの微分方程式の一般解は新たに任意定数 C_1，C_2 を用いると，次のように表せる。

(*ex*1) $n=0$ のときのルジャンドルの微分方程式：$(1-x^2)y'' - 2xy' + 0\cdot\cancel{1\cdot y} = 0$

の一般解は，$y = C_1\underbrace{P_0(x)}_{1} + C_2\underbrace{v_0(x)}_{\text{無限級数}} = C_1 + C_2 v_0(x)$ ← 例題 48 (1)

(*ex*2) $n=1$ のときのルジャンドルの微分方程式：$(1-x^2)y'' - 2xy' + 1\cdot 2\cdot y = 0$

の一般解は，$y = C_1\underbrace{u_1(x)}_{\text{無限級数}} + C_2\underbrace{P_1(x)}_{x} = C_1 u_1(x) + C_2 x$

(*ex*3) $n=2$ のときのルジャンドルの微分方程式：$(1-x^2)y'' - 2xy' + 2\cdot 3\cdot y = 0$

の一般解は，$y = C_1\underbrace{P_2(x)}_{\frac{1}{2}(3x^2-1)} + C_2\underbrace{v_2(x)}_{\text{無限級数}} = \frac{C_1}{2}(3x^2 - 1) + C_2 v_2(x)$

以下同様だね。

そして，無限級数となる $v_0(x)$，$u_1(x)$，$v_2(x)$，$u_3(x)$，… の収束半径を R とおくと，a_k と a_{k+2} の漸化式：$a_{k+2} = -\frac{(n-k)(n+k+1)}{(k+2)(k+1)}a_k$ …⑧より，

$$R^2 = \lim_{k\to\infty}\left|\frac{a_k}{a_{k+2}}\right| = \lim_{k\to\infty}\frac{(k+2)(k+1)}{(k-n)(k+n+1)} = \lim_{k\to\infty}\frac{\left(1+\frac{2}{k}\right)\left(1+\frac{1}{k}\right)}{\left(1-\frac{n}{k}\right)\left(1+\frac{n+1}{k}\right)} = 1$$

（$\frac{2}{k}$，$\frac{1}{k}$，$\frac{n}{k}$，$\frac{n+1}{k}$ → 0）

1つおきなので，R^2 が求まる。

n はある定数

よって，$R=1$ だから，これらの無限級数 $v_0(x)$，$u_1(x)$，$v_2(x)$，$u_3(x)$，… は，$-1<x<1$ の範囲で収束する。
したがって，ルジャンドルの多項式：

$P_0(x)=1$

$P_1(x)=x$

$P_2(x)=\frac{1}{2}(3x^2-1)$

$P_3(x)=\frac{1}{2}(5x^3-3x)$

$P_4(x)=\frac{1}{8}(35x^4-30x^2+3)$

……………………………………

図 1 ルジャンドルの多項式

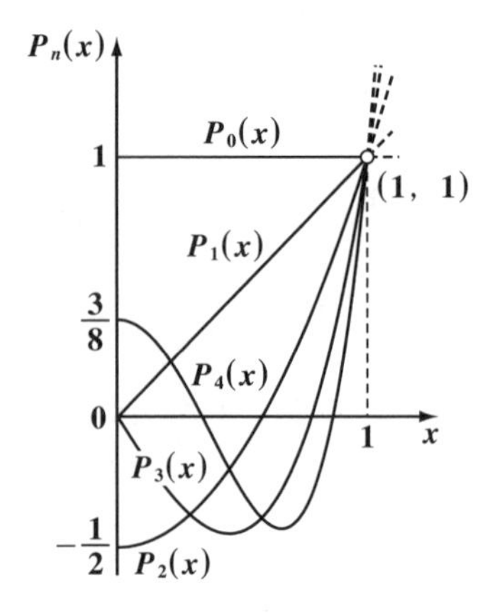

も，$-1<x<1$ で定義される。図 1 に $0\leqq x<1$ における，これらルジャンドルの多項式のグラフを示しておく。$P_{2m}(x)$ は偶関数なので，y 軸に関して対称なグラフになり，$P_{2m+1}(x)$ は奇関数なので，原点 0 に関して対称なグラフになることも大丈夫だね。そして，これらすべてが点 (1, 1) を通ることも確認してくれ。そうなるようにしたんだから当然だね。

でも，ここで疑問を持っている方も多いと思う。その疑問は「ルジャンドルの微分方程式：$(1-x^2)y''-2xy'+n(n+1)y=0$ …①の一般解なら，形式的には既に $y=a_0u_n(x)+a_1v_n(x)$ で求まっている。それなのに何故，点 (1, 1) を通るようなルジャンドル関数なんて，持ち出してくる必要があるのか？ 話を複雑にしているだけなんじゃないか？」ってとこだろうね。

この疑問に答えるためには，次の“**ロドリグの公式**”を解説しなければならない。実は，この“ロドリグの公式”を使えば，ルジャンドルの多項式 $P_n(x)$ は簡単に求まるからなんだ。そして，2 階線形微分方程式の 1 つの基本解 $P_n(x)$ が求まったならば，新たに関数 $u(x)$ を使って，一般解を $y=u(x)P_n(x)$ とおけばいいんだったね。つまり $P_n(x)$ が求まれば，計算は大変だけれど，理論的には P110 の 2 階線形微分方程式の解法 (Ⅱ) を用いて，一挙にルジャンドルの微分方程式の一般解を求めることができるからなんだね。これで，$P_n(x)$ の存在意義も理解できただろう？

● ロドリグの公式で，$P_n(x)$ は簡単に求まる！

ルジャンドルの多項式 $P_n(x)$ は，次の“**ロドリグの公式**”により，求めることができる。

ロドリグの公式

ルジャンドルの多項式 $P_n(x)=\dfrac{1}{2^n\cdot n!}\cdot\dfrac{d^n}{dx^n}(x^2-1)^n \cdots(*)$
$(n=0,\ 1,\ 2,\ \cdots)$

それでは，次の例題で，実際にこのロドリグの公式を使ってみよう。

例題 49　ロドリグの公式を利用して，ルジャンドルの多項式 $P_2(x)$，$P_3(x)$，$P_4(x)$ を求めてみよう。

(i) $n=2$ のとき，$(*)$ の公式より，

$$P_2(x)=\frac{1}{2^2\cdot 2!}\cdot\frac{d^2}{dx^2}(x^2-1)^2=\frac{1}{8}\cdot 4(3x^2-1)=\frac{1}{2}(3x^2-1) \text{ となる。}$$

$$(x^4-2x^2+1)''=(4x^3-4x)'=12x^2-4=4(3x^2-1)$$

(ii) $n=3$ のとき，$(*)$ の公式より，

$$P_3(x)=\frac{1}{2^3\cdot 3!}\cdot\frac{d^3}{dx^3}(x^2-1)^3=\frac{1}{8\times 6}\cdot 24(5x^3-3x)=\frac{1}{2}(5x^3-3x) \text{ となる。}$$

$$(x^6-3x^4+3x^2-1)'''=(6x^5-12x^3+6x)''=(30x^4-36x^2+6)'$$
$$=120x^3-72x=24(5x^3-3x)$$

(iii) $n=4$ のとき，$(*)$ の公式より，

$$P_4(x)=\frac{1}{2^4\cdot 4!}\cdot\frac{d^4}{dx^4}(x^2-1)^4=\frac{1}{16\times 24}\cdot 48(35x^4-30x^2+3)$$

$$\{4(x^2-1)^3\cdot 2x\}'''=8\{x(x^2-1)^3\}'''=8(x^7-3x^5+3x^3-x)'''$$
$$=8(7x^6-15x^4+9x^2-1)''=8(42x^5-60x^3+18x)'$$
$$=8(210x^4-180x^2+18)=8\cdot 6(35x^4-30x^2+3)$$

$$=\frac{1}{8}(35x^4-30x^2+3) \text{ と，簡単に求まるだろう。}$$

これで，ロドリグの公式の威力が分かったと思う。それではロドリグの公式の証明もやっておこう。証明は 2 段階で行う。$g(x)=\dfrac{d^n}{dx^n}(x^2-1)^n$ とおき，(i) まず，$g(x)$ と $P_n(x)$ の隣り合う係数の比が等しいことを示し，(ii) 次に，$g(1)$ の値を求め，$g(x)$ を $g(1)$ で割ったものが $P_n(x)$ であることを示せばいい。

それでは，ロドリグの公式：$P_n(x)=\frac{1}{2^n\cdot n!}\cdot\frac{d^n}{dx^n}(x^2-1)^n$ …(＊)を証明しよう。

(i) まず，$g(x)=\frac{d^n}{dx^n}\underline{(x^2-1)^n}$ とおくと，

$\sum_{k=0}^{n}{}_n\mathrm{C}_k(-1)^k(x^2)^{n-k}$ ← 二項定理 $(a+b)^n=\sum_{k=0}^{n}{}_n\mathrm{C}_ka^{n-k}b^k$

二項定理より，

$$g(x)=\frac{d^n}{dx^n}\underline{\sum_{k=0}^{n}{}_n\mathrm{C}_k(-1)^k(x^2)^{n-k}}$$

これを x で n 階項別に微分する！

$2n-2k-(n-1)$

$$=\sum_{k=0}^{n}\underline{(-1)^k\cdot{}_n\mathrm{C}_k\cdot(2n-2k)(2n-2k-1)(2n-2k-2)\cdots(n-2k+1)}x^{n-2k}$$

これは，x^{n-2k} の係数なので，b_{n-2k} とおける。

$$=\sum_{k=0}^{n}b_{n-2k}x^{n-2k}$$

最後は n が偶数か奇数かによって，b_0 かまたは b_1x だ！

$$=b_nx^n+b_{n-2}x^{n-2}+\cdots+b_{n-2k+2}x^{n-2k+2}+b_{n-2k}x^{n-2k}+\cdots+\bigcirc \quad \cdots①$$

（ただし，$b_{n-2k}=(-1)^k{}_n\mathrm{C}_k(2n-2k)(2n-2k-1)\cdots(n-2k+1)$ …②）

ここで，ルジャンドルの多項式 $P_n(x)$ を降ベキの順に並べ替えて示すと，

最後は a_0 かまたは a_1x だ！

$$P_n(x)=a_nx^n+a_{n-2}x^{n-2}+\cdots+a_{m+2}x^{m+2}+a_mx^m+\cdots+\bigcirc \quad \cdots③$$

となって，$g(x)$ と $P_n(x)$ が同じ形式の多項式であることが分かると思う。ここでさらに，これらの多項式の隣り合う項の係数の比が等しいことも示そう。

②より，$b_{n-2(k-1)}$ より，b_{n-2k} の k に $k-1$ を代入したもの

$$\frac{b_{n-2k+2}}{b_{n-2k}}=-\frac{{}_n\mathrm{C}_{k-1}}{{}_n\mathrm{C}_k}\cdot\frac{(2n-2k+2)(2n-2k+1)\cancel{(2n-2k)\cdots(n-2k+3)}}{\cancel{(2n-2k)(2n-2k-1)\cdots(n-2k+3)}(n-2k+2)(n-2k+1)}$$

$$\frac{\frac{\cancel{n!}}{(k-1)!(n-k+1)!}}{\frac{\cancel{n!}}{k!(n-k)!}}=\frac{k!}{(k-1)!}\cdot\frac{(n-k)!}{(n-k+1)!}=k\cdot\frac{1}{n-k+1}$$

$$=-\frac{k}{\cancel{n-k+1}}\cdot\frac{2\cancel{(n-k+1)}(2n-2k+1)}{(n-2k+2)(n-2k+1)}$$

$$=-\frac{2k(2n-2k+1)}{(n-2k+2)(n-2k+1)} \quad \cdots④$$

ここで，$n-2k=m$ とおくと，$2k=n-m$，$2n-2k+1=n+m+1$ より，

④は $\frac{b_{m+2}}{b_m}=-\frac{(n-m)(n+m+1)}{(m+2)(m+1)}$ …④′ となる。また，ルジャンドルの多項式の隣り合う項の係数比 $\frac{a_{m+2}}{a_m}$ は，**P214** の⑧式より，

$\frac{a_{m+2}}{a_m}=-\frac{(n-m)(n+m+1)}{(m+2)(m+1)}$ …⑧′ となって，④′とまったく同じ，

つまり $\frac{a_{m+2}}{a_m}=\frac{b_{m+2}}{b_m}$ であることが，証明できた。

つまり，$P_n(x)=Cg(x)$ (C：定数) であることが示せた！

(ii) 次に,ルジャンドルの多項式 $P_n(x)$ の場合, $P_n(1)=1$ となるんだった。よって，$g(1)$ の値を求めて，$g(x)$ を $g(1)$ で割れば，それが $P_n(x)$ になるんだね。

$$g(x)=\frac{d^n}{dx^n}\underbrace{(x^2-1)^n}_{\{(x-1)(x+1)\}^n}=\frac{d^n}{dx^n}\{\underbrace{(x-1)^n}_{f}\underbrace{(x+1)^n}_{h}\}$$

ライプニッツの微分公式
$(f\cdot h)^{(n)}={}_n\mathrm{C}_0f^{(n)}\cdot h+{}_n\mathrm{C}_1f^{(n-1)}\cdot h^{(1)}+\cdots$
$\cdots+{}_n\mathrm{C}_{n-1}f^{(1)}h^{(n-1)}+{}_n\mathrm{C}_nf\cdot h^{(n)}$

$$=\{(x-1)^n\cdot(x+1)^n\}^{(n)}$$

$$=\{(x-1)^n\}^{(n)}(x+1)^n+{}_n\mathrm{C}_1\{(x-1)^n\}^{(n-1)}\{(x+1)^n\}^{(1)}+{}_n\mathrm{C}_2\{(x-1)^n\}^{(n-2)}\{(x+1)^n\}^{(2)}+$$
$$\cdots+{}_n\mathrm{C}_{n-1}\{(x-1)^n\}^{(1)}\{(x+1)^n\}^{(n-1)}+(x-1)^n\{(x+1)^n\}^{(n)}$$

$\{n(x-1)^{n-1}\}^{(n-1)}$
$=\{n(n-1)(x-1)^{n-2}\}^{(n-2)}$
……
$=n!$ となって，
$(x-1)$ の項は残らない！

$(x-1)$ の項が残るので，$x=1$ を代入すると 0 になる。

ここで，この $g(x)$ の第 2 項以降の項には $(x-1)^k$ ($k=1,\ 2,\ \cdots,\ n$) が存在するので，$x=1$ を代入すれば 0 となって，なくなる。よって，

$g(1)=\underbrace{n!}_{\{(x-1)^n\}^{(n)}}(1+1)^n=2^n\cdot n!$ となる。

以上 (i)(ii) より，ロドリグの公式：

これが，C だ。

$$P_n(x)=\frac{1}{g(1)}\cdot g(x)=\frac{1}{2^n\cdot n!}g(x)=\frac{1}{2^n\cdot n!}\cdot\frac{d^n}{dx^n}(x^2-1)^n\ \cdots(*)$$

が成り立つ。これで証明もオシマイだ！

● ベッセルの微分方程式にもチャレンジしよう！

"**ベッセル** (***Bessel***) **の微分方程式**" は，0以上の定数 α を用いて，

$$x^2y'' + xy' + (x^2 - \alpha^2)y = 0 \quad \cdots ① \quad (\alpha : 0 \text{ 以上の定数})$$

で表される。このベッセルの微分方程式は，天井に吊り下げた鎖の振動や，円形膜の振動，それに惑星運動の計算などに現れる，応用上非常に重要な微分方程式なんだ。

$x \neq 0$ として，①の両辺を x^2 で割って，

$$y'' + \underbrace{\frac{1}{x}}_{P(x)}y' + \underbrace{\left(1 - \frac{\alpha^2}{x^2}\right)}_{Q(x)}y = 0 \quad \text{とし，}$$

さらに，$P(x) = \dfrac{1}{x}$，$Q(x) = 1 - \dfrac{\alpha^2}{x^2}$ とおくと，$xP(x) = 1$，$x^2Q(x) = x^2 - \alpha^2$

$xP(x) = \underset{p_0}{\boxed{1}} + 0\cdot x + 0\cdot x^2 + \cdots$

$x^2Q(x) = \underset{q_0}{\boxed{-\alpha^2}} + 0\cdot x + 1\cdot x^2 + 0\cdot x^3 + \cdots$

はいずれも $x = 0$ で解析的だね。

よって，$x = 0$ は，①の方程式の確定特異点なので，

$$y = x^\lambda \sum_{k=0}^{\infty} a_k x^k \quad (a_0 \neq 0)$$

$$= \sum_{k=0}^{\infty} a_k x^{k+\lambda} = a_0x^\lambda + a_1x^{\lambda+1} + a_2x^{\lambda+2} + \cdots \quad \cdots ②$$

決定方程式
$\lambda^2 + (p_0 - 1)\lambda + q_0 = 0$ （$p_0 = 1$，$q_0 = -\alpha^2$）
$\lambda^2 - \alpha^2 = 0$
$\therefore \lambda = \pm\alpha$ だ！

の形の級数解をもつ。まず，②の両辺を順に x で2階微分して，

$$y' = \sum_{k=0}^{\infty} (k + \lambda)a_k x^{k+\lambda-1} \quad \cdots\cdots\cdots\cdots\cdots\cdots ③$$

$$y'' = \sum_{k=0}^{\infty} (k + \lambda)(k + \lambda - 1)a_k x^{k+\lambda-2} \quad \cdots ④$$

微分して，$x^{\lambda-1}$ や $x^{\lambda-2}$ の項が0になるとは限らないので，y'，y'' の Σ 計算はいずれも0スタートだ！

④，③，②を①に代入して，

$$x^2 \sum_{k=0}^{\infty} (k+\lambda)(k+\lambda-1)a_k x^{k+\lambda-2} + x\sum_{k=0}^{\infty} (k+\lambda)a_k x^{k+\lambda-1} + (x^2 - \alpha^2)\sum_{k=0}^{\infty} a_k x^{k+\lambda} = 0$$

$x^{\lambda+2}$ スタート

$$\sum_{k=0}^{\infty}(k+\lambda)(k+\lambda-1)a_kx^{k+\lambda}+\sum_{k=0}^{\infty}(k+\lambda)a_kx^{k+\lambda}+\sum_{k=0}^{\infty}a_kx^{k+\lambda+2}-\sum_{k=0}^{\infty}\alpha^2a_kx^{k+\lambda}=0$$

$\lambda(\lambda-1)a_0x^{\lambda}+(\lambda+1)\lambda a_1x^{\lambda+1}+\sum_{k=2}^{\infty}(k+\lambda)(k+\lambda-1)a_kx^{k+\lambda}$

$\lambda a_0x^{\lambda}+(\lambda+1)a_1x^{\lambda+1}+\sum_{k=2}^{\infty}(k+\lambda)a_kx^{k+\lambda}$

$\sum_{k=2}^{\infty}a_{k-2}x^{k+\lambda}$

$\alpha^2a_0x^{\lambda}+\alpha^2a_1x^{\lambda+1}+\sum_{k=2}^{\infty}\alpha^2a_kx^{k+\lambda}$

Σ計算はすべて $k=2$，$x^{\lambda+2}$ スタートに書き変えた！

$$\{\lambda(\lambda-1)+\lambda-\alpha^2\}a_0x^{\lambda}+\{(\lambda+1)\lambda+\lambda+1-\alpha^2\}a_1x^{\lambda+1}$$

$(\lambda^2-\alpha^2)a_0=0$　　$\{(\lambda+1)^2-\alpha^2\}a_1=0$

$$+\sum_{k=2}^{\infty}\{(k+\lambda)(k+\lambda-1)a_k+(k+\lambda)a_k+a_{k-2}-\alpha^2a_k\}x^{k+\lambda}=0$$

$\{(k+\lambda)^2-\alpha^2\}a_k+a_{k-2}=(k+\lambda+\alpha)(k+\lambda-\alpha)a_k+a_{k-2}=0$

これは x の恒等式より，これが成り立つためには，係数はすべて 0 となる。
よって，

$$\begin{cases}(\lambda^2-\alpha^2)a_0=0 & \cdots\cdots⑤\\ \{(\lambda+1)^2-\alpha^2\}a_1=0 & \cdots\cdots⑥\\ (k+\lambda+\alpha)(k+\lambda-\alpha)a_k+a_{k-2}=0 & \cdots⑦\quad(k=2,\ 3,\ 4,\ \cdots)\end{cases}$$

⑤で，$a_0\neq0$ より，$\lambda^2-\alpha^2=0$　　$\therefore\lambda=\pm\alpha$ となる。

これが，λ の決定方程式だね。

これを⑥に代入すると，

$$\{(\pm\alpha+1)^2-\alpha^2\}a_1=0 \qquad (\pm2\alpha+1)a_1=0$$

$\alpha^2\pm2\alpha+1$

ここで，$a_1\neq0$ とすると，$\alpha=\frac{1}{2}$ $(\because\alpha\geqq0)$ と決まってしまうので，α の値を自由に取れるようにするため，$a_1=0$ とする。

⑦より，

$$a_k=-\frac{1}{(k+\lambda-\alpha)(k+\lambda+\alpha)}a_{k-2}\quad\cdots⑧\quad(k=2,\ 3,\ 4,\ \cdots)\text{ となる。}$$

⑧は **1つ飛び**の漸化式で，$a_1=0$ なので，⑧に $k=3,\ 5,\ 7,\ \cdots$ を代入すると，$a_1=a_3=a_5=a_7=\cdots=0$ が導かれる。

また，a_2，a_4，a_6，$\cdots$ については，(i) $\lambda=\alpha$ のときと，(ii) $\lambda=-\alpha$ のときの 2 通りに場合分けして，調べればいいんだね。

$$a_k = -\frac{1}{(k+\lambda-\alpha)(k+\lambda+\alpha)}a_{k-2} \cdots ⑧ \quad (k=2,\ 4,\ 6,\ \cdots)$$ について,

(ⅰ) $\lambda = \alpha$ のとき，⑧は，

$$a_k = -\frac{1}{k(2\alpha+k)}a_{k-2} \cdots ⑧' \quad (k=2,\ 4,\ 6,\ \cdots)$$ となる。⑧′より，

$k=2$ のとき，$a_2 = -\frac{1}{2(2\alpha+2)}a_0 = -\frac{1}{2\cdot 2(\alpha+1)}a_0$

$k=4$ のとき，$a_4 = -\frac{1}{4(2\alpha+4)}a_2 = -\frac{1}{4\cdot 2(\alpha+2)}\left\{-\frac{1}{2\cdot 2(\alpha+1)}a_0\right\}$

$$= \frac{1}{2\cdot 4\times 2^2\cdot(\alpha+1)(\alpha+2)}a_0$$

$k=6$ のとき，$a_6 = -\frac{1}{6(2\alpha+6)}a_4 = -\frac{1}{6\cdot 2(\alpha+3)}\cdot\frac{1}{2\cdot 4\times 2^2\cdot(\alpha+1)(\alpha+2)}a_0$

$$= -\frac{1}{2\cdot 4\cdot 6\times 2^3\cdot(\alpha+1)(\alpha+2)(\alpha+3)}a_0$$

……………………………………………………………………………

以下同様にして，

$$a_{2k} = \frac{(-1)^k}{\underbrace{2\cdot 4\cdot 6\cdot\cdots\cdot(2k)}_{2^k\times 1\cdot 2\cdot 3\cdot\cdots\cdot k = 2^k\cdot k!}\times 2^k\cdot(\alpha+1)(\alpha+2)(\alpha+3)\cdots(\alpha+k)}a_0$$

$$\therefore\ a_{2k} = \frac{(-1)^k}{2^{2k}\cdot k!(\alpha+1)(\alpha+2)\cdots(\alpha+k)}a_0 \cdots ⑨ \quad (k=1,\ 2,\ 3,\ \cdots)$$

となる。よって,①のベッセルの微分方程式の解の**1**つは,⑨を使うと，

$$y_1 = \sum_{k=0}^{\infty} a_{2k}x^{2k+\alpha} = a_0x^\alpha + a_2x^{2+\alpha} + a_4x^{4+\alpha} + \cdots \cdots ⑩$$ と表せる。（α は λ）

$(\because\ a_1 = a_3 = a_5 = \cdots = 0)$

ここで，⑨の a_0 は任意定数なので，⑨や⑩をよりシンプルな形で表現するために“ガンマ関数”$\Gamma(p)$ を利用することにしよう。このガンマ関数については「**確率統計キャンパス・ゼミ**」(**マセマ**) で詳しく解説しているけれど，ここでも簡単にその定義と基本的な性質を説明しておこう。

ガンマ関数の定義とその性質

（Ⅰ）ガンマ関数 $\Gamma(p)$ の定義

$$\Gamma(p)=\int_0^\infty x^{p-1}e^{-x}dx \quad (p>0)$$

x の関数を x で積分した結果，その x には 0 と ∞ が入るので，x はなくなり，p だけが残る。よって，p の関数 $\Gamma(p)$ になる。

ガンマ関数 $\Gamma(p)$ のグラフ

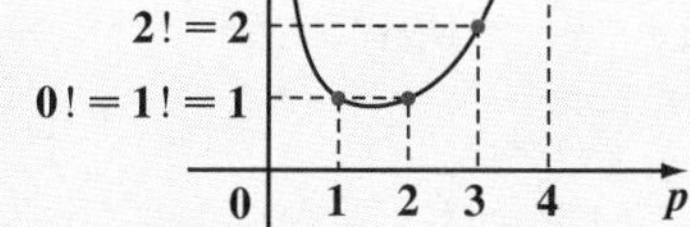

（Ⅱ）ガンマ関数 $\Gamma(p)$ の性質

（ⅰ）$\Gamma(p+1)=p\Gamma(p)$

（ⅱ）$\Gamma(1)=1$

（ⅲ）$\Gamma\left(\frac{1}{2}\right)=\sqrt{\pi}$

$(ex1)$ （Ⅱ）－（ⅰ）（ⅱ）の性質より，

$$\Gamma(4)=3\cdot\Gamma(3)=3\cdot 2\Gamma(2)=3\cdot 2\cdot 1\cdot\Gamma(1)=3!$$

$\Gamma(1)$：1（∵（ⅱ）より）

一般に，自然数 n に対して $\Gamma(n+1)=n!$ となる。

$(ex2)$ （Ⅱ）－（ⅰ）（ⅲ）の性質より，

$$\Gamma\left(\frac{7}{2}\right)=\frac{5}{2}\cdot\Gamma\left(\frac{5}{2}\right)=\frac{5}{2}\cdot\frac{3}{2}\Gamma\left(\frac{3}{2}\right)=\frac{5}{2}\cdot\frac{3}{2}\cdot\frac{1}{2}\cdot\Gamma\left(\frac{1}{2}\right)$$

$\Gamma\left(\frac{1}{2}\right)$：$\sqrt{\pi}$（∵（ⅲ）より）

$=\frac{15}{8}\sqrt{\pi}$ となる。

$(ex3)$ （Ⅱ）－（ⅰ）の性質より，

$$\Gamma(3.3)=2.3\cdot\Gamma(2.3)=2.3\cdot 1.3\cdot\Gamma(1.3)=2.3\cdot 1.3\cdot 0.3\cdot\Gamma(0.3)$$

グラフから大体の値は分かるけど，この値は？だね。（$\Gamma(0.3)$）

ガンマ関数の使い方が分かっただろうから，⑨，⑩をよりシンプルにするために，$a_0=\frac{1}{2^\alpha\cdot\Gamma(\alpha+1)}$ …⑪とおけばいいことに気付くはずだ。⑪より，

$$a_{2k}x^{2k+\alpha}=\frac{(-1)^k}{2^{2k}\cdot k!(\alpha+1)(\alpha+2)\cdots(\alpha+k)}\cdot\frac{1}{2^\alpha\cdot\Gamma(\alpha+1)}x^{2k+\alpha}$$

$\Gamma(\alpha+1)$：$\alpha\cdot(\alpha-1)\cdot(\alpha-2)\cdots$

$$=\frac{(-1)^k}{k!\,\Gamma(\alpha+1)(\alpha+1)(\alpha+2)\cdots(\alpha+k)}\cdot\frac{x^{2k+\alpha}}{2^{2k+\alpha}}$$

$k!$：$\Gamma(k+1)$ と表してもいい。　$\Gamma(\alpha+1)(\alpha+1)(\alpha+2)\cdots(\alpha+k)$：$\Gamma(\alpha+k+1)$　$\frac{x^{2k+\alpha}}{2^{2k+\alpha}}$：$\left(\frac{x}{2}\right)^{2k+\alpha}$

$\therefore a_{2k}x^{2k+\alpha} = \dfrac{(-1)^k}{k!\Gamma(\alpha+k+1)}\left(\dfrac{x}{2}\right)^{2k+\alpha}$ …⑫とスッキリまとまるので，

（これは整数とは限らない！）

⑫を，$\sum_{k=0}^{\infty} a_{2k}x^{2k+\alpha}$ …⑩ に代入したものを，$J_\alpha(x)$ とおき，

“**α 次の第 1 種ベッセル関数**” と呼ぶ。つまり，

$$J_\alpha(x) = \sum_{k=0}^{\infty} \frac{(-1)^k}{k!\Gamma(\alpha+k+1)}\left(\frac{x}{2}\right)^{2k+\alpha} \quad \cdots ⑬$$

だね。この収束半径は∞で，

これは，$x^2y'' + xy' + (x^2-\alpha^2)y = 0$ …①の基本解の 1 つだ。

(ii) では次，$\lambda = -\alpha$ のときにはどうするか？

この場合は，形式的に⑬の α に $-\alpha$ を代入すればいいんだよ。よって，

$$J_{-\alpha}(x) = \sum_{k=0}^{\infty} \frac{(-1)^k}{k!\Gamma(-\alpha+k+1)}\left(\frac{x}{2}\right)^{2k-\alpha} \quad \cdots ⑭$$

となる。

(Ⅰ) ここで，α は 0 以上の定数だけれど，さらに α が 0 以上の整数でないとき，すなわち $\alpha \neq n$ $(n = 0, 1, 2, \cdots)$ のとき，

$J_\alpha(x)$ と $J_{-\alpha}(x)$ は，①のベッセルの微分方程式の 1 次独立な解，つまり基本解となる。よって，①の一般解 y は，

$y = C_1J_\alpha(x) + C_2J_{-\alpha}(x)$ （C_1，C_2：任意定数）と表せる。

(Ⅱ) それでは，α が 0 以上の整数，

すなわち，$\alpha = n$ $(n = 0, 1, 2, \cdots)$ のとき，

$J_n(x)$ と $J_{-n}(x)$ は 1 次従属となる。

$\alpha = n$ $(n = 0, 1, 2, \cdots)$ のとき，

$$J_n(x) = \sum_{k=0}^{\infty} \frac{(-1)^k}{k!\Gamma(n+k+1)}\left(\frac{x}{2}\right)^{2k+n} = \sum_{k=0}^{\infty} \frac{(-1)^k}{k!(k+n)!}\left(\frac{x}{2}\right)^{2k+n}$$

（整数）

$$J_{-n}(x) = \sum_{k=n}^{\infty} \frac{(-1)^k}{k!(k-n)!}\left(\frac{x}{2}\right)^{2k-n}$$

（ここで，$k = n + m$ とおく。$m = 0, 1, 2, \cdots$）

（$k \leqq n-1$ のときは，$k-n<0$ となるので，定義できない。$\therefore k = n$ スタートだ！）

$$= \sum_{m=0}^{\infty} \frac{(-1)^{n+m}}{(m+n)!m!}\left(\frac{x}{2}\right)^{2m+n} = (-1)^n \sum_{m=0}^{\infty} \frac{(-1)^m}{m!(m+n)!}\left(\frac{x}{2}\right)^{2m+n}$$

（$= J_n(x)$）

$\therefore J_{-n}(x) = (-1)^n J_n(x)$ となるので，$J_n(x)$ と $J_{-n}(x)$ は 1 次従属だ！

それでは，$\alpha=n$ ($n=0$，1，2，…) のとき，

ベッセルの微分方程式：$x^2y''+xy'+(x^2-n^2)y=0$ …①′ の解 $J_n(x)$ と

1 次独立なもう 1 つの解を求めよう。そのために，新たな関数 $u(x)$ を利用して，解を $y=u(x)\cdot J_n(x)$ …⑮ ←(以降 u，J_n などと表す。) とおく。

⑮を順に 2 階微分して，

$$y'=u'\cdot J_n+u\cdot J_n' \quad \cdots⑯ \qquad y''=u''\cdot J_n+2u'\cdot J_n'+u\cdot J_n'' \quad \cdots⑰$$

⑰，⑯，⑮を①′に代入して，

$$x^2(u''J_n+2u'J_n'+uJ_n'')+x(u'J_n+uJ_n')+(x^2-n^2)uJ_n=0$$

$$\underbrace{\{x^2J_n''+xJ_n'+(x^2-n^2)J_n\}}_{0\ (\because J_n(x)\text{ は①′の解})}u+x^2J_nu''+(2x^2J_n'+xJ_n)u'=0$$

両辺を x^2J_n で割って，

$$u''+\left(2\cdot\frac{J_n'}{J_n}+\frac{1}{x}\right)u'=0 \qquad u''=-\left(2\frac{J_n'}{J_n}+\frac{1}{x}\right)u'$$

ここで，$u'=p$ とおくと，

$$p'=-\left(2\frac{J_n'}{J_n}+\frac{1}{x}\right)p \quad \leftarrow \text{(変数分離形)}$$

$$\int\frac{1}{p}dp=-\int\left(2\frac{J_n'}{J_n}+\frac{1}{x}\right)dx$$

$$\log|p|=-2\log|J_n|-\log|x|+C_1' \quad (C_1'=\log C_1'')$$

$$\log|p|=\log\frac{C_1''}{|x|J_n^2} \text{ より，} p=\frac{C_1}{x\cdot J_n^2} \quad (C_1=\pm C_1''=\pm e^{C_1'})$$

$$\frac{du}{dx}=\frac{C_1}{x\cdot J_n^2} \quad \leftarrow \text{(直接積分形)}$$

$$u=\int\frac{C_1}{x\cdot J_n^2}dx+C_2$$

ここで，任意定数を $C_1=1$，$C_2=0$ とおいて，

$u(x)=\displaystyle\int\frac{1}{x\{J_n(x)\}^2}dx$ …⑱とし，⑱を⑮に代入すると，

$J_n(x)$ とは 1 次独立なもう 1 つの解が得られる。これを $Y_n(x)$ とおき，

“n 次の第 2 種ベッセル関数” と呼ぶ。すなわち，$Y_n(x)$ は，

$$Y_n(x)=J_n(x)\int\frac{1}{x\{J_n(x)\}^2}dx \quad (n=0,\ 1,\ 2,\ \cdots) \text{ だ。}$$

以上より，ベッセル方程式の解は，次のようにまとめられる。

ベッセル方程式の解

ベッセルの微分方程式：$x^2y''+xy'+(x^2-\alpha^2)y=0\quad(\alpha\geqq 0)$ の一般解は次のようになる。

(Ⅰ) $\alpha\neq n\ (n=0,\ 1,\ 2,\ \cdots)$ のとき，

$$y=C_1J_\alpha(x)+C_2J_{-\alpha}(x)\quad(J_\alpha(x):\alpha\text{ 次第 1 種ベッセル関数})$$

(Ⅱ) $\alpha=n\ (n=0,\ 1,\ 2,\ \cdots)$ のとき，

$$y=C_1J_n(x)+C_2Y_n(x)\quad(Y_n(x):n\text{ 次第 2 種ベッセル関数})$$

$0,\ 1,\ 2,\ 3$ 次の第 1 種ベッセル関数：

$y=J_n(x)\ (n=0,\ 1,\ 2,\ 3)$

のグラフを図 2 に示すので参考にしてくれ。

それでは，最後に次の例題でベッセル関数にも慣れよう。

図 2 第 1 種ベッセル関数

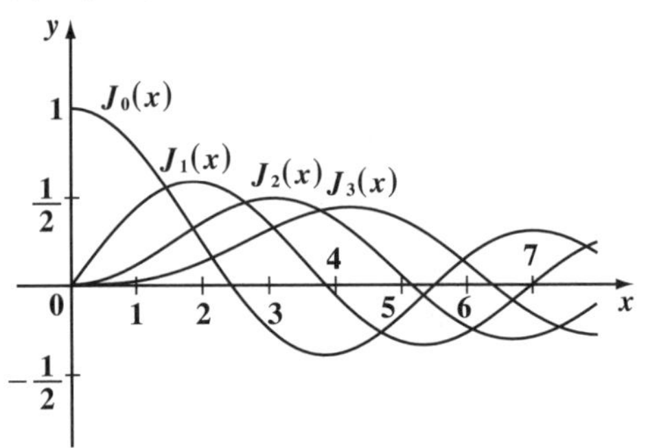

例題 50　微分方程式：$x^2y''+xy'+\left(x^2-\dfrac{1}{4}\right)y=0\ \cdots$ ㋐

の一般解を求めよう。

また，$J_{\frac{1}{2}}(x)=\sqrt{\dfrac{2}{\pi x}}\sin x$ となることを示そう。

㋐は $\alpha=\dfrac{1}{2}\ [\neq n\ (n=0,\ 1,\ 2,\ \cdots)]$ 次のベッセルの微分方程式より，この一般解 y は，

$y=C_1J_{\frac{1}{2}}(x)+C_2J_{-\frac{1}{2}}(x)\quad(C_1,\ C_2$：任意定数）である。

$$\left(\begin{array}{l}\text{ここで，}J_{\frac{1}{2}}(x)=\displaystyle\sum_{k=0}^{\infty}\frac{(-1)^k}{k!\Gamma\left(k+\frac{3}{2}\right)}\left(\frac{x}{2}\right)^{2k+\frac{1}{2}}\ \cdots\text{㋑}\\ \qquad J_{-\frac{1}{2}}(x)=\displaystyle\sum_{k=0}^{\infty}\frac{(-1)^k}{k!\Gamma\left(k+\frac{1}{2}\right)}\left(\frac{x}{2}\right)^{2k-\frac{1}{2}}\end{array}\right)$$

次に，④より $J_{\frac{1}{2}}(x)$ を求めよう。

$$J_{\frac{1}{2}}(x)=\sum_{k=0}^{\infty}\frac{(-1)^k}{k!\,\Gamma\left(k+\frac{3}{2}\right)}\left(\frac{x}{2}\right)^{2k+\frac{1}{2}}$$

$k! = k\cdot(k-1)\cdots2\cdot1$

$\Gamma\left(k+\frac{3}{2}\right)=\left(k+\frac{1}{2}\right)\left(k-\frac{1}{2}\right)\cdots\cdot\frac{3}{2}\cdot\frac{1}{2}\Gamma\left(\frac{1}{2}\right)$，$\Gamma\left(\frac{1}{2}\right)=\sqrt{\pi}$

$$=\sum_{k=0}^{\infty}\frac{(-1)^k}{k\cdot(k-1)\cdot\cdots\cdot2\cdot1\times\left(k+\frac{1}{2}\right)\left(k-\frac{1}{2}\right)\cdots\cdot\frac{3}{2}\cdot\frac{1}{2}\sqrt{\pi}}\cdot\frac{2^{\frac{1}{2}}}{2^{2k+1}}\cdot x^{2k+\frac{1}{2}}$$

k 項の積　$k+1$ 項の積

計 $2k+1$ 項の積の各項に，それぞれ 2 がかかる。

$$=\sum_{k=0}^{\infty}\frac{(-1)^k}{(2k)\cdot(2k-2)\cdot\cdots\cdot4\cdot2\times(2k+1)(2k-1)\cdots\cdot3\cdot1\cdot\sqrt{\pi}}\cdot\sqrt{2}\cdot x^{2k+\frac{1}{2}}$$

並べ替えて，$(2k+1)\cdot(2k)\cdot(2k-1)\cdot(2k-2)\cdot\cdots\cdot4\cdot3\cdot2\cdot1=(2k+1)!$ だ。

$x^{2k+\frac{1}{2}}=\frac{x^{2k+1}}{\sqrt{x}}$

$$=\sqrt{\frac{2}{\pi x}}\sum_{k=0}^{\infty}\frac{(-1)^k}{(2k+1)!}x^{2k+1}$$

$k=0$　$k=1$　$k=2$　$k=3$

$$=\sqrt{\frac{2}{\pi x}}\left(x-\frac{x^3}{3!}+\frac{x^5}{5!}-\frac{x^7}{7!}+\cdots\right)=\sqrt{\frac{2}{\pi x}}\sin x$$

$\left(x-\frac{x^3}{3!}+\frac{x^5}{5!}-\frac{x^7}{7!}+\cdots\right)=\sin x$

$\therefore\ J_{\frac{1}{2}}(x)=\sqrt{\frac{2}{\pi x}}\sin x$ が導ける。納得いった？

さらに解説すると，n 次の第 2 種のベッセル関数 $Y_n(x)=J_n(x)\int\frac{1}{x\{J_n(x)\}^2}dx$ は，より利用しやすい形で表現できる。ここでは，実用上よく使われる 0 次の第 2 種のベッセル関数 $Y_0(x)$ について示すと次のようになるんだね。

$$Y_0(x)=J_0(x)\cdot\log x-\sum_{k=1}^{\infty}\frac{(-1)^k}{(k!)^2}\left(1+\frac{1}{2}+\frac{1}{3}+\cdots+\frac{1}{k}\right)\left(\frac{x}{2}\right)^{2k}$$

この導出については，「**演習 常微分方程式キャンパス・ゼミ**」で詳しく解説しているので，興味のある方は学習されることを勧める。

最後に，第 1 種のベッセル関数 $J_n(x)$ の主な性質を下に示しておこう。

第 1 種のベッセル関数 $J_n(x)$ の性質

n 次の第 1 種のベッセル関数 $J_n(x)$ について，次の公式が成り立つ。

(i) $J_{-n}(x)=(-1)^n J_n(x) \qquad (n=0,\ 1,\ 2,\ \cdots)$

(ii) $J_n(-x)=(-1)^n J_n(x) \qquad (n=0,\ 1,\ 2,\ \cdots)$

(iii) $J_{n+1}(x)=\dfrac{2n}{x}J_n(x)-J_{n-1}(x) \qquad (n=1,\ 2,\ 3,\ \cdots)$

(i) の性質については，既に教えたね。(P226)

(ii) については，$J_n(x)=\displaystyle\sum_{k=0}^{\infty}\frac{(-1)^k}{k!(n+k)!}\left(\frac{x}{2}\right)^{2k+n}$ より，

この x に $-x$ を代入して変形すると，

$$J_n(-x)=\sum_{k=0}^{\infty}\frac{(-1)^k}{k!(n+k)!}\left(\frac{-x}{2}\right)^{2k+n}$$

$$(-1)^{2k+n}\left(\frac{x}{2}\right)^{2k+n}=(-1)^n\left(\frac{x}{2}\right)^{2k+n} \quad (\because (-1)^{2k}=1)$$

$$=(-1)^n\sum_{k=0}^{\infty}\frac{(-1)^k}{k!(n+k)!}\left(\frac{x}{2}\right)^{2k+n}=(-1)^n J_n(x)$$ となって，

(ii) の公式も成り立つことが分かる。

(iii) については，この右辺を変形して，左辺を導けばいいんだね。

$$((\text{iii})\text{の右辺})=\frac{2n}{x}J_n(x)-J_{n-1}(x)$$

$$=\frac{2n}{x}\sum_{k=0}^{\infty}\frac{(-1)^k}{k!(n+k)!}\left(\frac{x}{2}\right)^{2k+n}-\sum_{k=0}^{\infty}\frac{(-1)^k}{k!(n-1+k)!}\left(\frac{x}{2}\right)^{2k+n-1}$$

$$=\sum_{k=0}^{\infty}\frac{n\cdot(-1)^k}{k!(n+k)!}\left(\frac{x}{2}\right)^{2k+n-1}-\sum_{k=0}^{\infty}\frac{(n+k)\cdot(-1)^k}{k!(n+k)!}\left(\frac{x}{2}\right)^{2k+n-1}$$

$\dfrac{1}{9!}=\dfrac{10}{10!}$ と変形できるので，同様に $\dfrac{1}{(n+k-1)!}=\dfrac{n+k}{(n+k)!}$ となる。

$$=\sum_{k=0}^{\infty}\frac{(-1)^k}{k!(n+k)!}\{\cancel{n}-(\cancel{n}+k)\}\cdot\left(\frac{x}{2}\right)^{2k+n-1}$$ となる。よって，

$\{\cancel{n}-(\cancel{n}+k)\}=-k$

$$((\text{iii})\text{の右辺}) = \sum_{k=0}^{\infty} \frac{k(-1)^{k-1}}{k!(n+k)!}\left(\frac{x}{2}\right)^{2k+n-1}$$

$$= \sum_{k=1}^{\infty} \frac{(-1)^{k-1}}{(k-1)!(n+k)!}\left(\frac{x}{2}\right)^{2k+n-1}$$

$k=0$ のとき，
$\frac{0\cdot(-1)^{-1}}{0!\cdot n!}\left(\frac{x}{2}\right)^{n-1}=0$ より，
$k=1$ スタートにできる。

$$= \sum_{k=0}^{\infty} \frac{(-1)^{k}}{k!(n+k+1)!}\left(\frac{x}{2}\right)^{2(k+1)+n-1}$$

k を $k+1$ におきかえて，
もう一度 $k=0$ スタート
にした。

$$= \sum_{k=0}^{\infty} \frac{(-1)^{k}}{k!(n+1+k)!}\left(\frac{x}{2}\right)^{2k+n+1}$$

$= J_{n+1}(x) = ((\text{iii})\text{の左辺})$　となって，(iii)の公式も導けた。

この(iii)の公式は，第**1**種のベッセル関数の漸化式になっているんだね。よって，

・$n=1$ のとき，$J_2(x) = \frac{2}{x}J_1(x) - J_0(x)$

・$n=2$ のとき，$J_3(x) = \frac{4}{x}J_2(x) - J_1(x)$

・$n=3$ のとき，$J_4(x) = \frac{6}{x}J_3(x) - J_2(x)$

……………………………………………

となるので，初めに $J_0(x)$ と $J_1(x)$ を求めておけば，$J_2(x)$，$J_3(x)$，$J_4(x)$，…
は，この漸化式により代数的に求めることができるんだね。
これも面白かったでしょう？

以上で「**常微分方程式キャンパス・ゼミ**」の講義は終了です！ みんな，よく頑張ったね \(^0^)/　盛り沢山の内容ではあったけれど，できるだけ分かりやすく親切に解説したつもりだ。後は繰り返し練習して，完璧にマスターすることだ。大学の単位や，大学院の試験も，楽勝で乗り切れるはずだ。そして，これから様々な分野で出てくる常微分方程式に対しても自信をもって対処していけると思う。この講義を基に，読者の皆様がさらに飛躍・発展して行かれることを心より祈っています。

マセマ代表　馬場敬之(けいし)

講義6 ● 級数解法　公式エッセンス

1. 2階同次線形微分方程式の級数解法

$y''+P(x)y'+Q(x)y=0$ …① について，

(Ⅰ) $P(x)$，$Q(x)$ が共に $x=\alpha$ で解析的であるとき，①の級数解は，

$$y=\sum_{k=0}^{\infty}a_k(x-\alpha)^k=a_0+a_1(x-\alpha)+a_2(x-\alpha)^2+\cdots$$

(Ⅱ) $P(x)$，$Q(x)$ の少なくとも一方が $x=\alpha$ で解析的でないとき，

$(x-\alpha)P(x)$，$(x-\alpha)^2Q(x)$ が $x=\alpha$ で解析的ならば，①の級数解は，

$$y=(x-\alpha)^{\lambda}\sum_{k=0}^{\infty}a_k(x-\alpha)^k=a_0(x-\alpha)^{\lambda}+a_1(x-\alpha)^{\lambda+1}+a_2(x-\alpha)^{\lambda+2}+\cdots$$

(ただし，λ は決定方程式：$\lambda^2+(p_0-1)\lambda+q_0=0$ の解)

2. ロドリグの公式

ルジャンドルの多項式 $P_n(x)=\dfrac{1}{2^n\cdot n!}\cdot\dfrac{d^n}{dx^n}(x^2-1)^n$　$(n=0,\ 1,\ 2,\ \cdots)$

3. ルジャンドルの微分方程式の解

$(1-x^2)y''-2xy'+n(n+1)y=0$ (n：0以上の整数) の一般解は，

・$n=0$ のとき，$y=C_1\underbrace{P_0(x)}_{1}+C_2v_0(x)=C_1+C_2v_0(x)$

・$n=1$ のとき，$y=C_1u_1(x)+C_2\underbrace{P_1(x)}_{x}=C_1u_1(x)+C_2x$　など。

($v_0(x)$，$u_1(x)$：無限級数，定義域：$-1<x<1$)

4. ベッセルの微分方程式の解

$x^2y''+xy'+(x^2-\alpha^2)y=0$ $(\alpha\geqq 0)$ の一般解は，

(Ⅰ) $\alpha\fallingdotseq n$ $(n=0,\ 1,\ 2,\ \cdots)$ のとき，（α次第1種ベッセル関数）

$$y=C_1J_\alpha(x)+C_2J_{-\alpha}(x)\quad\left(J_\alpha(x)=\sum_{k=0}^{\infty}\frac{(-1)^k}{k!\Gamma(\alpha+k+1)}\left(\frac{x}{2}\right)^{2k+\alpha}\right)$$

(Ⅱ) $\alpha=n$ $(n=0,\ 1,\ 2,\ \cdots)$ のとき，（n次第2種ベッセル関数）

$$y=C_1J_n(x)+C_2Y_n(x)\quad\left(Y_n(x)=J_n(x)\int\frac{1}{x\{J_n(x)\}^2}dx\right)$$

Appendix
(付録)

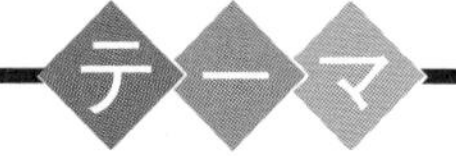

- ピカールの逐次近似法
- 正規形1階常微分方程式の
  - 解の存在定理
  - 解の一意性の証明

  (リプシッツ条件)
- ラプラス変換入門

§1. 解の存在定理と解の一意性の証明

これから，次の正規形 **1** 階常微分方程式：

$\frac{dy}{dx}=f(x,\ y)$ ……① について，初期条件：$x=x_0$ のとき $y=y_0$ が与えられたとき，どのような場合に解をもち(解の存在定理)，かつその解が一意に定まる(解の一意性の証明)のかについて考えてみよう。

これまで，もっと複雑な様々な微分方程式を解いてきたのだけれど，このような基本的なことの証明についてはまだ解説してなかったんだね。それは，実際に微分方程式を解くよりも，これらの証明の方がずっと難しいからだ。でも，これまで頑張ってきたキミ達なら，これから話す内容も十分に理解できると思う。また，できるだけ分かりやすく親切に解説するからね。

それでは，"解の存在定理"や"解の一意性の証明"の基となる，"ピカールの逐次近似法(ちくじきんじほう)"からまず，解説することにしよう。

● ピカールの逐次近似法から始めよう！

正規形 **1** 階常微分方程式：$\frac{dy}{dx}=f(x,\ y)$ ……① を

初期条件：$x=x_0$ のとき $y=y_0$ の下で解を求める"**ピカール(*Picard*)の逐次近似法**"を紹介しよう。

①の両辺を，積分区間 $[x_0,\ x]$ で形式的に積分すると，

（y については，$[y_0,\ y]$）

$$\int_{x_0}^{x}\frac{dy}{dx}dx=\int_{x_0}^{x}f(x,\ y)\,dx \qquad y-y_0=\int_{x_0}^{x}f(x,\ y)dx$$

（$\int_{x_0}^{x}\frac{dy}{dx}dx=\int_{y_0}^{y}1\cdot dy=y-y_0$）

$$\therefore\ y=y_0+\int_{x_0}^{x}f(x,\ y)\,dx \quad \cdots\cdots①'$$ となる。

（これは，関数 $y=y(x)$ が定まっていないので，積分できない！）

（だから"形式的"と言ったんだ！）

（実は，これが①の解なんだね。）

ここで，①´の右辺の被積分関数 $f(x,\ y)$ の x の関数 y が分かっていないの
（実は，これが①の解）
で，この積分はできないのだけれど，ここでまず，y を初期値の y_0 で近似
（これは定数）
することにする。すると，この結果得られる①´の左辺の y も近似関数（近似解）なので y_1 とおくことにしよう。よって，

$$y_1 = y_0 + \int_{x_0}^{x} f(x,\ y_0)\,dx \quad \cdots\cdots ㋐$$ となる。

（近似関数）　（定数）

ここで，y_1 が分かったので，これを使って①´の近似解を y_2 とおくと，

$$y_2 = y_0 + \int_{x_0}^{x} f(x,\ y_1)\,dx \quad \cdots\cdots ㋑$$ となる。

同様に y_3，y_4，…と近似精度を上げていくと，

$$y_3 = y_0 + \int_{x_0}^{x} f(x,\ y_2)\,dx \quad \cdots\cdots ㋒$$

$$y_4 = y_0 + \int_{x_0}^{x} f(x,\ y_3)\,dx \quad \cdots\cdots ㋓$$

$$\cdots\cdots\cdots\cdots\cdots\cdots\cdots\cdots$$

$$\therefore\ y_n = y_0 + \int_{x_0}^{x} f(x,\ y_{n-1})\,dx \quad \cdots\cdots ㋔ \quad (n = 1,\ 2,\ 3,\ \cdots)$$ と関数列ができる。

> ㋐～㋔はすべて，$x = x_0$ のとき $y = y_0$ の初期条件をみたす。たとえば，
> ㋔で，$x = x_0$ のとき $y_n = y_0 + \int_{x_0}^{x_0} f(x,\ y_{n-1})dx = y_0$ となるからだ。
> （積分部分 $= 0$）

ここで，この関数列 $y_n(x)$ が，$n \to \infty$ のときある関数 $y_\infty(x)$ に一様収束（いちようしゅうそく）するならば，$y_\infty = y_0 + \int_{x_0}^{x} f(x,\ y_\infty)\,dx$ となるので，$y_\infty(x)$ は①´，すなわち①をみたす。よって，$y_\infty(x)$ は①の解になる。

このようにして解を求める方法を“ピカールの逐次近似法”と呼ぶんだよ。ここで，“一様収束”についても次に示しておこう。重要な概念だからだ。そして，その後で，簡単な例題で，このピカールの逐次近似法を実際に使ってみることにしよう。

一様収束

$\lim_{n\to\infty} y_n(x) = y_\infty(x)$ となるための条件は，

"$\forall \varepsilon > 0,\ \exists N > 0\ \ s.\ t.\ n \geqq N \to |y_n(x) - y_\infty(x)| < \varepsilon$" である。

これは，「任意の正の数 ε を与えたとき，$n \geqq N$ ならば $|y_n(x) - y_\infty(x)| < \varepsilon$ をみたす，そんな N が存在する」という意味だね。

しかし，一般論として ε が与えられたとき，N の値は本当は ε の値だけではなく，x の値にも依存するはずだ。つまり，同じ収束半径内の x でも，場所によって早く収束する所と，ゆっくり収束する所があるはずだからだ。

小さな N の値

大きな N の値でないと，$|y_n(x) - y_\infty(x)|$ が ε より小さくならない。

しかし，この N の値が x によらず，ε の値のみによって決まるとき，$y_n(x)$ は $y_\infty(x)$ に "**一様収束する**" という。

そして，$y_n(x)$ が $y_\infty(x)$ に一様収束するならば，

ベキ級数 $y_\infty(x) = \sum_{k=0}^{\infty} a_k x^k \quad (-R < x < R)$ について，

収束半径

次の各性質を利用できる。

(ⅰ) 項別に微分できる。

$$y_\infty{}'(x) = \left\{\sum_{k=0}^{\infty} a_k x^k\right\}' = \sum_{k=0}^{\infty} (a_k x^k)'$$

(ⅱ) 項別に積分できる。

$$\int y_\infty(x)dx = \int \left\{\sum_{k=0}^{\infty} a_k x^k\right\} dx = \sum_{k=0}^{\infty} \left\{\int a_k x^k dx\right\}$$

(ⅲ) 極限と積分の操作の順を変えられる。

$$\lim_{n\to\infty} \int y_n(x)\,dx = \int \left\{\lim_{n\to\infty} y_n(x)\right\} dx = \int y_\infty(x)dx$$

特に今回は(ⅲ)の性質が重要になるので覚えておこう。

それでは，次の例題で実際に "ピカールの逐次近似法" を使ってみよう。

例題　微分方程式 $\frac{dy}{dx}=y$ …㋐　の解を，初期条件：$x=0$ のとき $y=1$ の下で，ピカールの逐次近似法により求めてみよう。

（㋐の微分方程式の一般解が $y=Ce^x$ となること，よって，初期条件：$x=0$ のとき $y=1$ から，$C=1$ が導けるので，この特殊解が $y=e^x$ となることはすぐに分かると思う。）

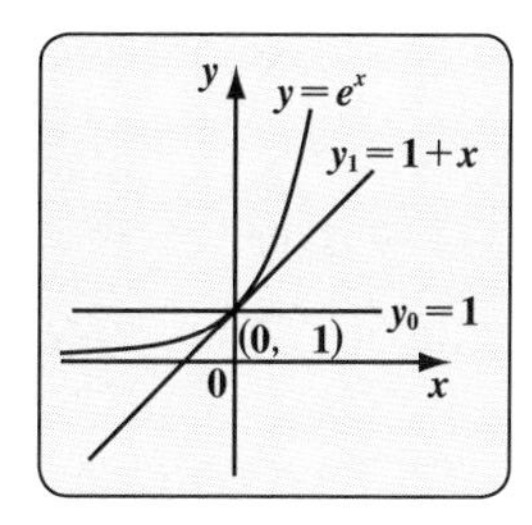

今回は，$\frac{dy}{dx}=\underbrace{y}_{f(x,\,y)}$ ……㋐　をピカールの逐次近似法で求めて，上記の結果と一致することを示そう。

まず，初期条件：$x=0$ のとき $y=1$ も考慮に入れて㋐を変形すると，

$$y=1+\int_0^x y\,dx$$

← $y=y_0+\int_{x_0}^x f(x,\ y)dx$ の式だ。　となる。

（まず，これを $y_0=1$（定数）と近似する。）

よって，ピカールの逐次近似法により

$$y_1=1+\int_0^x \underbrace{1}_{y_0}\,dx=1+x$$

$$y_2=1+\int_0^x \underbrace{(1+x)}_{y_1}\,dx=1+x+\frac{x^2}{2!}$$

$$y_3=1+\int_0^x \underbrace{\left(1+x+\frac{x^2}{2!}\right)}_{y_2}dx=1+x+\frac{x^2}{2!}+\frac{x^3}{3!}$$

（$y_0=1$ から近似を開始して，
$y_1=1+x$
$y_2=1+x+\frac{x^2}{2!}$
$y_3=1+x+\frac{x^2}{2!}+\frac{x^3}{3!}$
……………………
と，だんだん $y=e^x$ に近づいていくことが分かるね。）

……………………………………………………

よって，$y_n=1+\frac{x}{1!}+\frac{x^2}{2!}+\frac{x^3}{3!}+\cdots+\frac{x^n}{n!}$　となる。

ゆえに，$n\to\infty$ のとき

$$y=1+\frac{x}{1!}+\frac{x^2}{2!}+\frac{x^3}{3!}+\cdots+\frac{x^n}{n!}+\cdots=e^x$$　と，同じ結果が導ける。

● 解の存在定理と一意性の証明にチャレンジしよう！

それでは，ピカールの逐次近似法を利用して，正規形 **1** 階常微分方程式：

$\frac{dy}{dx}=f(x,\ y)$ ……① ($x=x_0$ のとき $y=y_0$) が

どのような場合に解をもち，かつその解が一意に定まるのか，について，

(解をもち：解の存在定理)　(その解が一意に定まる：解の一意性の証明)

これから詳しく解説しよう。

結論から先に言うと，次の(ⅰ)，(ⅱ)の条件，すなわち，

> (ⅰ) $f(x,\ y)$ は，領域 $D(|x-x_0|\leqq a$ かつ $|y-y_0|\leqq b)$ で定義され，かつ領域 D で連続であるとする。
>
> (ⅱ) 領域 D 上の **2** 点 $(x,\ y_\alpha)$，$(x,\ y_\beta)$ について，
> $|f(x,\ y_\alpha)-f(x,\ y_\beta)|\leqq A|y_\alpha-y_\beta|$ ……(＊) となる
> 正の定数 A が存在する。

が成り立つとき，①の微分方程式は解をもち，かつその解は一意に決まるんだ。特に，(ⅱ)の条件を "**リプシッツ(*Lipschitz*)条件**" と呼ぶので覚えておこう。これだけでは何のことなのかさっぱり分からないって？ 当然だ！ これから詳しく解説していこう。

まず領域 D とは $x_0-a\leqq x\leqq x_0+a$，かつ $y_0-b\leqq y\leqq y_0+b$ で表される長方形の閉領域のことで，それを図**1**に示す。

($|x-x_0|\leqq a$　$-a\leqq x-x_0\leqq a$)

図 **1**　領域 D

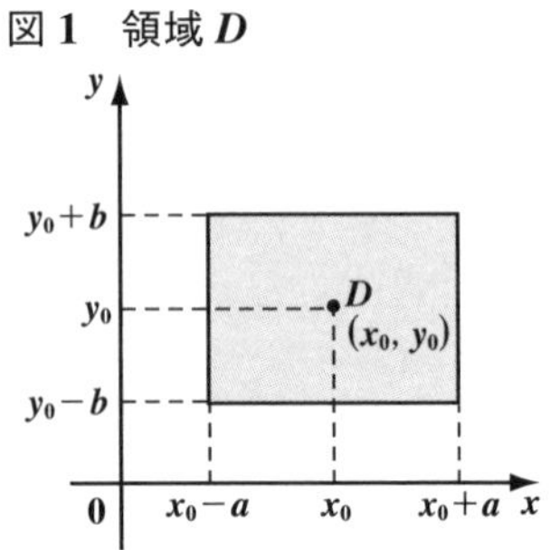

この閉領域 D で，関数 $f(x,\ y)$ は定義され，かつこの D で連続なので，これから，$f(x,\ y)$ は有界であると言える。

("ある値以上，ある値以下" ということ)

よって，M をある正の定数とすると，

$|f(x,\ y)|\leqq M$ ……② (M：正の定数) が成り立つ。

(これは，D における $|f(x,\ y)|$ の最大値と考えてもいい。)

①, ②より，$\left|\frac{dy}{dx}\right|=|f(x,\ y)|\leqq M$ より，

$-M\leqq\frac{dy}{dx}\leqq M$　となる。

ここで，$\frac{dy}{dx}$ は解となる曲線 $y=y(x)$ 上の点における接線の傾きのことだ。

またこの曲線は点 $(x_0,\ y_0)$ を通る。
　　　　　　　　　　　初期条件

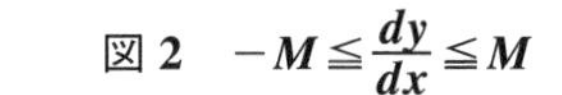
図 2　$-M\leqq\frac{dy}{dx}\leqq M$

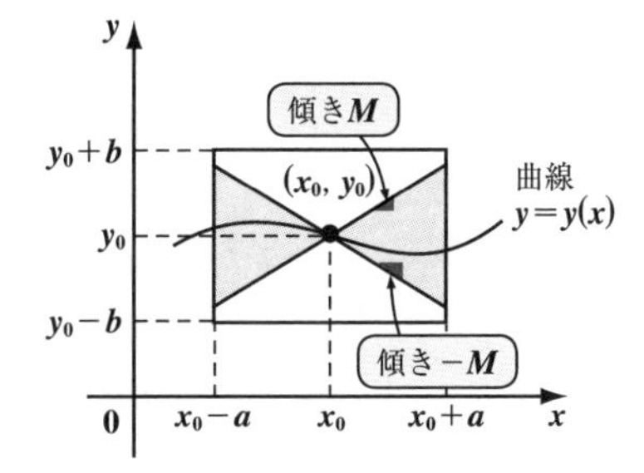

よって，解である曲線 $y=y(x)$ は，図 2 に示すように，領域 D の中でもさらに，点 $(x_0,\ y_0)$ を通る傾き M と $-M$ の 2 直線で挟まれる領域に存在することになる。

次，①にピカールの逐次近似法を用いると，

$$\begin{cases} y_0(x)=y_0 & (\text{定数}) \\ y_n(x)=y_0+\int_{x_0}^{x}f(x,\ y_{n-1}(x))\,dx & \cdots\cdots③ \quad (n=1,\ 2,\ 3,\ \cdots) \end{cases}$$

と表せる。

ここで，$y_n(x)$ $(n=1,\ 2,\ 3,\ \cdots)$ がすべて領域 D に入る条件，すなわち

$|y_n-y_0|\leqq b$ ……$(*1)$ $(n=1,\ 2,\ \cdots)$

となるための $|x-x_0|$ の条件を求めよう。

図 3(ⅰ)，(ⅱ) に示すように

(ⅰ) $a<\frac{b}{M}$ のときは，

$c=a$ とおき，

(ⅱ) $\frac{b}{M}\leqq a$ のときは，

$c=\frac{b}{M}$ とおく。

すなわち，$c=\min\left(a,\ \frac{b}{M}\right)$ とし，

これは，"a と $\frac{b}{M}$ のいずれか小さい方を c とおく" の意味だ。

図 3　$|y_n-y_0|\leqq b$ の条件

(ⅰ) $a<\frac{b}{M}$ のとき，$Mc<b$

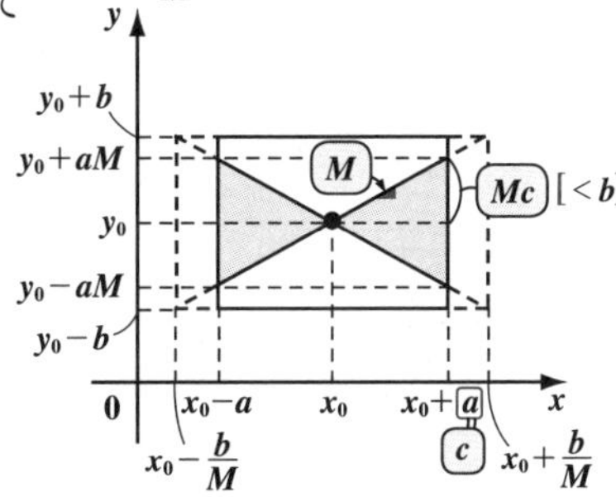

(ⅱ) $\frac{b}{M}\leqq a$ のとき，$Mc=b$

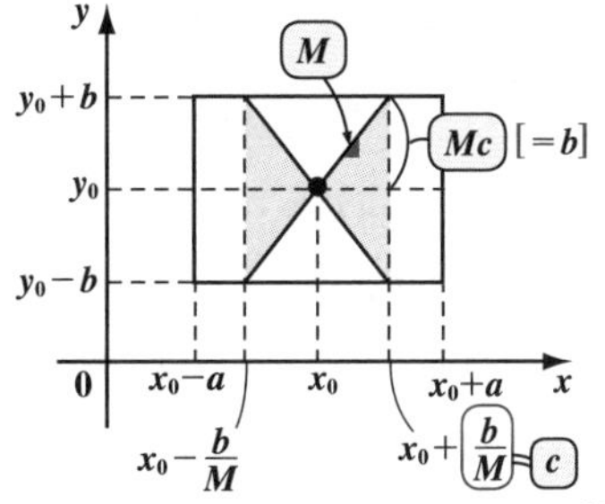

$|x-x_0| \leqq c$ ……④　とすると

これは "$x_0-c \leqq x \leqq x_0+c$" のこと

$$\begin{cases} |f(x, y)| \leqq M & \cdots\cdots② \\ y_n = y_0 + \int_{x_0}^{x} f(x, y_{n-1})\,dx & \cdots③ \\ |y_n - y_0| \leqq b & \cdots\cdots(*1) \\ c = \min\left(a, \frac{b}{M}\right) \\ Mc \leqq b \quad (図3(\mathrm{i})(\mathrm{ii})より) \end{cases}$$

すべての自然数 n に対して，$(*1)$ は成り立つ。これを，数学的帰納法で示しておこう。

(i) $n=1$ のとき，③より，

$$|y_1 - y_0| = \left|\int_{x_0}^{x} f(x, y_0)\,dx\right| \leqq \left|\int_{x_0}^{x} |f(x, y_0)|\,dx\right|$$

M 以下（②より）

$$\leqq M\left|\int_{x_0}^{x} dx\right| = M|x-x_0| \leqq Mc \leqq b$$

$[x]_{x_0}^{x} = x - x_0$　　c 以下（④より）　　図3(i)(ii)より

$\therefore$ $n=1$ のとき，$(*1)$ は成り立つ。

(ii) $n=k$　$(k=1, 2, 3, \cdots)$ のとき，

$|y_k - y_0| \leqq b$ と仮定して，$n=k+1$ のときを調べる。③より，

$$|y_{k+1} - y_0| = \left|\int_{x_0}^{x} f(x, y_k)\,dx\right| \leqq \left|\int_{x_0}^{x} |f(x, y_k)|\,dx\right|$$

仮定より，(x, y_k) も D 内の点より，これは M 以下（②より）

$$\leqq M\left|\int_{x_0}^{x} dx\right| = M|x-x_0| \leqq Mc \leqq b$$

c 以下　　図3(i)(ii)より

$\therefore$ $n=k+1$ のときも，$(*1)$ は成り立つ。

以上(i)(ii)より，すべての自然数 n に対して，

$|x-x_0| \leqq c$ ……④　$\left[ただし，c = \min\left(a, \frac{b}{M}\right)\right]$ のとき，

$|y_n - y_0| \leqq b$ ……$(*1)$　が成り立つ。

これは本当は x の関数 $y_n(x)$ だ。省略して書いている。

よって，$|x-x_0| \leqq c$ ……④　ならば，③から得られる関数列 $y_1(x)$，$y_2(x)$，$y_3(x)$，…，$y_n(x)$，… はすべて領域 D の内部に存在する。したがって，これから以降，x の値の範囲は $|x-x_0| \leqq a$ ではなく，$|x-x_0| \leqq c$ ……④　として考えていくことにする。

準備が整ったので，いよいよリプシッツの条件：

「領域 D 上の 2 点 $(x,\ y_\alpha)$, $(x,\ y_\beta)$ について，

（実は，$|x-x_0| \leqq c$, $|y-y_0| \leqq b$ に変更になってるけど，このままの表現にしておこう！）

$|f(x,\ y_\alpha)-f(x,\ y_\beta)| \leqq A|y_\alpha - y_\beta|$ ……$(*)$ となる正の定数 A が存在する」

を利用して，①の微分方程式が解をもつことを証明しよう。近似解 y_n は

$y_n = y_0 + (y_1 - y_0) + (y_2 - y_1) + \cdots + (y_n - y_{n-1})$，すなわち，

$y_n = y_0 + \sum_{k=1}^{n}(y_k - y_{k-1})$ ……⑤　と表せる。

ここで，$|y_k - y_{k-1}| \leqq \dfrac{M}{A} \cdot \dfrac{(Ac)^k}{k!}$ …$(*2)$　$(k=1, 2, \cdots)$ が成り立つことを示す。

$$|y_k - y_{k-1}| = \left| y_0 + \int_{x_0}^{x} f(x,\ y_{k-1})dx - \left\{ y_0 + \int_{x_0}^{x} f(x,\ y_{k-2})dx \right\} \right| \quad (\text{③より})$$

$$= \left| \int_{x_0}^{x} \{f(x,\ y_{k-1}) - f(x,\ y_{k-2})\} dx \right|$$

$$\leqq \left| \int_{x_0}^{x} |f(x,\ y_{k-1}) - f(x,\ y_{k-2})| dx \right|$$

（リプシッツ条件より，これは $A|y_{k-1} - y_{k-2}|$ 以下だ。）

$$\leqq A \left| \int_{x_0}^{x} |y_{k-1} - y_{k-2}| dx \right| \quad (\text{リプシッツの条件より})$$

以下同様に，リプシッツ条件を繰り返し用いると，

$$|y_k - y_{k-1}| \leqq A \left| \int_{x_0}^{x} |y_{k-1} - y_{k-2}| dx \right| \leqq A \left| \int_{x_0}^{x} A \left| \int_{x_0}^{x} |y_{k-2} - y_{k-3}| dx \right| dx \right|$$

$$= A^2 \left| \int_{x_0}^{x} \left| \int_{x_0}^{x} |y_{k-2} - y_{k-3}| dx \right| dx \right|$$

$$\leqq A^3 \left| \int_{x_0}^{x} \left| \int_{x_0}^{x} \left| \int_{x_0}^{x} |y_{k-3} - y_{k-4}| dx \right| dx \right| dx \right| \leqq \cdots\cdots$$

$$\leqq A^{k-1} \left| \int_{x_0}^{x} \left| \int_{x_0}^{x} \right| \cdots \left| \int_{x_0}^{x} |y_1 - y_0| dx \right| \cdots \left| dx \right| dx \right|$$

（P240(i)より，これは $M|x-x_0|$ 以下だ。）

$$\leqq MA^{k-1} \left| \int_{x_0}^{x} \left| \int_{x_0}^{x} \right| \cdots \left| \int_{x_0}^{x} |x - x_0| dx \right| \cdots \left| dx \right| dx \right|$$

（|1 回積分|　$\dfrac{|x-x_0|^2}{2!}$ → |2 回積分|　$\dfrac{|x-x_0|^3}{3!}$ ‥‥→ |$k-1$ 回積分|　$\dfrac{|x-x_0|^k}{k!}$）

よって，

④より，これは c 以下

$$|y_k - y_{k-1}| \leqq MA^{k-1} \cdot \frac{|x - x_0|^k}{k!}$$

$$\leqq MA^{k-1} \cdot \frac{c^k}{k!} \quad (④より)$$

$$\therefore |y_k - y_{k-1}| \leqq \frac{M}{A} \cdot \frac{(Ac)^k}{k!} \quad \cdots\cdots(*2)$$

$(k = 1,\ 2,\ 3,\ \cdots)$ は成り立つ。

$|f(x,\ y)| \leqq M$ ……………………②

$y_n = y_0 + \int_{x_0}^{x} f(x,\ y_{n-1})\,dx$ ………③

$|x - x_0| \leqq c$ ……………………………④

$|y_n - y_0| \leqq b$ ……………………(*1)

$|y_k - y_{k-1}| \leqq \frac{M}{A} \cdot \frac{(Ac)^k}{k!}$ ……(*2)

$y_n = y_0 + \sum_{k=1}^{n}(y_k - y_{k-1})$ ……………⑤

ここで，(*2) より，

$$\sum_{k=1}^{\infty}|y_k - y_{k-1}| \leqq \frac{M}{A}\sum_{k=1}^{\infty}\frac{(Ac)^k}{k!}$$

（$\frac{(Ac)^k}{k!} = p_k$）

正項級数 $\sum_{k=1}^{\infty} p_k$ $(p_k > 0)$ について $\lim_{k \to \infty}\frac{p_{k+1}}{p_k} = r$ で $0 \leqq r < 1$ ならば，この正項級数は収束する。「微分積分キャンパス・ゼミ」を参照。

さらに，$p_k = \frac{(Ac)^k}{k!}$ (>0) とおくと，

$$\lim_{k \to \infty}\frac{p_{k+1}}{p_k} = \lim_{k \to \infty}\frac{\frac{(Ac)^{k+1}}{(k+1)!}}{\frac{(Ac)^k}{k!}}$$

$$= \lim_{k \to \infty}\frac{Ac}{k+1} = 0 \quad となる。$$

（Ac：定数，$k \to \infty$）

よって，正項級数 $\sum_{k=1}^{\infty}|y_k - y_{k-1}|$ が収束する

$\sum_{k=1}^{\infty}|a_k|$ が収束するならば，$\sum_{k=1}^{\infty} a_k$ も収束する。「微分積分キャンパス・ゼミ」を参照。

ので，$\sum_{k=1}^{\infty}(y_k - y_{k-1})$ も収束する。

以上より，⑤において，$n \to \infty$ としたとき，

$$\lim_{n \to \infty} y_n = \lim_{n \to \infty}\left\{y_0 + \sum_{k=1}^{n}(y_k - y_{k-1})\right\} = y_0 + \sum_{k=1}^{\infty}(y_k - y_{k-1}) \text{ は}$$

（y_0：定数，$\sum_{k=1}^{n}(y_k - y_{k-1})$：収束）

収束するので，その関数を y_∞ とおく。よって，

$$y_n = y_0 + \sum_{k=1}^{n}(y_k - y_{k-1}) \ \cdots\cdots⑤,\quad y_\infty = y_0 + \sum_{k=1}^{\infty}(y_k - y_{k-1}) \ \cdots\cdots⑥$$

とおく。

ここで，$n \to \infty$ のとき，y_n が y_∞ に一様収束することを示そう。⑤，⑥より

$$|y_n - y_\infty| = |y_\infty - y_n| = \left| \cancel{y_0} + \sum_{k=1}^{\infty}(y_k - y_{k-1}) - \left\{ \cancel{y_0} + \sum_{k=1}^{n}(y_k - y_{k-1}) \right\} \right|$$

$$= \left| \sum_{k=n+1}^{\infty}(y_k - y_{k-1}) \right| \leqq \sum_{k=n+1}^{\infty} \underline{|y_k - y_{k-1}|} \leqq \frac{M}{A} \sum_{k=n+1}^{\infty} p_k$$

$k=n+1$ 以降が残る。

$(*2)$ より，これは $\frac{M}{A}p_k$ 以下だ。

$\therefore |y_n - y_\infty| \leqq \frac{M}{A} \sum_{k=n+1}^{\infty} p_k$ ……⑦　となる。$\left[\text{ただし，} p_k = \frac{(Ac)^k}{k!}\right]$

ここで，$\frac{p_{k+1}}{p_k} = \frac{Ac}{k+1}$（$Ac$：定数）なので，ある自然数 $n+1$ に対して，k を $k \geqq n+1$ となるようにとると，$\frac{p_{k+1}}{p_k}$ は，$0 < r < 1$ をみたすある定数 r より小さくできる。すなわち，

$$\frac{p_{k+1}}{p_k} < r \quad (0 < r < 1,\ k = n+1,\ n+2,\ \cdots) \quad \text{とできる。}$$

よって，$p_{k+1} < rp_k$ より，

$$\underline{p_{n+2} < rp_{n+1}},\quad \underline{p_{n+3} < rp_{n+2}} < r^2 p_{n+1},\quad \underline{p_{n+4} < rp_{n+3}} < r^3 p_{n+1},\quad \cdots$$

$k=n+1$ のとき　$k=n+2$ のとき　$k=n+3$ のとき

となる。これから，

$$\sum_{k=n+1}^{\infty} p_k < p_{n+1}(1 + r + r^2 + r^3 + \cdots) = \frac{p_{n+1}}{1-r} \quad \cdots\cdots⑧ \quad \text{が導ける。}$$

⑦，⑧より

$$|y_n - y_\infty| \leqq \frac{M}{A} \sum_{k=n+1}^{\infty} p_k < \frac{M}{A} \cdot \frac{p_{n+1}}{1-r} \quad \cdots\cdots⑨$$

$\frac{M}{A(1-r)}$ は定数

これは，P245 の 参考 を見てくれ。

ここで，$\frac{M \cdot p_{n+1}}{A(1-r)}$ は，x とは関わりなく，n のみの式で，$\lim_{n \to \infty} p_{n+1} = 0$ だ。

だから，どんなに小さな正の数 ε が与えられても，$n \geqq N$ ならば，

$\frac{M}{A} \cdot \frac{p_{n+1}}{1-r} < \varepsilon$ をみたす，そんな N が，x とは関わりなく存在する。

よって，⑨より，$n \to \infty$ のとき，y_n は y_∞ に一様収束するんだね。

以上より，$y_n = y_0 + \int_{x_0}^{x} f(x,\ y_{n-1})\,dx$ ……③　について，$n \to \infty$とすると，

$$\lim_{n\to\infty} y_n = \lim_{n\to\infty}\left\{y_0 + \int_{x_0}^{x} f(x,\ y_{n-1})\,dx\right\}$$

（y_n → y_∞，y_0：定数）

$\dfrac{dy}{dx} = f(x,\ y)$ ……………………①

$y = y_0 + \int_{x_0}^{x} f(x,\ y)\,dx$ ……①´

$$= y_0 + \lim_{n\to\infty}\int_{x_0}^{x} f(x,\ y_{n-1})\,dx$$

$$= y_0 + \int_{x_0}^{x}\{\lim_{n\to\infty} f(x,\ y_{n-1})\}\,dx$$

（y_{n-1} → y_∞）

y_nはy_∞に一様収束するので，積分計算と極限操作の順番を交換できる！

$\therefore\ y_\infty = y_0 + \int_{x_0}^{x} f(x,\ y_\infty)\,dx$となって，

y_∞は①´をみたす。よって，y_∞は①´すなわち①の微分方程式の解である。これで，①の解が存在することが証明できたんだ！

それでは次，解の一意性の証明もやっておこう。任意の解Yが与えられたとしても，それが結局は$Y = y_\infty$となる，すなわち解は一意にy_∞に定まることを示そう。

任意の解Yも，①をみたすので，

$Y = y_0 + \int_{x_0}^{x} f(x,\ Y)\,dx$ ……⑩　となる。

また，

$y_n = y_0 + \int_{x_0}^{x} f(x,\ y_{n-1})\,dx$ ……③　より，

$$|Y - y_n| = \left|y_0 + \int_{x_0}^{x} f(x,\ Y)\,dx - \left\{y_0 + \int_{x_0}^{x} f(x,\ y_{n-1})\,dx\right\}\right|$$

（y_0は打ち消し）

$$= \left|\int_{x_0}^{x}(f(x,\ Y) - f(x,\ y_{n-1}))\,dx\right|$$

$$\leqq \left|\int_{x_0}^{x}\left|f(x,\ Y) - f(x,\ y_{n-1})\right|dx\right|$$

リプシッツ条件より，これは$A|Y - y_{n-1}|$以下だ。

$$\therefore\ |Y - y_n| \leqq A\left|\int_{x_0}^{x}|Y - y_{n-1}|\,dx\right|$$

以下同様にリプシッツ条件を用いると，

$$|Y-y_n| \leqq A\left|\int_{x_0}^{x}|Y-y_{n-1}|dx\right| \leqq A\left|\int_{x_0}^{x}A\left|\int_{x_0}^{x}|Y-y_{n-2}|dx\right|dx\right|$$

$$=A^2\left|\int_{x_0}^{x}\left|\int_{x_0}^{x}|Y-y_{n-2}|dx\right|dx\right|$$

$$\leqq A^3\left|\int_{x_0}^{x}\left|\int_{x_0}^{x}\left|\int_{x_0}^{x}|Y-y_{n-3}|dx\right|dx\right|dx\right| \leqq \cdots$$

$$\leqq A^n\left|\int_{x_0}^{x}\left|\int_{x_0}^{x}\right|\cdots\left|\int_{x_0}^{x}\underline{|Y-y_0|}dx\right|\cdots\left|dx\right|dx\right|$$

（Y も y_0 と同様に D 内なので，これは b 以下だ。）

$$\leqq bA^n\left|\int_{x_0}^{x}\left|\int_{x_0}^{x}\right|\cdots\left|\int_{x_0}^{x}1\,dx\right|dx\right|\cdots\left|dx\right|$$

$|x-x_0| \leqq c$ ……④
$|y_n-y| \leqq b$ ……(＊)
$p_n=\frac{|Ac|^n}{n!}$

|1 回積分| |2 回積分| |3 回積分| |n 回積分|
$|x-x_0| \longrightarrow \frac{|x-x_0|^2}{2!} \longrightarrow \frac{|x-x_0|^3}{3!} \dashrightarrow \frac{|x-x_0|^n}{n!}$

$$=bA^n\frac{\boxed{|x-x_0|}^n}{n!} \leqq b\boxed{\frac{(Ac)^n}{n!}}$$

（c 以下）（これは p_n だ！）

$\therefore |Y-y_n| \leqq b\frac{(Ac)^n}{n!}$ より，$n \to \infty$ にして極限を求めると，

$$\lim_{n\to\infty}|Y-\boxed{y_n}| \leqq \lim_{n\to\infty}b\boxed{\frac{(Ac)^n}{n!}}=0$$

（$y_n \to y_\infty$，$\frac{(Ac)^n}{n!} \to 0$）

$Ac>1$ のとき $(Ac)^n \to \infty$ だけど $n!$ はそれよりはるかに早く ∞ に発散する！

$\therefore Y=y_\infty$ となり，解の一意性も証明できた！

参考

スターリングの公式：$n \to \infty$ のとき，$n!=\sqrt{2\pi}e^{-n}n^{n+\frac{1}{2}}$ を用いると，

$$\lim_{n\to\infty}\frac{(Ac)^n}{n!}=\lim_{n\to\infty}\frac{(Ac)^n}{\sqrt{2\pi}e^{-n}n^{n+\frac{1}{2}}}$$

$$=\lim_{n\to\infty}\boxed{\frac{1}{\sqrt{2\pi n}}}\cdot\left(\boxed{\frac{eAc}{n}}\right)^n=0$$ となるんだね。

（$\frac{1}{\sqrt{2\pi n}} \to 0$，$\frac{eAc}{n} \to 0$）

§2. ラプラス変換入門

これまで,様々な種類の微分方程式の解法について解説してきたけれど,実はまだ教えていない重要テーマが残っている。そのテーマとは“**ラプラス変換**(へんかん)”による常微分方程式の解法なんだ。実は，これは非常に有効で強力な解法手段なんだけれど，奥が深いテーマなので，ここでその全貌を解説することはできないんだね。したがって，ここでは，その入門編として，簡単な例題を使って，ラプラス変換による解法のやり方の概略を紹介しておこう。

● ラプラス変換って，何だろう？

これまでの常微分方程式では独立変数 x の関数として y と置いてきたけれど，ここではラプラス変換の表記の慣例に従って，t を独立変数(どくりつへんすう)，y を従属変数(じゅうぞくへんすう)とおくことにしよう。ここで，y は，定義域が $[0,\ \infty)$ である t

（$0 \leqq t < \infty$ のこと）

の関数として $y(t)$ $(0 \leqq t < \infty)$ と表すものとする。このとき，新たな実数 s で表される次の関数 $Y(s)$ について考えよう。

$$Y(s) = \int_0^\infty y(t)e^{-st}dt \quad \cdots\cdots ① \quad (s:\text{実数})$$

①の右辺は，$\lim\limits_{p \to \infty}\int_0^p y(t)e^{-st}dt$ と表せるのはいいね。ここで，被積分関数 $y(t)e^{-st}$ をまず積分区間 $0 \leqq t \leqq p$ で t により定積分するので，t はなくなる。さらに，$p \to \infty$ の極限が存在するとき，これは当然 s の式(関数)となるので,これを①の左辺のように $Y(s)$ とおいたんだね。この①による，t の関数 $y(t)$ から s の関数 $Y(s)$ への変換を“**ラプラス変換**”と呼び，演算子 $\mathcal{L}$ を使って，

$$Y(s) = \mathcal{L}[y(t)] = \int_0^\infty y(t)e^{-st}dt \quad \cdots\cdots (*1) \quad (s:\text{実数})$$

と表す。ここで，$y(t)$ を**原関数**(げんかんすう)，$Y(s)$ を**像関数**(ぞうかんすう)(または，$y(t)$ の**ラプラス変換**)とも呼ぶので，覚えておこう。

それでは，以上のことをまとめて次に示そう。

ラプラス変換の定義

$[0, \infty)$ で定義される t の関数 $y(t)$ に，次のような s の関数 $Y(s)$ を対応させる演算子を $\mathcal{L}$ とおき，これを "**ラプラス変換**" と定義する。

$$Y(s) = \mathcal{L}[y(t)] = \int_0^\infty y(t)e^{-st}dt \quad \cdots\cdots(*1) \quad (s：\text{実数})$$

$(y(t)$：原関数，$Y(s)$：像関数（または，$y(t)$ のラプラス変換))

それでは，次の例題で，2 種類の $y(t)$ に対するラプラス変換 $Y(s)$ を具体的に計算してみよう。

例題　次のような各原関数 $y(t)$ のラプラス変換 $Y(s)$ を求めてみよう。
（ただし，(1) では，$s > 0$，(2) では $s > a$ とする。）
(1) $y(t) = 1$　　　(2) $y(t) = e^{at}$　　$(a$：実数定数$)$

(1) $y(t) = 1$ のとき，このラプラス変換 $Y(s)$ を定義式 $(*1)$ を使って求めると，

$$Y(s) = \mathcal{L}[1] = \int_0^\infty 1 \cdot e^{-st}dt \longleftarrow \boxed{Y(s) = \mathcal{L}[y(t)] = \int_0^\infty y(t)e^{-st}dt}$$

$$= \lim_{p \to \infty} \int_0^p e^{-st}dt$$

$$-\frac{1}{s}[e^{-st}]_0^p = -\frac{1}{s}(e^{-sp} - e^{-0}) = \frac{1}{s}(1 - e^{-sp})$$

（e^{-0} は 1）

$$= \lim_{p \to \infty} \frac{1}{s}(1 - e^{-sp}) \quad (e^{-sp} \to 0)$$

ここで，$s > 0$ より，s を正の定数と考えると
$\lim_{p \to \infty} e^{-sp} = \lim_{p \to \infty} \frac{1}{e^{sp}} = 0$ （$e^{sp} \to \infty$）

$= \frac{1}{s}$ となる。

よって，$\mathcal{L}[1] = \frac{1}{s}$，すなわち $y(t) = 1$ のラプラス変換が $Y(s) = \frac{1}{s}$ となることが分かったんだね。では，次

(2) $y(t)=e^{at}$ (a：実数定数) のとき，このラプラス変換 $Y(s)$ を定義式 $(*1)$ を使って求めると，

$$Y(s)=\mathcal{L}[e^{at}]=\int_0^{\infty}\underbrace{e^{at}\cdot e^{-st}}_{e^{at-st}=e^{-(s-a)t}}dt \quad \leftarrow \boxed{Y(s)=\int_0^{\infty}y(t)e^{-st}dt \cdots(*1)}$$

$$=\lim_{p\to\infty}\underbrace{\int_0^{p}e^{-(s-a)t}dt}_{-\frac{1}{s-a}\left[e^{-(s-a)t}\right]_0^p=-\frac{1}{s-a}\left(e^{-(s-a)p}-e^{-0}\right)}$$

$$=\lim_{p\to\infty}\frac{1}{s-a}\left(1-\underbrace{e^{-(s-a)p}}_{0}\right)$$

ここで，$s>a$ より，$s-a>0$
よって，
$\lim_{p\to\infty}e^{-(s-a)p}=0$ となる。

$$=\frac{1}{s-a}$$ となるんだね。

よって，$\mathcal{L}[e^{at}]=\dfrac{1}{s-a}$，すなわち $y(t)=e^{at}$ のとき，$Y(s)=\dfrac{1}{s-a}$ となることも分かったんだね。

(1) と (2) の $y(t)$ と $Y(s)$ の関係を表 1 に示しておこう。

表1 $y(t)$ と $Y(s)$ の関係

$y(t)$	$Y(s)$
1	$\frac{1}{s}$ $(s>0)$
e^{at}	$\frac{1}{s-a}$ $(s>a)$

● ラプラス変換には，線形性が成り立つ！

次，2 つの原関数 $f(t)$，$g(t)$ $(t\geqq 0)$ のラプラス変換をそれぞれ $F(s)$，$G(s)$ とおくとき，次の性質が成り立つ。

ラプラス変換の性質 (I)

$$\mathcal{L}[af(t)+bg(t)]=aF(s)+bG(s) \quad \cdots\cdots(*2) \quad (a,\ b：定数)$$

これは，"**ラプラス変換の線形性**(せんけいせい)"と呼ばれる性質で，$(*2)$ の証明も簡単に次のようにできるんだね。何故なら，ラプラス変換とは，原関

数に e^{-st} をかけて無限積分するだけの操作だからなんだね。

$$\mathcal{L}[af(t)+bg(t)] = \int_0^{\infty}\{af(t)+bg(t)\}e^{-st}dt$$

$$= a\int_0^{\infty} f(t)e^{-st}dt + b\int_0^{\infty} g(t)e^{-st}dt$$ ← 項別積分に持ち込んだ！

$$= a\mathcal{L}[f(t)] + b\mathcal{L}[g(t)]$$

$= aF(s) + bG(s)$ 　となって，(＊2) が示せるんだね。

では次，原関数 $y(t)$ の 1 階微分 $y'(t)$ と 2 階微分 $y''(t)$ のラプラス変換の公式も，下に示そう。

ラプラス変換の性質 (Ⅱ)

$[0, \infty)$ で定義される t の関数 $y(t)$ のラプラス変換を $Y(s)$ とおく。このとき，$y'(t)$ と $y''(t)$ のラプラス変換は次のようになる。

(1) $\mathcal{L}[y'(t)] = sY(s) - y(0)$ ……………………(＊3)

(2) $\mathcal{L}[y''(t)] = s^2Y(s) - sy(0) - y'(0)$ ……(＊3)´

(1) の公式の証明 (＊3) をやってみよう。

$$\mathcal{L}[y'(t)] = \int_0^{\infty} y'(t)e^{-st}dt = \lim_{p\to\infty}\int_0^{p} y'(t)e^{-st}dt$$

部分積分の公式
$\int f'\cdot g\,dt = f\cdot g - \int f\cdot g'\,dt$

$$= \lim_{p\to\infty}\left\{[y(t)\cdot e^{-st}]_0^p - \int_0^p y(t)\cdot(e^{-st})'dt\right\}$$

($(e^{-st})' = -se^{-st}$)

$$= \lim_{p\to\infty}\{y(p)e^{-sp} - y(0)\cdot e^0\} + s\cdot\int_0^{\infty} y(t)e^{-st}dt$$

($y(p)e^{-sp} \to 0$，$y(0)\cdot e^0 = y(0)$，$\int_0^{\infty} y(t)e^{-st}dt = Y(s)$)

これは，$s>0$ で，かつ $y(p)$ が指数位（しすうい）の関数であることが必要なんだけれど，このことは，今は気にしなくてもいいです。

$= sY(s) - y(0)$ 　となって，(＊3) が導ける。

(2) の公式 (＊3)´ の証明については，(＊3) の公式を 2 回使って，

$$\mathcal{L}[\{y'(t)\}'] = s\mathcal{L}[y'(t)] - y'(0) = s\{sY(s) - y(0)\} - y'(0)$$

$$= s^2Y(s) - sy(0) - y'(0)$$

と導くことができるんだね。面白かっただろう？

以上の結果をまた，表2に示しておくので，$y(t)$ と $Y(s)$ の関係を辞書のようにシッカリ頭に入れておこう。

表2 $y(t)$ と $Y(s)$ の関係

$y(t)$	$Y(s)$
$af(t)+bg(t)$	$aF(s)+bG(s)$
$y'(t)$	$sY(s)-y(0)$
$y''(t)$	$s^2Y(s)-sy(0)-y'(0)$

● ラプラス逆変換は，ラプラス変換の逆の操作だ！

これまで解説したラプラス変換とは，$y(t)$ から $Y(s)$ への変換 $\mathcal{L}$ のことだったんだね。しかし，これだけでは常微分方程式を解くことはできない。常微分方程式をラプラス変換により解くためには，この逆の変換，すなわち $Y(s)$ から $y(t)$ に変換する，**ラプラス逆変換**（ぎゃくへんかん）$\mathcal{L}^{-1}$ を定義する必要があるんだね。このラプラス変換とその逆変換のイメージを図1に示しておいた。

（これは，“エル インバース”と読む。）

図1 ラプラス変換と逆変換

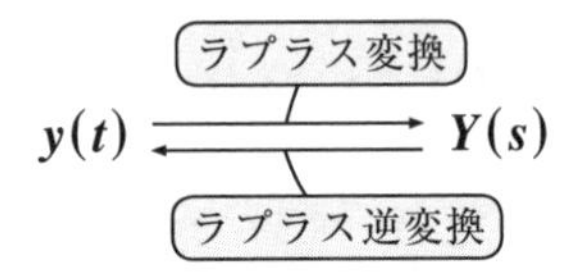

ただし，このラプラス逆変換が存在するためには，$y(t)$ と $Y(s)$の間に1対1の対応関係が必要となる。実は，これは厳密には成り立たないんだけれど，原関数 $y(t)$ を連続な関数のみに限定すれば，1対1対応が存在して，ラプラス逆変換 $\mathcal{L}^{-1}$ を定義できるようになるんだね。この意味については，今は深く考える必要はないよ。これまで解説した $y(t)$ と $Y(s)$ の間には1対1の対応関係があり，ラプラス逆変換 $\mathcal{L}^{-1}$ が存在するからだ。

ラプラス逆変換の定義

s の関数 $Y(s)$ に対して，$Y(s)=\mathcal{L}[y(t)]$ をみたす関数 $y(t)$ が存在するとき，この $y(t)$ を $Y(s)$ の“**ラプラス逆変換**（ぎゃくへんかん）”または単に“**逆変換**（ぎゃくへんかん）”と呼び，

$y(t)=\mathcal{L}^{-1}[Y(s)]$ ……$(*4)$ と表す。

これは，ラプラス変換を英和辞書とすると，ラプラス逆変換は和英辞書に相当するんだね。これまでに解説した**5**つのラプラス変換について，その逆変換を示しておこう。

(ⅰ) $\mathcal{L}[1]=\dfrac{1}{s}$ より，この逆変換は

$\mathcal{L}^{-1}\left[\dfrac{1}{s}\right]=1$ となる。

ラプラス変換
$y(t)=1 \rightleftarrows Y(s)=\dfrac{1}{s}$
ラプラス逆変換

(ⅱ) $\mathcal{L}[e^{at}]=\dfrac{1}{s-a}$ より，この逆変換は

$\mathcal{L}^{-1}\left[\dfrac{1}{s-a}\right]=e^{at}$ となる。よって，

$y(t)=e^{at} \underset{\mathcal{L}^{-1}}{\overset{\mathcal{L}}{\rightleftarrows}} Y(s)=\dfrac{1}{s-a}$

$\mathcal{L}^{-1}\left[\dfrac{1}{s-2}\right]=e^{2t}$，$\mathcal{L}^{-1}\left[\dfrac{1}{s-3}\right]=e^{3t}$，$\mathcal{L}^{-1}\left[\dfrac{1}{s+1}\right]=e^{-t}$ など

($a=2$ のとき)　($a=3$ のとき)　($a=-1$ のとき)

となるんだね。大丈夫？

(ⅲ) $\mathcal{L}[af(t)+bg(t)]=aF(s)+bG(s)$

より，この逆変換は，

$\mathcal{L}^{-1}[aF(s)+bG(s)]$

$=af(t)+bg(t)$

$af(t)+bg(t) \underset{\mathcal{L}^{-1}}{\overset{\mathcal{L}}{\rightleftarrows}} aF(s)+bG(s)$

となるんだね。だから，たとえば

$$\mathcal{L}^{-1}\left[\frac{2}{s-1}-\frac{3}{s+1}\right]=2\underbrace{\mathcal{L}^{-1}\left[\frac{1}{s-1}\right]}_{e^{t}}-3\underbrace{\mathcal{L}^{-1}\left[\frac{1}{s+1}\right]}_{e^{-t}}$$

$=2e^{t}-3e^{-t}$ となって，逆変換でも線形性が成り立つ。

(ⅳ) $\mathcal{L}[y'(t)]=sY(s)-y(0)$

より，この逆変換は，

$\mathcal{L}^{-1}[sY(s)-y(0)]=y'(t)$ となる。

$y'(t) \underset{\mathcal{L}^{-1}}{\overset{\mathcal{L}}{\rightleftarrows}} sY(s)-y(0)$

(ⅴ) $\mathcal{L}[y''(t)]=s^2Y(s)-sy(0)-y'(0)$

より，この逆変換は，

$\mathcal{L}^{-1}[s^2Y(s)-sy(0)-y'(0)]$

$=y''(t)$ となるんだね。

$y''(t) \underset{\mathcal{L}^{-1}}{\overset{\mathcal{L}}{\rightleftarrows}} s^2Y(s)-sy(0)-y'(0)$

● ラプラス変換により，微分方程式を解いてみよう！

準備も整ったので，これからいよいよラプラス変換とラプラス逆変換を使って，実際に微分方程式を解いていくことにしよう。

例として，P89 の例題 20 で既に解説した微分方程式：

$y'' - y' - 2y = e^t$ ……①　（ただし，$y(0) = y'(0) = 0$ とする）

（y は，t の関数なので，微分はすべて，t での微分を表す。）（この初期条件を新たに加えた！）

について考えてみよう。①の微分方程式の一般解は，

$y(t) = \underbrace{-\frac{1}{2}e^t}_{\text{特殊解}} + \underbrace{C_1e^{2t} + C_2e^{-t}}_{\text{余関数}}$ ……②　となるんだったね。

②を t で微分すると，

$y'(t) = -\frac{1}{2}e^t + 2C_1e^{2t} - C_2e^{-t}$ ……②′　となる。

ただし，今回は初期条件：$y(0) = 0$，$y'(0) = 0$ が加わるので，

②と②′に $t = 0$ を代入して，$y(0) = 0$ かつ $y'(0) = 0$ をみたす C_1 と C_2 を求めると，

$$\begin{cases} y(0) = -\frac{1}{2} + C_1 + C_2 = 0 & \text{……③} \\ y'(0) = -\frac{1}{2} + 2C_1 - C_2 = 0 & \text{……④} \end{cases}$$ より

（③＋④より，$-1 + 3C_1 = 0$　$\therefore C_1 = \frac{1}{3}$　これを③に代入して，$C_2 = \frac{1}{2} - \frac{1}{3} = \frac{1}{6}$）

$C_1 = \frac{1}{3}$，$C_2 = \frac{1}{6}$ となる。

よって，初期条件も含めた①の特殊解は

$y(t) = -\frac{1}{2}e^t + \frac{1}{3}e^{2t} + \frac{1}{6}e^{-t}$ ……②″　となるんだね。

この②″と同じ結果は，ラプラス変換による解法からもシンプルに導くことができる。早速やってみよう！

ラプラス変換と逆変換による解法

①の両辺をラプラス変換すると，

$\mathcal{L}[y''(t) - y'(t) - 2y(t)] = \mathcal{L}[e^t]$ ………………………………(ア)

線形性により，項別にラプラス変換できる！

$\mathcal{L}[e^t] = \frac{1}{s-1}$

公式：$\mathcal{L}[e^{at}] = \frac{1}{s-a}$

ここで，$y(t)$ のラプラス変換を $\mathcal{L}[y(t)] = Y(s)$ とおいて，(ア)をさらに変形すると，

$$\mathcal{L}[y''(t)] - \mathcal{L}[y'(t)] - 2\mathcal{L}[y(t)] = \frac{1}{s-1}$$

$\mathcal{L}[y''(t)] = s^2Y(s) - sy(0) - y'(0)$，$\mathcal{L}[y'(t)] = sY(s) - y(0)$，$\mathcal{L}[y(t)] = Y(s)$

公式：
$\mathcal{L}[y'(t)] = sY(s) - y(0)$
$\mathcal{L}[y''(t)] = s^2Y(s) - sy(0) - y'(0)$

$$s^2Y(s) - sy(0) - y'(0) - \{sY(s) - y(0)\} - 2Y(s) = \frac{1}{s-1}$$ となる。

（$sy(0)$，$y'(0)$，$y(0)$ はいずれも 0：初期条件より）

ここで，初期条件：$y(0) = y'(0) = 0$ より

$$s^2Y(s) - sY(s) - 2Y(s) = \frac{1}{s-1} \quad \cdots\cdots(イ)$$ となるんだね。どう？

①の微分方程式をラプラス変換すると，(イ)のように $Y(s)$ の簡単な代数方程式が得られるので，これを変形すれば，$Y(s)$ はスグに求まるね。

(イ)を変形して，

$$(s^2 - s - 2)Y(s) = \frac{1}{s-1} \qquad (s+1)(s-2)Y(s) = \frac{1}{s-1}$$

（$s^2 - s - 2 = (s+1)(s-2)$）

よって，両辺を $(s+1)(s-2)$ で割ると，$y(t)$ のラプラス変換 $Y(s)$ が，

$$Y(s) = \frac{1}{(s-1)(s+1)(s-2)} \quad \cdots\cdots(ウ)$$ と，求まるんだね。

後は，$Y(s)$ の逆変換により $\mathcal{L}^{-1}[Y(s)] = y(t)$ を計算すれば，①の解 $y(t)$ が得られる。そのためにまず，(ウ)を部分分数に分解しておくと，

$$Y(s) = \frac{1}{6}\cdot\frac{1}{s+1} - \frac{1}{2}\cdot\frac{1}{s-1} + \frac{1}{3}\cdot\frac{1}{s-2} \quad \cdots(ウ)'$$ となる。よって，(ウ)′ の両辺の逆変換を行うと，次のように $y(t)$ が求まる。

$$\mathcal{L}^{-1}[Y(s)] = \mathcal{L}^{-1}\left[\frac{1}{6}\cdot\frac{1}{s+1} - \frac{1}{2}\cdot\frac{1}{s-1} + \frac{1}{3}\cdot\frac{1}{s-2}\right]$$ より，

（$\mathcal{L}^{-1}[Y(s)] = y(t)$）

これは線形性を利用しよう！

$$y(t) = \frac{1}{6}\underbrace{\mathcal{L}^{-1}\left[\frac{1}{s+1}\right]}_{e^{-t}} - \frac{1}{2}\underbrace{\mathcal{L}^{-1}\left[\frac{1}{s-1}\right]}_{e^{t}} + \frac{1}{3}\underbrace{\mathcal{L}^{-1}\left[\frac{1}{s-2}\right]}_{e^{2t}}$$

公式：$\mathcal{L}^{-1}\left[\frac{1}{s-a}\right] = e^{at}$

よって，求める解 $y(t)$ は，

$y(t) = -\frac{1}{2}e^{t} + \frac{1}{3}e^{2t} + \frac{1}{6}e^{-t}$　となって，② $''$ の結果と一致する。

ここで，部分分数に分解した係数 a，b，c の値は次のように求めた。

$$\frac{1}{(s-1)(s+1)(s-2)} = \frac{a}{s+1} + \frac{b}{s-1} + \frac{c}{s-2} \quad \cdots\cdots⑤$$

・⑤の両辺に $s+1$ をかけて，$s=-1$ を代入すると，b と c の項は 0 となって，a の値を求めることができる。これを次のように表記することにする。

$$a = \left.\frac{1}{(s-1)(s-2)}\right|_{s=-1} = \frac{1}{(-1-1)(-1-2)} = \frac{1}{-2\times(-3)} = \frac{1}{6}$$

・同様に，⑤の両辺に $s-1$ をかけて，$s=1$ を代入して，b を求めると，

$$b = \left.\frac{1}{(s+1)(s-2)}\right|_{s=1} = \frac{1}{2\times(-1)} = -\frac{1}{2}$$

・同様に，⑤の両辺に $s-2$ をかけて，$s=2$ を代入して，c を求めると，

$$c = \left.\frac{1}{(s-1)(s+1)}\right|_{s=2} = \frac{1}{1\times 3} = \frac{1}{3}$$

では，もう 1 題，次の微分方程式を解いておこう。

(ex) $y'' - 3y' + 2y = 2$ ……①　（ただし，$y(0) = y'(0) = 0$ とする）

①の両辺をラプラス変換すると，

$$\mathcal{L}[y'' - 3y' + 2y] = \mathcal{L}[2]$$

$2\mathcal{L}[1] = 2\cdot\frac{1}{s}$

$\mathcal{L}[y''] - 3\mathcal{L}[y'] + 2\mathcal{L}[y]$

$= s^2Y(s) - sy(0) - y'(0) - 3\{sY(s) - y(0)\} + 2Y(s)$

（$y(0)$, $y'(0)$ は 0 ← 初期条件）

$= s^2Y(s) - 3sY(s) + 2Y(s)$

$$\underbrace{(s^2 - 3s + 2)}_{(s-1)(s-2)}\cdot Y(s) = \frac{2}{s}$$

よって，この両辺を $(s-1)(s-2)$ で割って，

$$Y(s)=\frac{2}{s(s-1)(s-2)}$$

この両辺を部分分数に分解すると，

$$Y(s)=\frac{1}{s}-\frac{2}{s-1}+\frac{1}{s-2}\quad\cdots\cdots②$$

となる。

部分分数に分解した係数 a，b，c の値を求める。

$\frac{2}{s(s-1)(s-2)}=\frac{a}{s}+\frac{b}{s-1}+\frac{c}{s-2}$ について，

・$a=\left.\frac{2}{(s-1)(s-2)}\right|_{s=0}=\frac{2}{-1\times(-2)}=1$

・$b=\left.\frac{2}{s(s-2)}\right|_{s=1}=\frac{2}{1\times(-1)}=-2$

・$c=\left.\frac{2}{s(s-1)}\right|_{s=2}=\frac{2}{2\times 1}=1$

よって，②の両辺の逆変換をとればいいんだね。

$$\underbrace{\mathcal{L}^{-1}[Y(s)]}_{y(t)}=\mathcal{L}^{-1}\left[\frac{1}{s}-\frac{2}{s-1}+\frac{1}{s-2}\right]$$

よって，

$$y(t)=\underbrace{\mathcal{L}^{-1}\left[\frac{1}{s}\right]}_{1}-2\underbrace{\mathcal{L}^{-1}\left[\frac{1}{s-1}\right]}_{e^{t}}+\underbrace{\mathcal{L}^{-1}\left[\frac{1}{s-2}\right]}_{e^{2t}}$$

公式：

$\mathcal{L}^{-1}\left[\frac{1}{s}\right]=1$

$\mathcal{L}^{-1}\left[\frac{1}{s-a}\right]=e^{at}$

以上より，求める①の微分方程式の解 $y(t)$ は，

$y(t)=1-2e^{t}+e^{2t}$　であることが分かった。納得いった？

本当に基本だけしか教えてはいないんだけれど，これだけでもラプラス変換と逆変換による常微分方程式の解法の流れをご理解頂けたと思う。積分を一切行わず，常微分方程式が解けてしまうところが，このラプラス変換による解法のスゴイところなんだね。面白かったでしょう？

それでは，この役に立つラプラス変換の範囲を三角関数にまで広げて，三角関数を解にもつ常微分方程式をいくつか解いてみることにしよう。ラプラス変換による解法の面白さを，さらに味わって頂きたい。

● ラプラス変換で，さらに微分方程式を解いてみよう！

ここでは，その証明は示さないけれど，まず三角関数 $\sin at$ と $\cos at$ のラプラス変換を下に示そう。

$$\cdot\ \mathcal{L}[\cos at]=\frac{s}{s^2+a^2}\quad\cdots\cdots(*1)$$

$$\cdot\ \mathcal{L}[\sin at]=\frac{a}{s^2+a^2}\quad\cdots\cdots(*2)\qquad(ただし，s>0)$$

よって，この逆変換は

$$\cdot\ \mathcal{L}^{-1}\left[\frac{s}{s^2+a^2}\right]=\cos at\quad\cdots\cdots(*1)'$$

$$\cdot\ \mathcal{L}^{-1}\left[\frac{a}{s^2+a^2}\right]=\sin at\quad\cdots\cdots(*2)'$$ となるんだね。

これから，$\mathcal{L}[\cos 2t]=\dfrac{s}{s^2+2^2}=\dfrac{s}{s^2+4}$ となるし，$\mathcal{L}^{-1}\left[\dfrac{3}{s^2+9}\right]=\sin 3t$ となるんだね。

では，これらの公式も利用して，次の微分方程式を解いてみよう。

● 練習問題 ●

次の微分方程式をラプラス変換を使って解こう。(ただし，x と y は t の関数である)

(1) $y''+y=1$ …………① $(y(0)=0,\ y'(0)=1)$

(2) $\begin{cases} x'+2y=2 & \cdots\cdots\cdots② \\ 2x-y'=0 & \cdots\cdots\cdots③\quad(x(0)=0,\ y(0)=-1) \end{cases}$

(1) ①の両辺をラプラス変換すると，

$$\underbrace{\mathcal{L}[y''(t)+y(t)]}_{\mathcal{L}[y''(t)]+\mathcal{L}[y(t)]}=\underbrace{\mathcal{L}[1]}_{\frac{1}{s}}$$

線形性！

ここで，$y(t)$ のラプラス変換を $\mathcal{L}[y(t)]=Y(s)$ とおいて，さらにこれを変形すると，

$$\underbrace{\mathcal{L}[y''(t)]}_{\substack{s^2Y(s)-sy(0)-y'(0)=s^2Y(s)-1\\ y(0)=0,\ y'(0)=1}}+\underbrace{\mathcal{L}[y(t)]}_{Y(s)}=\frac{1}{s}$$

$s^2Y(s)-1+Y(s)=\frac{1}{s}$ となる。よって，$Y(s)$ を s の式で表すと，

$(s^2+1)Y(s)=1+\frac{1}{s}$ より

$$Y(s)=\frac{1}{s^2+1}+\underbrace{\frac{1}{s(s^2+1)}}_{\frac{1}{s}-\frac{s}{s^2+1}}$$

$\frac{1}{s(s^2+1)}=\frac{a}{s}+\frac{bs+c}{s^2+1}$ とおくと

右辺 $=\frac{a(s^2+1)+s(bs+c)}{s(s^2+1)}$

$=\frac{(a+b)s^2+cs+a}{s(s^2+1)}$ より

$a+b=0$，$c=0$，$a=1$

$\therefore a=1$，$b=-1$，$c=0$ となる。

よって，$\frac{1}{s(s^2+1)}=\frac{1}{s}+\frac{-1\cdot s}{s^2+1}$

$\therefore Y(s)=\frac{1}{s^2+1}+\frac{1}{s}-\frac{s}{s^2+1}$ ……①′

よって，①′ の両辺の逆変換を行って求める解 $y(t)$ を求めよう。

$$\underbrace{\mathcal{L}^{-1}[Y(s)]}_{y(t)}=\mathcal{L}^{-1}\left[\frac{1}{s^2+1}+\frac{1}{s}-\frac{s}{s^2+1}\right]$$

$$=\underbrace{\mathcal{L}^{-1}\left[\frac{1}{s^2+1}\right]}_{\sin 1\cdot t=\sin t}+\underbrace{\mathcal{L}^{-1}\left[\frac{1}{s}\right]}_{1}-\underbrace{\mathcal{L}^{-1}\left[\frac{s}{s^2+1}\right]}_{\cos 1\cdot t=\cos t}$$ ←線形性

公式
$\mathcal{L}^{-1}\left[\frac{a}{s^2+a^2}\right]=\sin at$
$\mathcal{L}^{-1}\left[\frac{s}{s^2+a^2}\right]=\cos at$

以上より，求める解 $y(t)$ は
$y(t)=\sin t-\cos t+1$ である。

(2) では，次の連立微分方程式の両辺をラプラス変換しよう。

$$\begin{cases} x'(t)+2y(t)=2 & \cdots② \\ 2x(t)-y'(t)=0 & \cdots③ \quad (x(0)=0,\ y(0)=-1) \end{cases}$$

ただし，$x(t)$ と $y(t)$ のラプラス変換は，それぞれ $X(s)$，$Y(s)$ とおくことにしよう。

②は，$\underline{\mathcal{L}[x'(t)+2y(t)]} = \underline{\mathcal{L}[2]}$　より

$\mathcal{L}[x'(t)]+2\mathcal{L}[y(t)]$
$= sX(s) - \underbrace{x(0)}_{0} + 2Y(s)$

$2\mathcal{L}[1]$
$= 2 \cdot \frac{1}{s}$　← 線形性

$$sX(s) + 2Y(s) = \frac{2}{s} \quad \cdots\cdots②' \quad \text{となり，}$$

③は，$\underline{\mathcal{L}[2x(t)-y'(t)]} = \underline{\mathcal{L}[0]}$　より

$2\mathcal{L}[x(t)] - \mathcal{L}[y'(t)]$
$= 2X(s) - \{sY(s) - \underbrace{y(0)}_{-1}\}$　← 線形性

$\mathcal{L}[0] = 0$

$$2X(s) - sY(s) = 1 \quad \cdots\cdots③' \quad \text{となる。}$$

$$\therefore \begin{cases} sX(s)+2Y(s)=\frac{2}{s} & \cdots②' \\ 2X(s)-sY(s)=1 & \cdots③' \end{cases}$$ を変形して，

$$\begin{bmatrix} s & 2 \\ 2 & -s \end{bmatrix} \begin{bmatrix} X(s) \\ Y(s) \end{bmatrix} = \begin{bmatrix} \frac{2}{s} \\ 1 \end{bmatrix}$$

この両辺に $\begin{bmatrix} s & 2 \\ 2 & -s \end{bmatrix}^{-1} = \frac{1}{-s^2-4} \begin{bmatrix} -s & -2 \\ -2 & s \end{bmatrix} = \frac{1}{s^2+4} \begin{bmatrix} s & 2 \\ 2 & -s \end{bmatrix}$ を左から

かけて

$\begin{bmatrix} a & b \\ c & d \end{bmatrix}^{-1} = \frac{1}{\Delta} \begin{bmatrix} d & -b \\ -c & a \end{bmatrix}$
$(\Delta = ad - bc)$ だからね

$$\begin{bmatrix} X(s) \\ Y(s) \end{bmatrix} = \frac{1}{s^2+4} \begin{bmatrix} s & 2 \\ 2 & -s \end{bmatrix} \begin{bmatrix} \frac{2}{s} \\ 1 \end{bmatrix}$$

$$= \frac{1}{s^2+4} \begin{bmatrix} 2+2 \\ \frac{4}{s} - s \end{bmatrix} = \frac{1}{s^2+4} \begin{bmatrix} 4 \\ \frac{4-s^2}{s} \end{bmatrix} \quad \text{より}$$

$$X(s) = \frac{4}{s^2+4} \quad \cdots\cdots④, \quad Y(s) = \frac{4-s^2}{s(s^2+4)} \quad \cdots\cdots⑤ \quad \text{となる。}$$

さらに⑤の右辺を変形して

$$Y(s)=\frac{4-s^2}{s(s^2+4)}$$
$$=\frac{1}{s}-2\cdot\frac{s}{s^2+4}\quad\cdots\cdots⑤'$$ となる。

$\frac{4-s^2}{s(s^2+4)}=\frac{a}{s}+\frac{bs+c}{s^2+4}$ とおくと

右辺 $=\frac{a(s^2+4)+s(bs+c)}{s(s^2+4)}$

$=\frac{(\underset{-1}{a+b})s^2+\underset{0}{c}s+\underset{4}{4a}}{s(s^2+4)}$ より

$a+b=-1,\ c=0,\ 4a=4$

$\therefore a=1,\ b=-2,\ c=0$ となる。

よって $\frac{4-s^2}{s(s^2+4)}=\frac{1}{s}-\frac{2s}{s^2+4}$

(ⅰ) よって，④の両辺を逆変換して，解 $x(t)$ を求めると

$$\underbrace{\mathcal{L}^{-1}[X(s)]}_{x(t)}=\underbrace{\mathcal{L}^{-1}\left[\frac{2\cdot 2}{s^2+4}\right]}_{2\mathcal{L}^{-1}\left[\frac{2}{s^2+2^2}\right]=2\sin 2t}$$ より

$\mathcal{L}^{-1}\left[\frac{a}{s^2+a^2}\right]=\sin at$

$\therefore x(t)=2\sin 2t$ である。

(ⅱ) 次に⑤′ の両辺を逆変換して，解 $y(t)$ を求めると，

$$\underbrace{\mathcal{L}^{-1}[Y(s)]}_{y(t)}=\underbrace{\mathcal{L}^{-1}\left[\frac{1}{s}-2\cdot\frac{s}{s^2+4}\right]}_{\mathcal{L}^{-1}\left[\frac{1}{s}\right]-2\mathcal{L}^{-1}\left[\frac{s}{s^2+2^2}\right]=1-2\cos 2t}$$

$\mathcal{L}^{-1}\left[\frac{s}{s^2+a^2}\right]=\cos at$

$\therefore y(t)=1-2\cos 2t$ である。

どう？ラプラス変換も，三角関数まで含めると，さらに解ける問題の幅が広がって，面白かったでしょう？

では次，高階微分方程式も，ラプラス変換を利用して解いてみよう。$y'(t)$ のラプラス変換が $\mathcal{L}[y'(t)]=sY(s)-y(0)\cdots(*3)$ となることを利用して，$y''(t)$ のラプラス変換 $\mathcal{L}[y''(t)]$ が

$$\mathcal{L}[y''(t)]=\mathcal{L}[\{y'(t)\}']=s\underbrace{\mathcal{L}[y'(t)]}_{\{sY(s)-y(0)\}\ ((*3)\text{ より})}-y'(0)=s^2Y(s)-sy(0)-y'(0)\cdots(*3)'$$

となることは既に教えたね。同様に，$y'''(t)$ のラプラス変換 $\mathcal{L}[y'''(t)]$ も $(*3)$ と $(*3)'$ を利用すると，次のように求められるんだね。

$\mathcal{L}[y'''(t)]=\mathcal{L}[\{y''(t)\}']$

$=s\underbrace{\mathcal{L}[y''(t)]}_{\{s^2Y(s)-sy(0)-y'(0)\}\ ((*3)'\text{より})}-y''(0)\quad((*3)\text{より})$

$=s\{s^2Y(s)-sy(0)-y'(0)\}-y''(0)\quad((*3)'\text{より})$

$\mathcal{L}[y'(t)]=sY(s)-y(0)\cdots\cdots\cdots\cdots(*3)$
$\mathcal{L}[y''(t)]=s^2Y(s)-sy(0)-y'(0)\cdots\cdots(*3)'$

これから，公式：$\mathcal{L}[y'''(t)]=s^3Y(s)-s^2y(0)-sy'(0)-y''(0)\cdots\cdots(*3)''$ が導ける。これらの公式を用いて，次の高階微分方程式を解いてみよう。

● **練習問題** ●

次の微分方程式をラプラス変換を使って解こう。(ただし，y は t の関数である)

$y'''-3y''+2y'=0\ \cdots\cdots\cdots①\quad(y(0)=y'(0)=0,\ y''(0)=-2)$

①の両辺のラプラス変換を求めると，

$\underbrace{\mathcal{L}[y'''-3y''+2y']}_{\mathcal{L}[y''']-3\mathcal{L}[y'']+2\mathcal{L}[y']}=\underbrace{\mathcal{L}[0]}_{0}$

線形性

ここで，$y(t)$ のラプラス変換を $\mathcal{L}[y(t)]=Y(s)$ とおいて，これをさらに $(*3)$，$(*3)'$，$(*3)''$ を使って変形すると，

$\mathcal{L}[y''']-3\mathcal{L}[y'']+2\mathcal{L}[y']=0$ より

$\mathcal{L}[y''']=s^3Y(s)-s^2\underbrace{y(0)}_{0}-s\underbrace{y'(0)}_{0}-\underbrace{y''(0)}_{(-2)}\quad((*3)''\text{より})$

$\mathcal{L}[y'']=s^2Y(s)-s\underbrace{y(0)}_{0}-\underbrace{y'(0)}_{0}\quad((*3)'\text{より})$

$\mathcal{L}[y']=sY(s)-\underbrace{y(0)}_{0}\quad((*3)\text{より})$

$s^3Y(s)+2-3\cdot s^2Y(s)+2\cdot sY(s)=0$

$\underbrace{(s^3-3s^2+2s)}_{s(s^2-3s+2)=s(s-1)(s-2)}Y(s)=-2$

$\therefore\ Y(s)=-\dfrac{2}{s(s-1)(s-2)}\cdots\cdots②$ となる。

②の右辺をさらに部分分数に分解して

$$Y(s) = -\frac{1}{s} + \frac{2}{s-1} - \frac{1}{s-2} \cdots\cdots ②'$$

ここで，②の右辺を部分分数に分解した係数a, b, cの値は次のように求めた。

$$-\frac{2}{s(s-1)(s-2)} = \frac{a}{s} + \frac{b}{s-1} + \frac{c}{s-2} \cdots\cdots ③$$

・③の両辺にsをかけて，$s=0$を代入すると，bとcの項は0となってaの値を求めることができる。これを次のように表す。

$$a = -\left.\frac{2}{(s-1)(s-2)}\right|_{s=0} = -\frac{2}{-1\times(-2)} = -\frac{2}{2} = -1$$

・同様に，③の両辺に$s-1$をかけて，$s=1$を代入してbを求めると

$$b = -\left.\frac{2}{s(s-2)}\right|_{s=1} = -\frac{2}{1\cdot(1-2)} = -\frac{2}{-1} = 2$$

・同様に，③の両辺に$s-2$をかけて，$s=2$を代入してcを求めると

$$c = -\left.\frac{2}{s(s-1)}\right|_{s=2} = -\frac{2}{2\cdot(2-1)} = -\frac{2}{2} = -1$$

②´の両辺について，ラプラス逆変換を行うと，

$$\underbrace{\mathcal{L}^{-1}[Y(s)]}_{y(t)} = \mathcal{L}^{-1}\left[-\frac{1}{s} + 2\cdot\frac{1}{s-1} - \frac{1}{s-2}\right]$$

$$= -\underbrace{\mathcal{L}^{-1}\left[\frac{1}{s}\right]}_{1} + 2\underbrace{\mathcal{L}^{-1}\left[\frac{1}{s-1}\right]}_{e^t} - \underbrace{\mathcal{L}^{-1}\left[\frac{1}{s-2}\right]}_{e^{2t}}$$

公式：

$$\mathcal{L}^{-1}\left[\frac{1}{s}\right] = 1$$

$$\mathcal{L}^{-1}\left[\frac{1}{s-a}\right] = e^{at}$$

よって，求める解$y(t)$は，

$y(t) = -1 + 2e^t - e^{2t}$となるんだね。大丈夫？

では，次に，証明は入れないけれど新たなラプラス変換とラプラス逆変換の基本公式を示そう。

・$\mathcal{L}[t] = \frac{1}{s^2}$ ……………………(＊3)　　・$\mathcal{L}^{-1}\left[\frac{1}{s^2}\right] = t$ ……………………(＊3)´

・$\mathcal{L}[e^{at}y(t)] = Y(s-a)$ ……(＊4)　　・$\mathcal{L}^{-1}[Y(s-a)] = e^{at}y(t)$ ……(＊4)´

では，これらの公式を利用して解く微分方程式の問題にもチャレンジしよう。

● 練習問題 ●

次の微分方程式をラプラス変換を使って解こう。（ただし，y は t の関数である）

(1) $y'' + y' + \frac{17}{4} y = 0$ …………① $(y(0) = 0,\ y'(0) = 10)$

(2) $y'' + \frac{2}{3} y' + \frac{1}{9} y = 0$ ………② $\left(y(0) = 1,\ y'(0) = \frac{5}{3}\right)$

(1) ①の両辺をラプラス変換すると，

$$\mathcal{L}\left[y'' + y' + \frac{17}{4} y\right] = \mathcal{L}[0]$$

$\mathcal{L}[y''] + \mathcal{L}[y'] + \frac{17}{4}\mathcal{L}[y]$ 　　0

ここで，$y(t)$ のラプラス変換を $\mathcal{L}[y(t)] = Y(s)$ とおいて，さらに変形すると，

$$\mathcal{L}[y''] + \mathcal{L}[y'] + \frac{17}{4}\mathcal{L}[y] = 0$$

$s^2Y(s) - sy(0) - y'(0)$ 　$sY(s) - y(0)$ 　$Y(s)$

公式：
$\mathcal{L}[y'] = sY(s) - y(0)$
$\mathcal{L}[y''] = s^2Y(s) - sy(0) - y'(0)$

$$s^2Y(s) - sy(0) - y'(0) + sY(s) - y(0) + \frac{17}{4}Y(s) = 0$$

$sy(0)$：0　$y'(0)$：10　$y(0)$：0

$$\left(s^2 + s + \frac{17}{4}\right)Y(s) = 10 \qquad Y(s) = \frac{10}{s^2 + s + \frac{17}{4}}$$

ここで，分母を $\left(s + \frac{1}{2}\right)^2 + 4$ と変形する。

$$\therefore\ Y(s) = \frac{10}{\left(s + \frac{1}{2}\right)^2 + 4}$$ ……③ となる。

$Y(s)$ が求まったので，③を逆変換して，$y(t)$ を求めると，

$$y(t) = \mathcal{L}^{-1}[Y(s)] = \mathcal{L}^{-1}\left[\frac{10}{\left(s + \frac{1}{2}\right)^2 + 4}\right] = e^{-\frac{1}{2}t}\mathcal{L}^{-1}\left[\frac{10}{s^2 + 4}\right]$$ より，

公式：$\mathcal{L}^{-1}[F(s-a)] = e^{at}\mathcal{L}^{-1}[F(s)]$

$$y(t) = 5e^{-\frac{1}{2}t}\underbrace{\mathcal{L}^{-1}\left[\frac{2}{s^2+2^2}\right]}_{\sin 2t}$$

← 公式 $\mathcal{L}^{-1}\left[\frac{a}{s^2+a^2}\right] = \sin at$

$\therefore\ y(t) = 5e^{-\frac{1}{2}t}\sin 2t$ となって，答えだ。

(2) ②の両辺をラプラス変換すると，$\mathcal{L}[y(t)] = Y(s)$ として，

$$\underbrace{\mathcal{L}[y'']}_{s^2Y(s)-sy(0)-y'(0)} + \frac{2}{3}\underbrace{\mathcal{L}[y']}_{sY(s)-y(0)} + \frac{1}{9}\underbrace{\mathcal{L}[y]}_{Y(s)} = 0$$

$$s^2Y(s) - s\underbrace{y(0)}_{1} - \underbrace{y'(0)}_{\frac{5}{3}} + \frac{2}{3}\{sY(s) - \underbrace{y(0)}_{1}\} + \frac{1}{9}Y(s) = 0$$

$\left(s+\frac{1}{3}\right)$ でまとめることがポイント！

$$\left(s^2+\frac{2}{3}s+\frac{1}{9}\right)Y(s) = s+\frac{7}{3} \qquad \left(s+\frac{1}{3}\right)^2 Y(s) = \left(s+\frac{1}{3}\right)+2$$

$$\therefore\ Y(s) = \frac{\left(s+\frac{1}{3}\right)+2}{\left(s+\frac{1}{3}\right)^2} \quad \cdots\cdots ④$$ となる。

よって④を逆変換して，$y(t)$ を求めると，

$$y(t) = \mathcal{L}^{-1}\left[\frac{\left(s+\frac{1}{3}\right)+2}{\left(s+\frac{1}{3}\right)^2}\right] = e^{-\frac{1}{3}t}\mathcal{L}^{-1}\left[\frac{s+2}{s^2}\right]$$

公式：$\mathcal{L}^{-1}[F(s-a)] = e^{at}\mathcal{L}^{-1}[F(s)]$

$$= e^{-\frac{1}{3}t}\left\{\underbrace{\mathcal{L}^{-1}\left[\frac{1}{s}\right]}_{1} + 2\underbrace{\mathcal{L}^{-1}\left[\frac{1}{s^2}\right]}_{t}\right\}$$

公式：$\mathcal{L}^{-1}\left[\frac{1}{s}\right] = 1$

$\mathcal{L}^{-1}\left[\frac{1}{s^2}\right] = t$

$\therefore\ y(t) = (1+2t)e^{-\frac{1}{3}t}$ と求められるんだね。これも大丈夫だった？

さらに，より本格的なラプラス変換を学んでみたい方は，「**ラプラス変換キャンパス・ゼミ**」**(マセマ)** で学習されることを勧めます。

§3. 偏微分方程式入門

常微分方程式とは1変数関数の微分方程式のことであり，これまで様々なタイプの常微分方程式の解法パターンについて解説してきたんだね。これに対して，偏微分（へんびぶん）方程式とは，2つ以上の独立変数をもつ多変数関数の微分方程式のことである。この解法の仕方についても，1次元の熱伝導方程式を例にとって簡単に解説しておこう。

● 1次元熱伝導方程式は，2つの常微分方程式で表される！

1次元熱伝導方程式は，温度を $u(x, t)$ とおくと，次のように表される。

$$\frac{\partial u}{\partial t} = a\frac{\partial^2 u}{\partial x^2} \quad \cdots\cdots ①$$

(u：温度，t：時刻，x：位置，a：定数)

温度 u は，2つの独立変数 x と t の関数であり，x により表される1次元の棒状の物体の温度分布 u の時刻 t による変化を①の方程式から求めることができるんだね。常微分では，u の t での1階微分は $\frac{du}{dt}$ で表したけれど，u は多変数関数なので，その偏微分として $\frac{\partial u}{\partial t}$ と表す。これは，u_t と略記してもよい。①の右辺の $\frac{\partial^2 u}{\partial x^2}$ も，多変数関数 u の x による2階の偏微分を表しており，これも u_{xx} と略記できる。

ここで，①の定数 $a=1$ として，

$\frac{\partial u}{\partial t} = \frac{\partial^2 u}{\partial x^2} \quad \cdots\cdots ①'$ の解法のやり方について，教えておこう。

2変数関数 $u(x, t)$ を x だけの関数 $X(x)$ と t だけの関数 $T(t)$ の積として，

$u(x,t) = X(x) \cdot T(t) \quad \cdots\cdots ②$ と表されるものとして，①'を解くことにする。

このように，変数 X と T の関数に分離して解く方法を **"変数分離法（へんすうぶんりほう）"** という。②を①'に代入すると，

$$\frac{\partial}{\partial t}(XT) = \frac{\partial^2}{\partial x^2}(XT) \text{ より，} \quad X \cdot T_t = X_{xx} \cdot T \quad \cdots\cdots ③$$

$$X \cdot \frac{\partial T}{\partial t} = X \cdot T_t \qquad \frac{\partial^2 X}{\partial x^2} \cdot T = X_{xx} \cdot T$$

③の両辺を $X\cdot T$ で割ると，

$$\underbrace{\frac{T_t}{T}}_{t\text{のみの式}} = \underbrace{\frac{X_{xx}}{X}}_{x\text{のみの式}} \quad \cdots\cdots ④ \quad \text{となる。}$$

T の時刻 t による微分 $\frac{dT}{dt}$ は $\dot{T}$ と表し，
X の位置 x による 2 階微分 $\frac{d^2X}{dx^2}$ は X'' と
表せるので，④は $\frac{\dot{T}}{T} = \frac{X''}{X}$ と表してもいい。

T も X も 1 変数関数なので，$\frac{dT}{dt}$ や $\frac{d^2X}{dx^2}$
と表せる。

ここで，④の左辺は t のみの式であり，また右辺は x のみの式なので，④の等式が恒等的に成り立つためには，これはある定数 α に等しくなければならない。
しかも，ここでは結果だけしか示さないけれど，これは負(⊖)でなければならないので，$\alpha = -\omega^2$ $(\omega > 0)$ とおくと④は，

$$\frac{\dot{T}}{T} = \frac{X''}{X} = -\omega^2 \quad \cdots\cdots ④' \quad (\omega：\text{正の定数}) \text{ となる。}$$

この④´から，(i) $X'' = -\omega^2 X$ ……⑤ と (ii) $\dot{T} = -\omega^2 T$ ……⑥ の 2 つの常微分方程式が得られることになる。

(i) $X'' = -\omega^2 X$ ……⑤ は，$\frac{d^2X}{dx^2} = -\omega^2 X$ のことなので，

これは単振動の微分方程式だね。よって，この一般解は，

$X(x) = A_1\cos\omega t + A_2\sin\omega t$ ……⑦ $(A_1, A_2：\text{定数})$ となる。

(ii) $\dot{T} = -\omega^2 T$ ……⑥ は，$\frac{dT}{dt} = -\omega^2 T$ のことなので，この一般解は，

$T(t) = B_1 e^{-\omega^2 t}$ ……⑧ $(B_1：\text{定数})$ となるんだね。

この後は，初期条件や境界条件を用いて，定数 A_1，A_2，B_1 の値を決定して，さらに，フーリエ級数解析なども利用して解いていくことになる。
しかし，偏微分方程式も，変数分離法により，基本的には常微分方程式の解法に帰着することが分かって，興味をもって頂けたと思う。

この後さらに偏微分方程式を本格的に学習したい方は，「**フーリエ解析キャンパス・ゼミ**」や「**偏微分方程式キャンパス・ゼミ**」(**マセマ**)で勉強されることを勧めます。

この $\mathbf{1}$ 次元熱伝導方程式の解法により得られる結果は，文字通り温度分布の経時変化の様子を示すものなので，これをグラフで表示することにより，この温度分布が時々刻々に変化していく様子をヴィジュアルにとらえることができて，とても面白いんだね。もちろん，ここでは詳しい解析のやり方を示すことはできないが，例題とその解析の概略と結果のグラフを示してみようと思う。(詳しい解答・解説を希望される方は**「フーリエ解析キャンパス・ゼミ」**で学習されることを勧める。)

それでは，次の例題について解説しよう。

例題　次の偏微分方程式 ($\mathbf{1}$ 次元熱伝導方程式) を解いてみよう。

$$\frac{\partial u}{\partial t} = \frac{\partial^2 u}{\partial x^2} \quad \cdots\cdots① \quad (0 < x < 1,\ t > 0) \leftarrow \boxed{a = 1 \text{ とした。}}$$

境界条件：$u(0,\ t) = u(1,\ t) = 0$ ← 放熱条件

$$\text{初期条件：} u(x,\ 0) = \begin{cases} 10 & \left(0 < x \leqq \frac{1}{2}\right) \\ 0 & \left(\frac{1}{2} < x \leqq 1\right) \end{cases}$$

図 (i)　初期条件

この例題では，温度伝導率 a を $a = 1$ としている。また，初期条件は図 (i) に示す通りだね。初期条件とは，時刻 $t = 0$(秒)における温度分布のことで，今回の問題は，$\mathbf{1}$次元問題なので，図 (i)に示すように，x軸上に $0 \leqq x \leqq 1$の範囲に置かれた長さ $\mathbf{1}$ の棒の温度分布が，$t = 0$において，$0 < x \leqq \frac{1}{2}$ の範囲では温度 uは $10(^\circ\mathrm{C})$であり，$\frac{1}{2} < x \leqq 1$では $0(^\circ\mathrm{C})$であると言っているんだね。

そして，境界条件とは，この棒の両端点，すなわち $x = 0$と $x = 1$ における条件のことで，今回 $u(\underset{x}{0},\ t) = u(\underset{x}{1},\ t) = 0$ となっているので，これは，$x = 0$ と $x = 1$ において，時刻 t とは無関係に常に両端点の温度 u は $0(^\circ\mathrm{C})$に保たれることになる。従って，この両端から熱が流出していくことにな

るので，$t=0$(秒) における上図の初期の温度分布は，時刻の経過と共に，次第に零(ゼロ)分布に近づいていくことになるんだね。このような境界条件のことを“**放熱条件**(ほうねつじょうけん)”という。

“**放熱条件**”に対する境界条件として，“**断熱条件**(だんねつじょうけん)”がある。これは，両端点の $x=0$ と 1 における温度勾配(こうばい)を 0 とする境界条件のことであり，具体的には，
$\frac{\partial u(0,\ t)}{\partial x}=\frac{\partial u(1,\ t)}{\partial x}=0$ ということになる。
この場合，両端点 $x=0$ と 1 における温度分布の傾きが 0 なので，この両端点において熱の移動は起こらない。すなわち，これは保温状態になっているため，初期条件による温度の初期分布がどのような形状をしていても，時刻の経過と共に，温度分布は一様(いちよう)分布に近づいていくことになるんだね。

それでは，この例題の解答・解説の概略をこれから示そう。ポイントは，温度 $u(x,\ t)$が変数分離できる関数と考えることなんだね。

$\frac{\partial u}{\partial t}=\frac{\partial^2 u}{\partial x^2}$ ……① $(0<x<1,\ t>0)$

における温度 $u(x,\ t)$ が，$X(x)\times T(t)$ のように変数分離して表されるものとすると，

$u(x,\ t)=X(x)\cdot T(t)$ ……②

②を①に代入して，

$X\cdot\dot{T}=X''\cdot T$ 　　この両辺を XT ($\neq 0$) で割ると，

$\frac{\dot{T}}{T}=\frac{X''}{X}$ 　　この左辺は t のみ，右辺は x のみの式なので，この等式が恒等的に成り立つためには，これは定数 α でなければならない。これから，次のような 2 つの常微分方程式が得られる。

(Ⅰ) $X''=\alpha X$ ……③ 　　(Ⅱ) $\dot{T}=\alpha T$ ……④

(Ⅰ) $X''-\alpha X=0$ ……③ 　について，

　$\alpha\geqq 0$ のときは不適である。

よって，$\alpha < 0$ より，$\alpha = -\omega^2$ $(\omega > 0)$ とおくと，

③の特性方程式は，$\lambda^2 + \omega^2 = 0$　　これを解いて，$\lambda = \pm i\omega$

よって，③の基本解は $\cos\omega x$ と $\sin\omega x$ なので，

その一般解は，$X(x) = A_1\cos\omega x + A_2\sin\omega x$ ……⑤　となる。

境界条件より，

$X(0) = A_1 = 0$，$X(1) = \cancel{A_1\cos\omega} + A_2\sin\omega = 0$

よって，$A_1 = 0$，かつ　$\omega = k\pi$　$(k = 1, 2, 3, \cdots)$　となる。

これを⑤に代入して，$X(x) = A_2\underline{\underline{\sin k\pi x}}$ …⑥ $(k = 1, 2, 3, \cdots)$ が導ける。

(Ⅱ) $\dot{T} = \alpha T$ ……④より，　$\dfrac{dT}{dt} = -k^2\pi^2 T$

$\alpha = -\omega^2 = -k^2\pi^2$

$\therefore T(t) = B_1\underline{\underline{e^{-k^2\pi^2 t}}}$ ……⑦　$(k = 1, 2, 3, \cdots)$ となる。

⑥，⑦の定数係数を除いた積を $u_k(x, t)$ とおくと，

$u_k(x, t) = \sin k\pi x \cdot e^{-k^2\pi^2 t}$　$(k = 1, 2, 3, \cdots)$

ここで，解の重ね合わせの原理を用いると，①の解は，

$u(x, t) = \sum_{k=1}^{\infty} \underline{\underline{b_k}}\sin k\pi x \cdot e^{-k^2\pi^2 t}$ …⑧ となる。

⑧より，$u(x, 0) = \sum_{k=1}^{\infty} b_k\sin k\pi x$

ここで，初期条件：$u(x, 0) = \begin{cases} 10 & \left(0 < x \leqq \dfrac{1}{2}\right) \\ 0 & \left(\dfrac{1}{2} < x \leqq 1\right) \end{cases}$　より，

フーリエ・サイン級数展開の公式を用いると，

$k = 1, 2, 3, \cdots$のとき，

$$\underline{\underline{b_k}} = \frac{2}{1}\int_0^1 u(x, 0) \cdot \sin k\pi x dx$$

$$= 2\left(\int_0^{\frac{1}{2}} 10 \cdot \sin k\pi x dx + \cancel{\int_{\frac{1}{2}}^1 0 \cdot \sin k\pi x dx}\right) = 20\left[-\frac{1}{k\pi}\cos k\pi x\right]_0^{\frac{1}{2}}$$

$$= -\frac{20}{k\pi}\left(\cos\frac{k\pi}{2} - 1\right) = \underline{\underline{\frac{20}{k\pi}\left(1 - \cos\frac{k\pi}{2}\right)}} \text{ ……⑨}$$

それでは，⑨を⑧に代入することにより，今回の初期条件と境界条件を基に，①の **1** 次元熱伝導方程式を解いた結果を示すと，温度 $u(x,\ t)$ は，

$$u(x,\ t)=\sum_{k=1}^{\infty}\underbrace{\frac{20}{k\pi}\cdot\left(1-\cos\frac{k\pi}{2}\right)}_{b_k}\cdot\sin k\pi x\cdot e^{-k^2\pi^2 t}$$

$$=\frac{20}{\pi}\sum_{k=1}^{\infty}\frac{1-\cos\frac{k\pi}{2}}{k\cdot e^{k^2\pi^2 t}}\sin k\pi x$$ となる。このように，$u(x,\ t)$ は，

三角関数や指数関数の無限級数として，表されることになるんだね。もちろん，この無限級数を実際に計算することはできないので，これを近似的に，初めの **60** 項までの和として，

$$u(x,\ t)\fallingdotseq\frac{20}{\pi}\sum_{k=1}^{60}\frac{1-\cos\frac{k\pi}{2}}{k\cdot e^{k^2\pi^2 t}}\sin k\pi x$$

で近似計算する。時刻 t を，$t=0.001$，0.002，0.004，…，0.512(秒) まで変化させたときの温度分布 $u(x,\ t)$ の経時変化の様子を右図に示す。

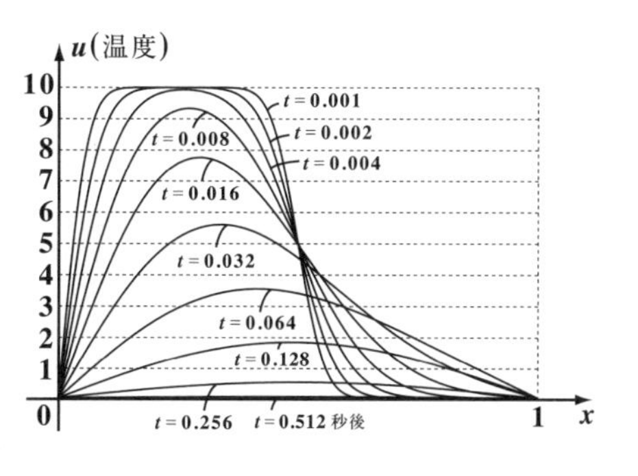

このグラフから $t=0.512$(秒)後には，この温度分布 $u(x,\ t)$ がほぼ零(ゼロ)分布になってしまうことが分かるんだね。

このように，温度分布の変化の様子を示す，美しいグラフを描けることも，偏微分方程式を解く上での楽しみと言える。これで，皆さんも偏微分方程式について興味をもって頂けたと思う。

また，偏微分方程式の解法といっても，$u(x,\ t)=X(x)\cdot T(t)$ のように，変数分離して，$X(x)$ と $T(t)$ の **2** つの常微分方程式を解く形になっていることも面白かったと思う。

さらに詳しく勉強されたい方は**「フーリエ解析キャンパス・ゼミ」**や**「偏微分方程式キャンパス・ゼミ」**で学習されることを勧める。

補充問題 1	● 同次形微分方程式 ●

微分方程式 $y' = \dfrac{\sqrt{4x^2 - y^2} + y}{x}$ ……① $(1 \leqq x,\ 0 < y < 2x)$ について，$y(1) = 1$ をみたす特殊解を求めよ。$\left(\right.$ただし，積分定数 C は $0 < C < \dfrac{\pi}{2}$ をみたすものとする。$\left.\right)$

ヒント！ ①を変形すると，$\dfrac{dy}{dx} = f\left(\dfrac{y}{x}\right)$ の形の同次形なので，$\dfrac{y}{x} = u$ とおいて解けばいい。

解答＆解説

①を変形して，$y' = \sqrt{4 - \left(\dfrac{y}{x}\right)^2} + \dfrac{y}{x}$ ……①$'$ $\left(1 \leqq x,\ 0 < y < 2x\right)$ ← $y' = f\left(\dfrac{y}{x}\right)$ の同次形

ここで，$\dfrac{y}{x} = u\ (0 < u < 2)$ …② とおくと，$y = xu$ より，$y' = u + xu'$ …③

となる。②，③を①$'$に代入して，

$\cancel{u} + xu' = \sqrt{4 - u^2} + \cancel{u}$，$x \cdot \dfrac{du}{dx} = \sqrt{4 - u^2}$ より，

$$\int \frac{1}{\sqrt{4 - u^2}} du = \int \frac{1}{x} dx$$

← 公式：$\displaystyle\int \frac{1}{\sqrt{a^2 - x^2}} dx = \sin^{-1}\frac{x}{a}$，$\displaystyle\int \frac{1}{x} dx = \log|x|$

$\sin^{-1}\dfrac{u}{2} = \log x + C \quad (\because x \geqq 1)$

ここで，$u = \dfrac{y}{x}$ を代入して，$\sin^{-1}\left(\dfrac{1}{2} \cdot \dfrac{y}{x}\right) = \log x + C$ （C：積分定数）より，

$y = 2x \cdot \sin(\log x + C)$ ……④ となる。← 一般解

一般解④において，初期条件：$y(1) = 1$ をみたすものは，

$x = 1$，$y = 1$ を④に代入して，

$1 = 2 \cdot 1 \cdot \sin(\cancel{\log 1} + C)$，$\sin C = \dfrac{1}{2}$

ここで，$0 < C < \dfrac{\pi}{2}$ より，$C = \dfrac{\pi}{6}$

これを④に代入して，求める特殊解は，

$y = 2x \cdot \sin\left(\log x + \dfrac{\pi}{6}\right)$ である。……………………………………(答)

◆Term・Index◆

あ行

か行

さ行

た行

な行

は行

ま行

や行

ら行

メモ

スバラシク実力がつくと評判の
常微分方程式キャンパス・ゼミ
改訂 11

著　者　馬場 敬之
発行者　馬場 敬之
発行所　マセマ出版社
〒 332-0023 埼玉県川口市飯塚 3-7-21-502
TEL 048-253-1734　FAX 048-253-1729
Email：info@mathema.jp
https://www.mathema.jp

製作・編集　久池井 茂
校閲・校正　高杉 豊　秋野 麻里子
制作協力　滝本 隆　印藤 治　久池井 努
野村 烈　野村 直美　滝本 修
真下久志　間宮 栄二　町田 朱美
カバーデザイン　馬場 冬之
ロゴデザイン　馬場 利貞
印刷所　中央精版印刷株式会社

平成 22 年 5 月 10 日　初版発行
平成 24 年 12 月 13 日　改訂 1　4 刷
平成 26 年 7 月 26 日　改訂 2　4 刷
平成 28 年 5 月 14 日　改訂 3　4 刷
平成 29 年 8 月 26 日　改訂 4　4 刷
平成 30 年 10 月 11 日　改訂 5　4 刷
令和元年 8 月 11 日　改訂 6　4 刷
令和 2 年 9 月 20 日　改訂 7　4 刷
令和 3 年 10 月 14 日　改訂 8　4 刷
令和 4 年 9 月 23 日　改訂 9　4 刷
令和 5 年 9 月 7 日　改訂 10 4 刷
令和 6 年 9 月 12 日　改訂 11 初版発行

ISBN978-4-86615-352-0 C3041
落丁・乱丁本はお取りかえいたします。